一天一頁，每天3分鐘

活化**腦**細胞！

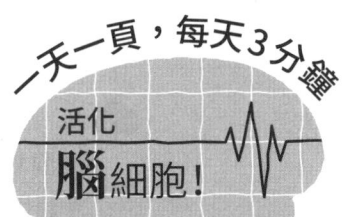

50+開始！遠離失智練習題366

朱雀文化

導論

透過計算練習打造抗老的大腦！

諏訪東京理科大學共通教育中心教授
篠原　菊紀

推薦給以下的各位！！

- 最近常常忘東忘西…
- 無法講出正確的表達詞彙…
- 想不起名字或國字…

計算可以活化大腦！

根據 2021 年世界衛生組織（WHO）的〈公共衛生領域應對失智症全球現況報告〉，全球已有超過 5,500 萬名失智者，預估到了 2050 年，人數更將攀升到 1.39 億人，失智症儼然已成為重大的「全球公衛隱憂」。看到這樣的結果，讓我們不得不正視失智這項病症。

本書透過 1 天 3 分鐘、持續一整年的計算練習，讓失智症患者或有失智風險的大腦保持活躍，是以預防運作低下為目標的大腦訓練題本。一整年不間斷地解題，記憶力、專注力與智能反應速度等能力均有向上提升的可能。

人的大腦可以分為四大部位（**圖 1**）。大腦計算訓練能夠特別活化的是額葉與頂葉。

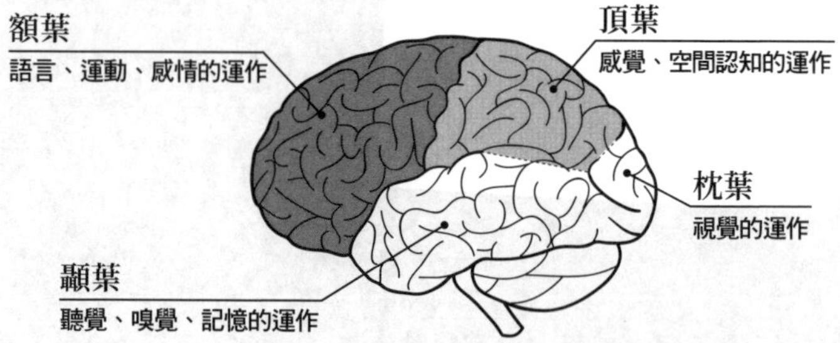

圖 1　大腦計算訓練能夠活化的大腦部位

額葉的功能在於記憶或資訊的短期儲存，是導引出必要答案的工作記憶體，對於人類的智能活動來說，是非常重要的運作部位。大腦訓練以這個部位做為標的，透過每天的計算練習，保持大腦的運作能力。

請讀者每天少量但確實而專注地挑戰計算練習。集中精神解題，會讓腦細胞更加活化，產生更好的效果。

大腦隨著年紀增長變得更聰明！

不過，為了預防老化造成大腦運作低下，聽起來就像是在說：「人類的大腦會隨著年紀逐漸衰退。」

事實上，這個觀念並非完全正確。記憶力或專注力等（**所謂流體智力**）的確是在 18 ～ 25 歲達到顛峰後，會隨著年紀衰退。這種衰退到了 40 歲開始變得顯著；另一方面，稱之為**晶體智力**（固定智力）的知識與智慧，也是重要的大腦能力，則是會隨著層層疊疊的經驗而增長。

說來理所當然，與 20 歲相較，30 歲會擁有更豐富的智慧或知識；40 歲相較於 30 歲，50 歲、60 歲、70 歲相較於 40 歲，透過經驗的累積，智慧與知識也益發成熟（**圖 2**）。

2種智力

晶體智力
- 知識與智慧
- 隨著年紀增長

流體智力
- 記憶力與專注力
- 隨著年紀衰退

圖 2　流體智力與晶體智力

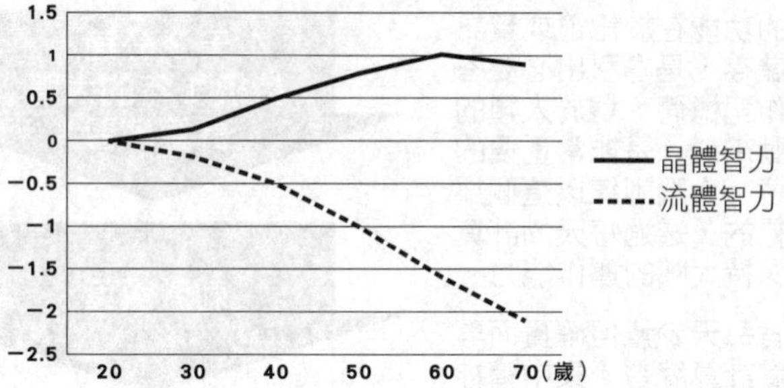

補充：晶體智力的評量測驗，會要求限定時間的記憶，因此高峰出現在 60 歲。但大腦本身擁有的智慧與知識，應該會隨著年紀增長。

也就是說大腦不僅有隨著年紀衰退的一面，還有隨著年紀增長的一面。人類的大腦會隨著年紀越來越成熟。老年人的大腦其實非常了不起。大家要抱持這樣的自信來面對大腦訓練的挑戰。

如何才能靈活運用知識與智慧？

那麼，要如何適當地發揮晶體智力，靈活運用，解決問題，並在自己的大腦累積新的晶體智力呢？

位於瑞典卡羅林斯卡研究所（Karolinska Institutet）的米亞・基維佩爾托（Miia Kivipelto）團隊進行了以下實驗：

- ▶ 將 60 ～ 77 歲的高齡者 1,260 人分成 2 組。
- ▶ A 組進行大腦訓練、運動、健康飲食、血壓監測等措施。
- ▶ B 組僅進行健康諮商。

結果 **2 年後的期中報告顯示，A 組的認知機能測驗（大腦運作評量測驗），整體成績提升 25%。**

也就是說，若能確實進行大腦訓練、運動、健康飲食、血壓監測，便可打造出能夠靈活運用晶體智力的大腦。除了本書所涵蓋的大腦訓練，也要確實養成健走與肌力訓練等運動習慣，採取預防生活習慣疾病的健康飲食，並進行血壓等數值的健康管理。

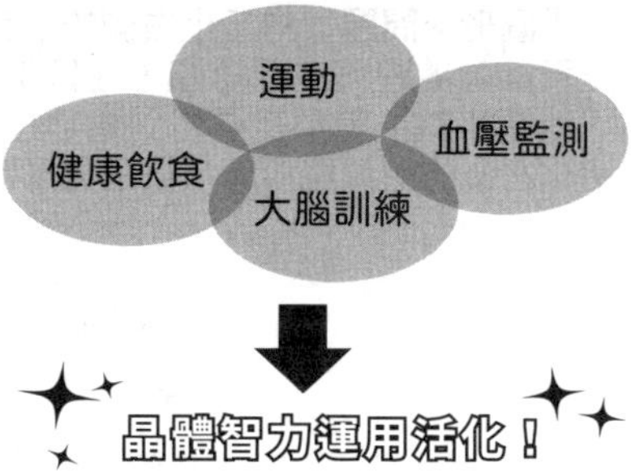

每天 3 分鐘，持續一整年的大腦訓練！

只要在這一年中，確實運用本書接下來的內容來鍛鍊我們的大腦。每天持續地練習，就會讓額葉與頂葉受到刺激，進而提升記憶力、專注力、智能反應速度等能力。

至於設定 3 分鐘左右的時間限制，更能促進大腦的活化。如果覺得 3 分鐘太輕鬆，也可以忽略這樣的時限，用更短的時間寫完題目。2 分鐘也行，1 分鐘更好，設定一個稍微讓自己的大腦感到壓力的時間，全力挑戰看看吧！慢慢提升速度，挑戰比自己的實力略高一點的門檻，就是鍛鍊活化大腦的竅門。

問題五花八門！

本書雖然是以計算練習為主軸，但也會摻雜像是圖形、解謎、找找看等題目，以及「大腦挑戰！」這種需要換個角度思考的問題，因此能夠不斷給予大腦新的刺激。透過這些新的刺激，應該可以讓大腦運作更加活躍。

「圖形」問題能夠活化右側的額葉與頂葉（圖 3）。這個部位是負責圖像處理與空間認知，在日常生活中，像是「倒車入庫」或「地圖辨識」等都需要用到這部位。至於**計算問題**，基本上則是活化左側的額葉與頂葉，搭配圖形問題，便能給予不同的刺激。

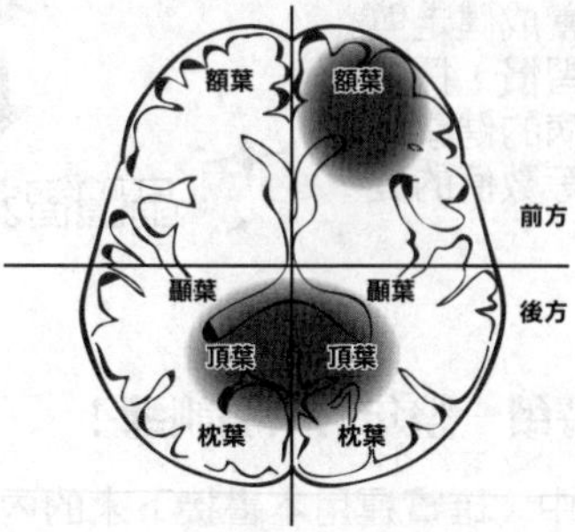

圖 3　圖形問題能夠活化右側額葉與頂葉

「解謎」問題還能夠讓角回也活躍起來（圖 4）。角回是負責解讀語言或文字等深層意涵的部位。活化這個部分有助於想像力的提升。

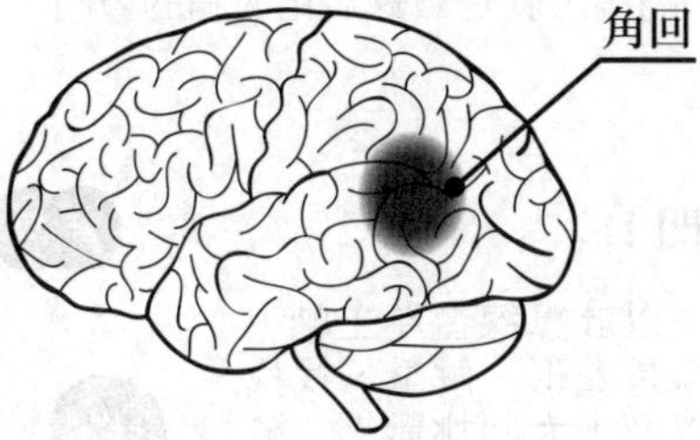

圖 4　大腦計算訓練能夠活化的大腦部位

（編按：角回 Angular gyrus，為大腦頂葉的一個區域，主要與語言、空間感、記憶提取、專注力，以及心智理論有關。）

「找找看」問題則是能夠培養專注力。或者說，練習「找找看」這種題目，能夠活化額葉眼動區、額下回、頂內溝、顳頂交界區、運動輔助區、扣帶皮質等與專注力相關的部位。

其中，額葉眼動區與眼球運動控制有著緊密的關係。認真專注的視線能夠刺激額葉眼動區，進而提升專注力。

「大腦挑戰！」準備了各式各樣的問題，例如「自己出題目」、「從40往下重複減去6」、「一個人玩詞語接龍，挑戰接龍30個詞」。在計算練習後回答這樣的題目，可以使用到大腦各個不同的部位。

計 算	…刺激 **額葉與頂葉** ⇒ 短期記憶力・資訊處理能力 UP！	
解謎	…刺激 **角回** ⇒ 想像力 UP！	
圖形	…刺激 **右側額葉・頂葉** ⇒ 空間認知力 UP！	
找找看	…刺激 **額葉眼動區・額下回等部位** ⇒ 專注力 UP！	

另外也備有答對題數、實際花費時間的記錄欄位與表格。題目寫完之後可以統計登錄。如此一來，便能直接看到自己的努力與成長，從中獲得成就感。練習最重要的就是持續。在記錄達成表的同時，看到花費時間越來越短，就會知道自己進步了多少。充滿幹勁地進行每天的練習吧！

本書的使用方法

（↓）練習 — 記錄書寫題目的日期、實際花費時間與答對題數。

除了計算問題之外，還附加的「大腦挑戰！」的題目。

解答位於次頁下方。

（←）達成表 — 記錄實際花費時間。連成曲線圖，每日的變化與成長便能一目瞭然。

	答對數	0	1	2	3	4	5	6（分）
第001天								
第002天								
第003天								
第004天								
第005天								
第008天								

※ 灰色點（●）是目標時間。

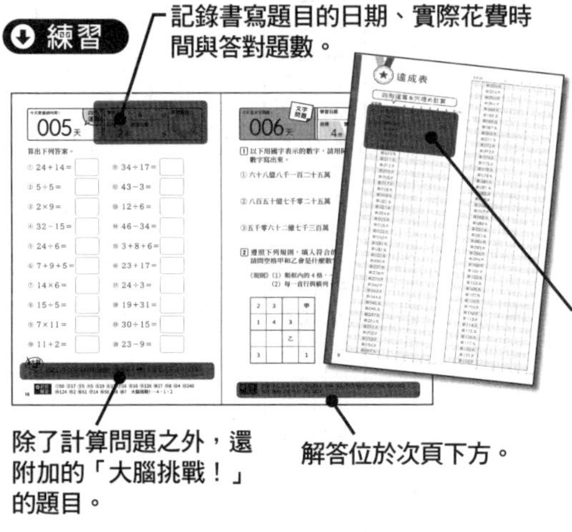

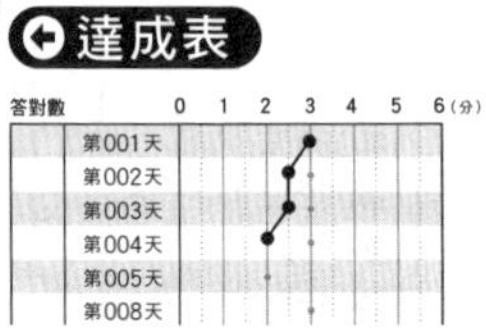

達成表

四則運算＆填空計算

答對數	0	1	2	3	4	5	6(分)
第001天				●			
第002天				●			
第003天				●			
第004天				●			
第005天			●				
第008天				●			
第009天				●			
第010天				●			
第011天				●			
第012天			●				
第015天				●			
第016天				●			
第017天				●			
第018天				●			
第019天			●				
第022天				●			
第023天				●			
第024天				●			
第025天				●			
第026天			●				
第029天				●			
第030天				●			
第031天				●			
第032天				●			
第033天			●				
第036天				●			
第037天				●			
第038天				●			
第039天				●			
第040天			●				
第043天				●			
第044天				●			
第045天				●			
第046天				●			
第047天			●				
第050天				●			
第051天				●			
第052天				●			
第053天				●			
第054天			●				
第057天				●			

答對數	0	1	2	3	4	5	6(分)
第058天				●			
第059天				●			
第060天			●				
第061天				●			
第064天				●			
第065天				●			
第066天				●			
第067天				●			
第068天			●				
第071天				●			
第072天				●			
第073天				●			
第074天				●			
第075天			●				
第078天				●			
第079天				●			
第080天				●			
第081天				●			
第082天			●				
第085天				●			
第086天				●			
第087天				●			
第088天				●			
第089天			●				
第092天				●			
第093天				●			
第094天				●			
第095天				●			
第096天			●				
第099天				●			
第100天				●			
第101天				●			
第102天				●			
第103天			●				
第106天				●			
第107天				●			
第108天				●			
第109天				●			
第110天			●				
第113天				●			
第114天				●			
第115天				●			
第116天				●			
第117天				●			
第120天				●			
第121天				●			
第122天				●			

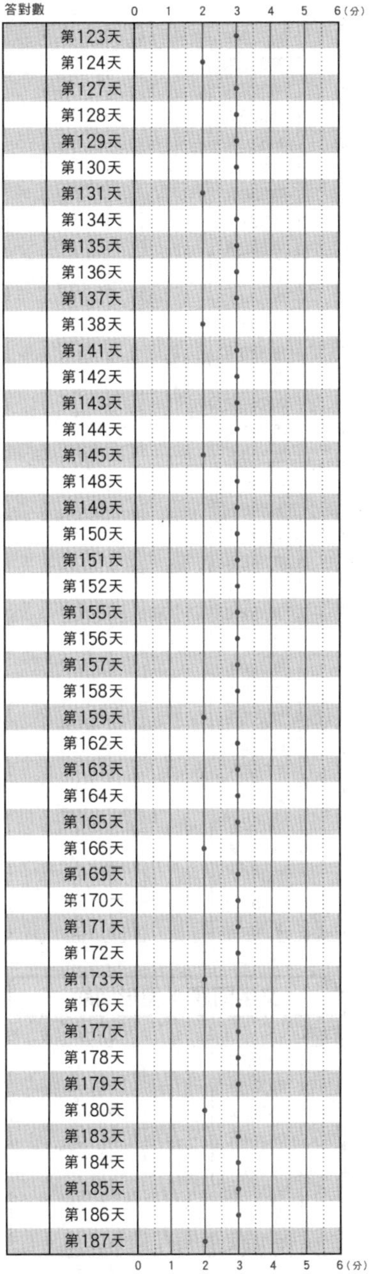

答對數

天數	0	1	2	3	4	5	6(分)
第123天				●			
第124天			●				
第127天				●			
第128天				●			
第129天				●			
第130天				●			
第131天			●				
第134天				●			
第135天				●			
第136天				●			
第137天				●			
第138天			●				
第141天				●			
第142天				●			
第143天				●			
第144天				●			
第145天			●				
第148天				●			
第149天				●			
第150天				●			
第151天				●			
第152天				●			
第155天				●			
第156天				●			
第157天				●			
第158天				●			
第159天			●				
第162天				●			
第163天				●			
第164天				●			
第165天				●			
第166天			●				
第169天				●			
第170天				●			
第171天				●			
第172天				●			
第173天			●				
第176天				●			
第177天				●			
第178天				●			
第179天				●			
第180天			●				
第183天				●			
第184天				●			
第185天				●			
第186天				●			
第187天			●				

答對數

天數	0	1	2	3	4	5	6(分)
第190天				●			
第191天				●			
第192天				●			
第193天				●			
第194天			●				
第197天				●			
第198天				●			
第199天				●			
第200天				●			
第201天			●				
第204天				●			
第205天				●			
第206天				●			
第207天				●			
第208天			●				
第211天				●			
第212天				●			
第213天				●			
第214天				●			
第215天			●				
第218天				●			
第219天				●			
第220天				●			
第221天				●			
第222天			●				
第225天				●			
第226天				●			
第227天				●			
第228天				●			
第229天			●				
第232天				●			
第233天				●			
第234天				●			
第235天				●			
第236天			●				
第239天				●			
第240天				●			
第241天				●			
第242天				●			
第243天			●				
第246天				●			
第247天				●			
第248天				●			
第249天				●			
第250天				●			
第253天				●			
第254天			●

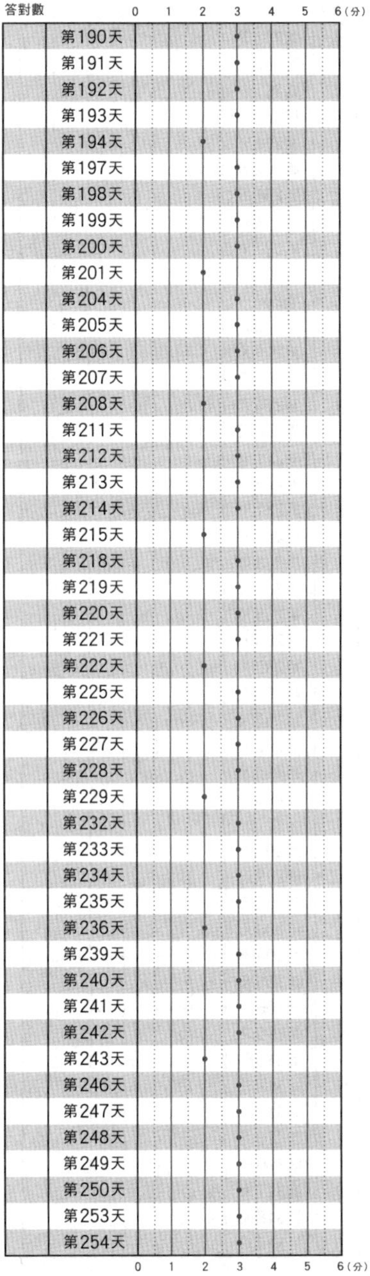

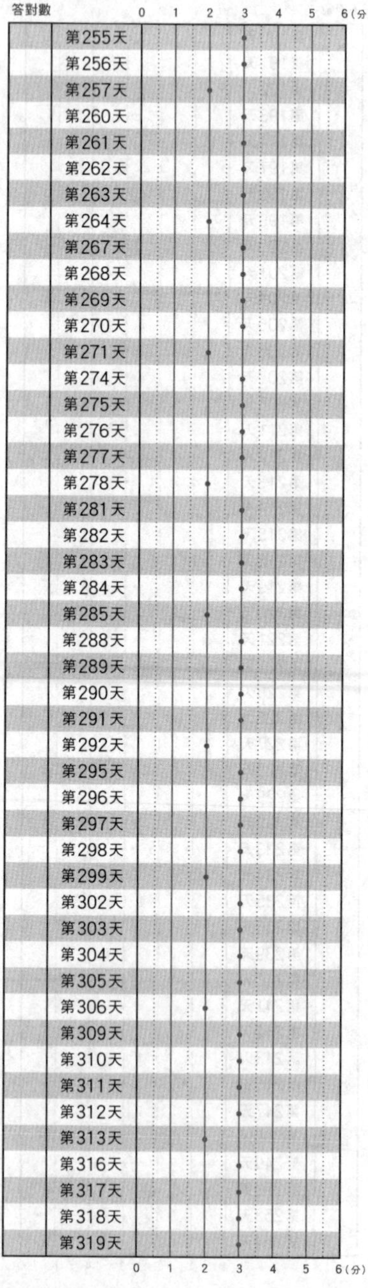
答對數
0 1 2 3 4 5 6(分)
第255天
第256天
第257天
第260天
第261天
第262天
第263天
第264天
第267天
第268天
第269天
第270天
第271天
第274天
第275天
第276天
第277天
第278天
第281天
第282天
第283天
第284天
第285天
第288天
第289天
第290天
第291天
第292天
第295天
第296天
第297天
第298天
第299天
第302天
第303天
第304天
第305天
第306天
第309天
第310天
第311天
第312天
第313天
第316天
第317天
第318天
第319天
0 1 2 3 4 5 6(分)

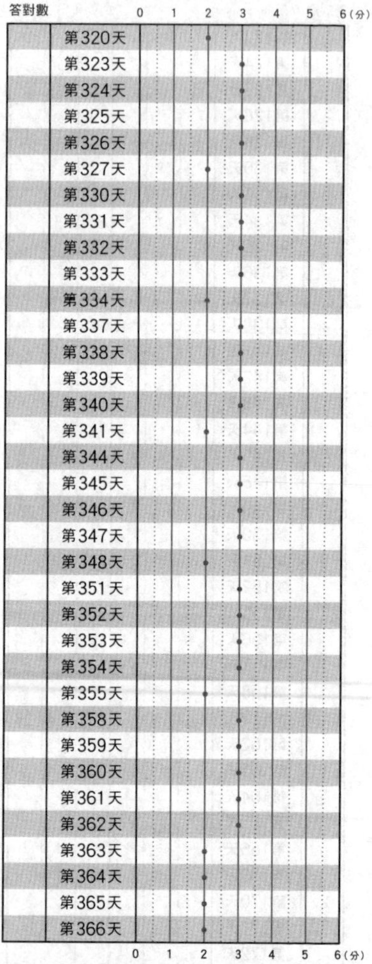
答對數
0 1 2 3 4 5 6(分)
第320天
第323天
第324天
第325天
第326天
第327天
第330天
第331天
第332天
第333天
第334天
第337天
第338天
第339天
第340天
第341天
第344天
第345天
第346天
第347天
第348天
第351天
第352天
第353天
第354天
第355天
第358天
第359天
第360天
第361天
第362天
第363天
第364天
第365天
第366天
0 1 2 3 4 5 6(分)

文字問題 & 圖形問題

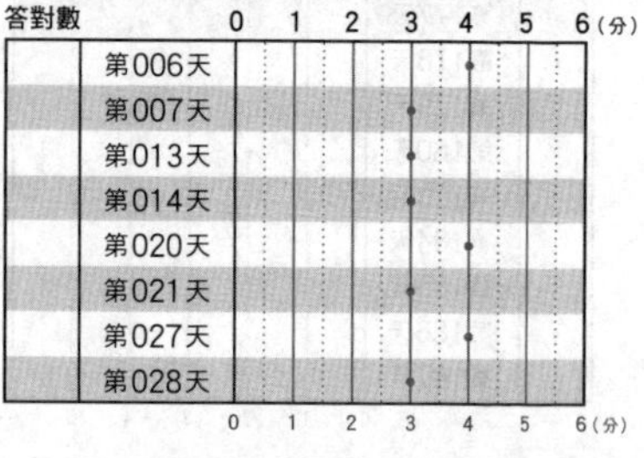
答對數
0 1 2 3 4 5 6(分)
第006天
第007天
第013天
第014天
第020天
第021天
第027天
第028天
0 1 2 3 4 5 6(分)

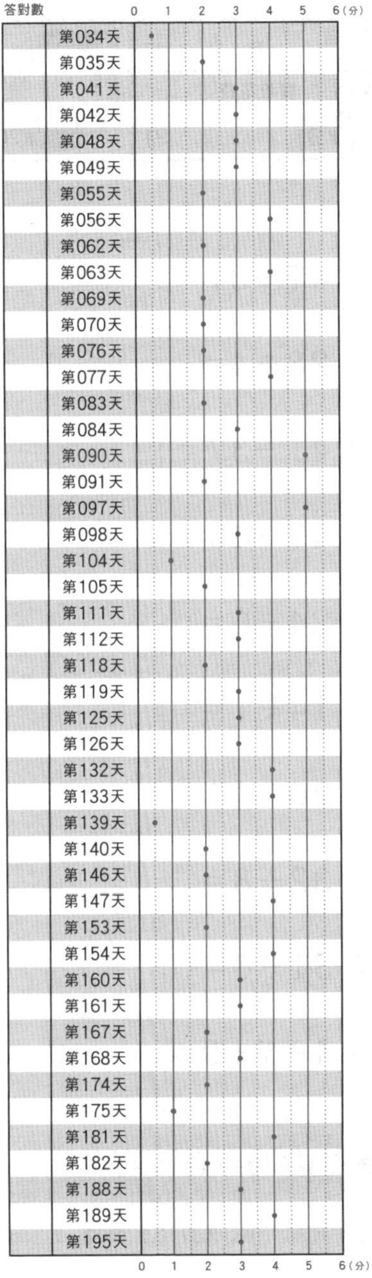
答對數
0 1 2 3 4 5 6(分)
第034天
第035天
第041天
第042天
第048天
第049天
第055天
第056天
第062天
第063天
第069天
第070天
第076天
第077天
第083天
第084天
第090天
第091天
第097天
第098天
第104天
第105天
第111天
第112天
第118天
第119天
第125天
第126天
第132天
第133天
第139天
第140天
第146天
第147天
第153天
第154天
第160天
第161天
第167天
第168天
第174天
第175天
第181天
第182天
第188天
第189天
第195天
0 1 2 3 4 5 6(分)

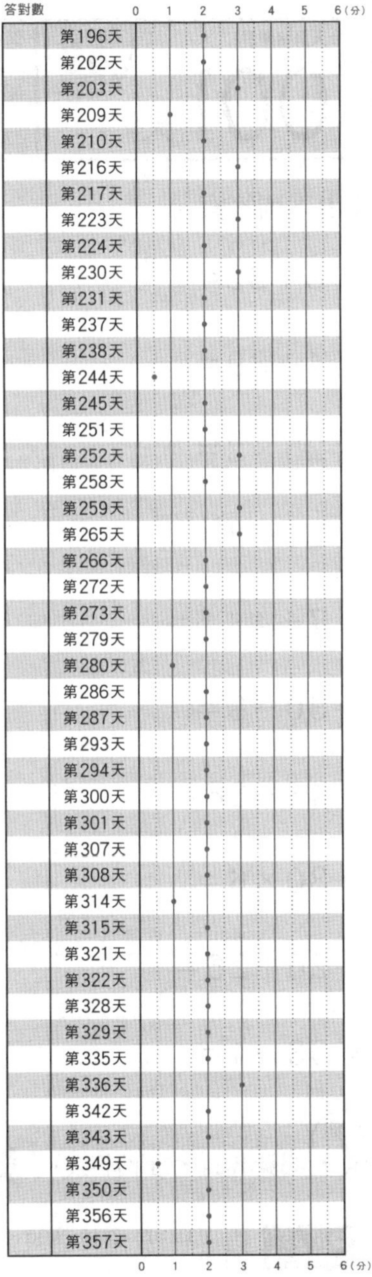
答對數
0 1 2 3 4 5 6(分)
第196天
第202天
第203天
第209天
第210天
第216天
第217天
第223天
第224天
第230天
第231天
第237天
第238天
第244天
第245天
第251天
第252天
第258天
第259天
第265天
第266天
第272天
第273天
第279天
第280天
第286天
第287天
第293天
第294天
第300天
第301天
第307天
第308天
第314天
第315天
第321天
第322天
第328天
第329天
第335天
第336天
第342天
第343天
第349天
第350天
第356天
第357天
0 1 2 3 4 5 6(分)

從今天開始練習！

001天

四則運算

學習日期　　月　　日

目標 3分　實際花費　　分

答對題數　/20

算出下列答案。

① $8+22=$	⑪ $47-37=$
② $4+39=$	⑫ $28\div4=$
③ $25\times2=$	⑬ $41-37=$
④ $21\div3=$	⑭ $47-40=$
⑤ $7+4+5=$	⑮ $24\div6=$
⑥ $30-8=$	⑯ $14\div7=$
⑦ $48-36=$	⑰ $20+17=$
⑧ $30\times6=$	⑱ $32\div8=$
⑨ $26+26=$	⑲ $31-6=$
⑩ $33-4=$	⑳ $4+7+9=$

大腦挑戰！ 心算出 11×11 的答案。 提示 計算 $110+11$。

第367頁解答
1 ①3 ②78 ③19 ④30 ⑤114 ⑥80 ⑦95 ⑧37 ⑨2 ⑩12
2 甲

重點在於持續。

002天

四則運算

學習日期	月 日	答對題數
目標 3分	實際花費 分	/ 20

算出下列答案。

① 45－13＝	⑪ 16×4＝
② 8÷4＝	⑫ 19＋17＝
③ 33－6＝	⑬ 32÷16＝
④ 18＋38＝	⑭ 24÷8＝
⑤ 6×9＝	⑮ 35＋8＝
⑥ 30÷6＝	⑯ 18＋46＝
⑦ 37＋14＝	⑰ 32－15＝
⑧ 4＋5＋4＝	⑱ 42＋8＝
⑨ 5×14＝	⑲ 2＋6＋2＝
⑩ 18÷3＝	⑳ 4×18＝

大腦挑戰！ 從30往下重複減去4，減到沒有正整數的答案為止。(開口唸出來)

前頁解答 ①30 ②43 ③50 ④7 ⑤16 ⑥22 ⑦12 ⑧180 ⑨52 ⑩29 ⑪10 ⑫7 ⑬4 ⑭7 ⑮4 ⑯2 ⑰37 ⑱4 ⑲25 ⑳20 大腦挑戰！…121

挑戰填空問題！ 填空問題

003天

學習日期	月 日	答對題數
目標 3分	實際花費 分	/ 20

以下□填入數字或運算符號（＋、－、×、÷）來回答。

① □＋4＝15	⑪ □－3＝14
② □－13＝21	⑫ 17 □ 2＝19
③ 14 □ 7＝7	⑬ □－39＝2
④ □＋15＝46	⑭ 36－□＝23
⑤ 19＋□＝30	⑮ □＋49＝92
⑥ 34－□＝19	⑯ □－10＝16
⑦ □－8＝6	⑰ 6 □ 5＝11
⑧ 46＋□＝47	⑱ 4×□＝44
⑨ □÷8＝8	⑲ □－1＝43
⑩ 8×□＝24	⑳ □＋2＝32

大腦挑戰！ 將1到3之間的整數全部相加。

前頁解答 ①32 ②2 ③27 ④56 ⑤54 ⑥5 ⑦51 ⑧13 ⑨70 ⑩6 ⑪64 ⑫36 ⑬2 ⑭3 ⑮43 ⑯64 ⑰17 ⑱50 ⑲10 ⑳72 大腦挑戰！…26、22、18、14、10、6、2

千里之行，始於足下。

004天

四則運算

學習日期	月 日	答對題數
目標 3分	實際花費 分	/ 20

算出下列答案。

① $6+44=$ □

② $48-31=$ □

③ $25\div5=$ □

④ $15\div3=$ □

⑤ $45-26=$ □

⑥ $26\div2=$ □

⑦ $2\times8=$ □

⑧ $4+8+4=$ □

⑨ $21\times6=$ □

⑩ $31-4=$ □

⑪ $21-13=$ □

⑫ $12\div3=$ □

⑬ $40\times6=$ □

⑭ $31\times4=$ □

⑮ $18\div9=$ □

⑯ $3\times17=$ □

⑰ $2+7+5=$ □

⑱ $28+22=$ □

⑲ $32\div4=$ □

⑳ $24-17=$ □

大腦挑戰！

2、1、-4 三個數，從小排到大。

前頁解答

①11 ②34 ③− ④31 ⑤11 ⑥15 ⑦14 ⑧1 ⑨64 ⑩3 ⑪17 ⑫+ ⑬41
⑭13 ⑮43 ⑯26 ⑰+ ⑱11 ⑲44 ⑳30 大腦挑戰！…6

今天要重視時間！

四則運算

005天

學習日期	月 日	答對題數
目標 2分	實際花費 分	/20

算出下列答案。

① $24+14=$ ☐

② $5\div5=$ ☐

③ $2\times9=$ ☐

④ $32-15=$ ☐

⑤ $24\div6=$ ☐

⑥ $7+9+5=$ ☐

⑦ $14\times6=$ ☐

⑧ $15\div5=$ ☐

⑨ $7\times11=$ ☐

⑩ $11+2=$ ☐

⑪ $34\div17=$ ☐

⑫ $43-3=$ ☐

⑬ $12\div6=$ ☐

⑭ $46-34=$ ☐

⑮ $3+8+6=$ ☐

⑯ $23+17=$ ☐

⑰ $24\div3=$ ☐

⑱ $19+31=$ ☐

⑲ $30\div15=$ ☐

⑳ $23-9=$ ☐

大腦挑戰！ 將自己生日的月份與日期數字相加。（例：2月 11日…2＋11）

前頁解答 ①50 ②17 ③5 ④5 ⑤19 ⑥13 ⑦16 ⑧16 ⑨126 ⑩27 ⑪8 ⑫4 ⑬240 ⑭124 ⑮2 ⑯51 ⑰14 ⑱50 ⑲8 ⑳7 大腦挑戰！…-4、1、2

今天是文字問題。

文字問題

006天

學習日期	月	日	答對題數
目標 4分	實際花費	分	/5

1 以下用國字表示的數字，請用阿拉伯數字寫出來。 計算

① 六十八億八千一百二十五萬 ①

② 八百五十億七千零二十五萬 ②

③五千零六十二億七千三百萬 ③

2 遵照下列規則，填入符合的數字。請問空格甲和乙會是什麼數字？ 解謎

《規則》(1) 粗框內的 4 格，一定要包含 1、2、3、4。
(2) 每一直行與橫列，一定要包含 1、2、3、4。

2	3		甲
1	4	3	
		乙	
3			1

甲

乙

前頁解答
①38 ②1 ③18 ④17 ⑤4 ⑥21 ⑦84 ⑧3 ⑨77 ⑩13 ⑪2 ⑫40 ⑬2 ⑭12 ⑮17 ⑯40 ⑰8 ⑱50 ⑲2 ⑳14

已經連續練習一星期！

007天

文字問題

學習日期	月 日	答對題數
目標 3分	實際花費 分	/2

1 看書看了這麼久，總共花了幾小時幾分鐘呢？

計算

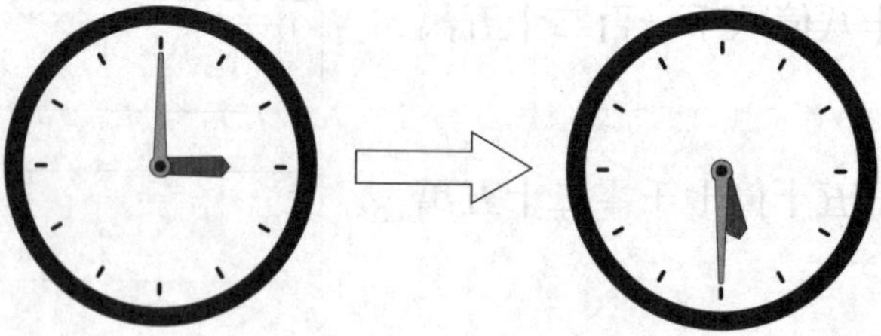

答案

2 圖甲到戊之中，哪一個無法組成立方體？

圖形

甲

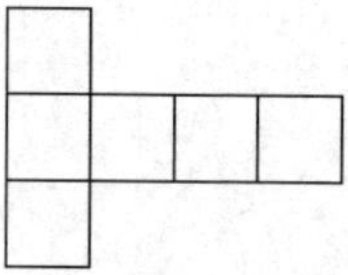

乙

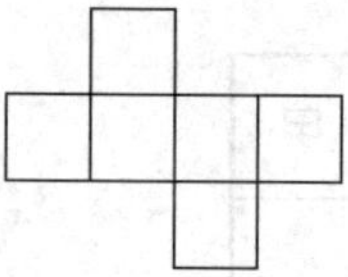

丙

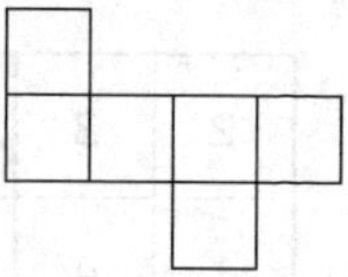

丁

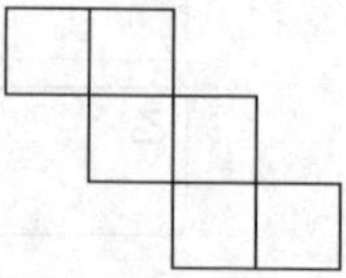

戊

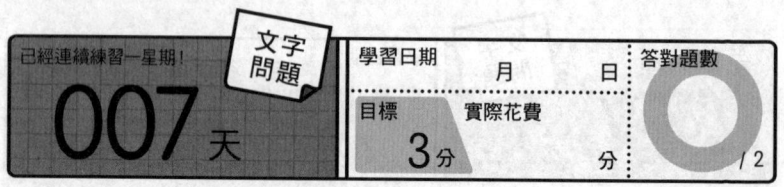

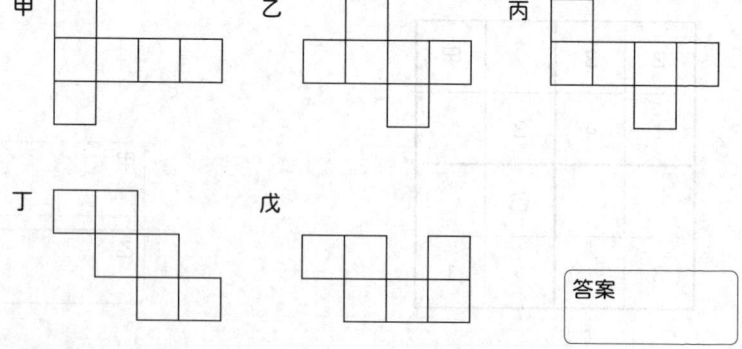

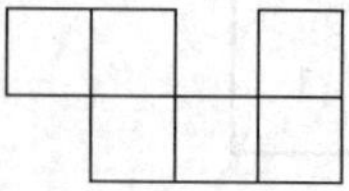

答案

前頁解答
1 ①6,881,250,000 ②85,070,250,000 ③506,273,000,000
2 甲4 乙2

進入第二週！

008天

四則運算

學習日期	月 日	答對題數
目標 3分	實際花費 分	/20

算出下列答案。

① 41＋35＝

② 33－18＝

③ 14＋39＝

④ 50－34＝

⑤ 1＋8＋3＝

⑥ 12÷6＝

⑦ 26＋36＝

⑧ 10＋48＝

⑨ 4×4＝

⑩ 23－12＝

⑪ 36÷9＝

⑫ 49－27＝

⑬ 30－11＝

⑭ 30÷10＝

⑮ 22×8＝

⑯ 1＋2＋5＝

⑰ 7×41＝

⑱ 24÷6＝

⑲ 3×16＝

⑳ 39÷13＝

大腦挑戰！ 心算出 11×12 的答案。

前頁解答 1 2小時30分鐘 2 戊

開口唸出來。

009天

四則運算

學習日期	月　日	答對題數
目標 3分	實際花費　分	/20

算出下列答案。

① 28÷7＝

② 19－11＝

③ 1＋7＋3＝

④ 48÷12＝

⑤ 26＋15＝

⑥ 27－16＝

⑦ 8×7＝

⑧ 45－21＝

⑨ 20＋44＝

⑩ 24÷4＝

⑪ 19×4＝

⑫ 3＋2＋6＝

⑬ 6×9＝

⑭ 38＋22＝

⑮ 16÷8＝

⑯ 40＋19＝

⑰ 44×5＝

⑱ 49÷7＝

⑲ 49－13＝

⑳ 42－19＝

大腦挑戰！ 從50往下重複減去7，減到沒有正整數的答案為止。（開口唸出來）

前頁解答 ①76 ②15 ③53 ④16 ⑤12 ⑥2 ⑦62 ⑧58 ⑨16 ⑩11 ⑪4 ⑫22 ⑬19 ⑭3 ⑮176 ⑯8 ⑰287 ⑱4 ⑲48 ⑳3 大腦挑戰！…132

一天3分鐘的練習習慣。

010天 填空問題

學習日期 月 日

目標 3分 實際花費 分

答對題數 / 20

以下□填入數字或運算符號（＋、－、×、÷）來回答。

① 24÷□＝6

② □－6＝18

③ 4＋□＝6

④ 1□5＝5

⑤ 23×□＝46

⑥ □÷8＝6

⑦ 15□3＝45

⑧ □×8＝40

⑨ 35□1＝34

⑩ 25－□＝16

⑪ 33□3＝11

⑫ □＋16＝49

⑬ □＋10＝52

⑭ 10□2＝8

⑮ □÷9＝4

⑯ □×9＝72

⑰ 11×□＝55

⑱ □－3＝27

⑲ □×7＝63

⑳ □×2＝16

大腦挑戰！ 將2到4之間的整數全部相加。

前頁解答 ①4 ②8 ③11 ④4 ⑤41 ⑥11 ⑦56 ⑧24 ⑨64 ⑩6 ⑪76 ⑫11 ⑬54 ⑭60 ⑮2 ⑯59 ⑰220 ⑱7 ⑲36 ⑳23 大腦挑戰！…43、36、29、22、15、8、1

在固定的時間練習會更好。

011天

四則運算

學習日期	月 日	答對題數
目標 3分	實際花費 分	/20

算出下列答案。

① 15×5＝

② 6÷2＝

③ 31＋18＝

④ 28÷7＝

⑤ 13＋28＝

⑥ 11×10＝

⑦ 4＋15＝

⑧ 14－7＝

⑨ 3＋29＝

⑩ 14－10＝

⑪ 42＋16＝

⑫ 26÷13＝

⑬ 4×9＝

⑭ 39－24＝

⑮ 12＋17＝

⑯ 2×14＝

⑰ 41－13＝

⑱ 35＋18＝

⑲ 2×28＝

⑳ 45÷15＝

大腦挑戰！ -4、-6、4三個數，從小排到大。

前頁解答 ①4 ②24 ③2 ④× ⑤2 ⑥48 ⑦× ⑧5 ⑨－ ⑩9 ⑪÷ ⑫33 ⑬42 ⑭－ ⑮36 ⑯8 ⑰5 ⑱30 ⑲9 ⑳8 大腦挑戰！…9

大腦抗老。

012 天

四則運算

學習日期	月	日	答對題數
目標 2分	實際花費	分	/20

算出下列答案。

① 19－2＝	⑪ 33＋26＝
② 1＋4＋8＝	⑫ 1＋4＋6＝
③ 27÷9＝	⑬ 2×43＝
④ 35＋45＝	⑭ 27＋35＝
⑤ 3×8＝	⑮ 32÷4＝
⑥ 42÷3＝	⑯ 42－10＝
⑦ 36－10＝	⑰ 42÷7＝
⑧ 41＋37＝	⑱ 14＋15＝
⑨ 42＋18＝	⑲ 4×19＝
⑩ 17×5＝	⑳ 34－25＝

大腦挑戰！將自己生日的月份與日期數字相減。（例：2月11日…11－2）

前頁解答 ①75 ②3 ③49 ④4 ⑤41 ⑥110 ⑦19 ⑧7 ⑨32 ⑩4 ⑪58 ⑫2 ⑬36 ⑭15 ⑮29 ⑯28 ⑰28 ⑱53 ⑲56 ⑳3 大腦挑戰！…-6、-4、4

仔細思考。

013天 文字問題

學習日期	月 日	答對題數
目標 3分	實際花費 分	/3

1 從下列卡片中選出 5 張，組合成一個最大的數。 解謎

9 2 0 8 6 4 0

7 4 1 5 3 7 1

答案 ＿＿＿＿＿

2 答出符合空格甲和乙的人數。 計算

		兄 有	兄 無	合計
妹	有	甲		19 人
妹	無	5 人	4 人	
合計		12 人	乙	

甲 ＿＿＿

乙 ＿＿＿

前頁解答 ①17 ②13 ③3 ④80 ⑤24 ⑥14 ⑦26 ⑧78 ⑨60 ⑩85 ⑪59 ⑫11 ⑬86 ⑭62 ⑮8 ⑯32 ⑰6 ⑱29 ⑲76 ⑳9

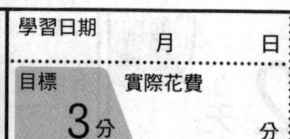

找出規律。

文字問題

014 天

學習日期　月　日

目標 3分　實際花費　分

答對題數　/2

1 如下圖，使用火柴棒組合出正三角形。如果要組合出 7 個正三角形，全部需要幾支火柴棒？

圖形

提示 多一個正三角形需要增加 2 支火柴棒。

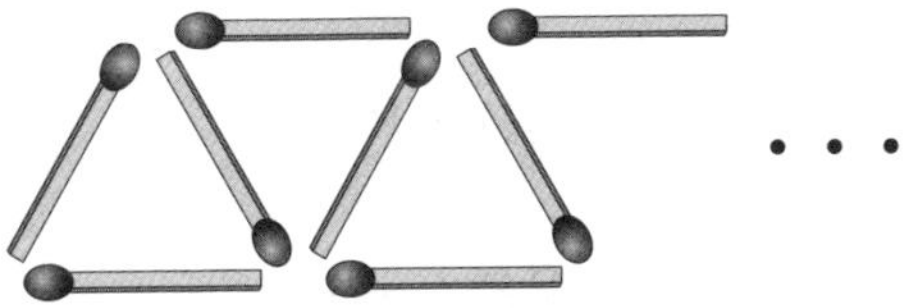

答案

2 將下圖左右翻轉後會變成哪一個圖？寫出代號作答。

圖形

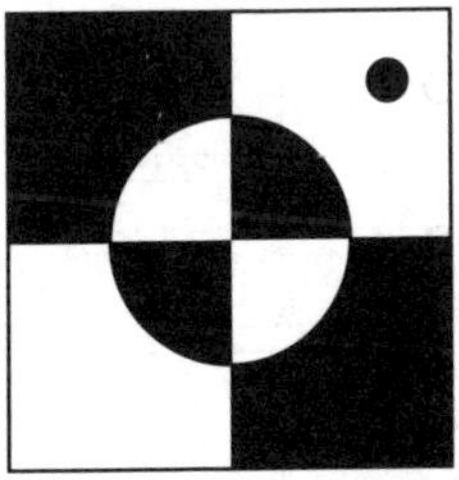

答案

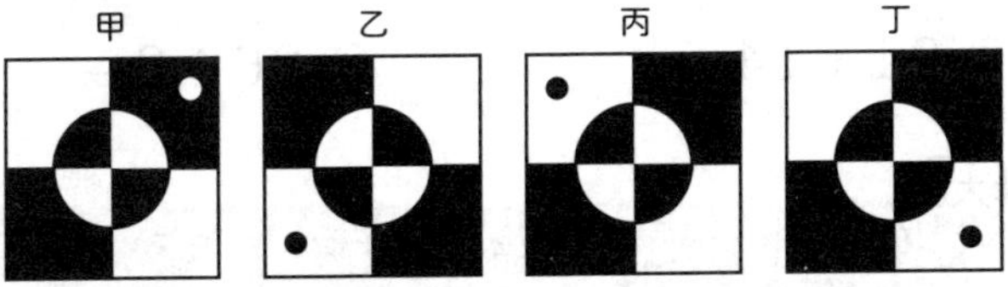

前頁解答 1 98776　2 甲 7 人　乙 16 人

進入第三週！

015 天

四則運算

學習日期	月 日	答對題數
目標 3分	實際花費 分	/20

算出下列答案。

① $20+17=$ ☐

② $34-29=$ ☐

③ $14\div7=$ ☐

④ $20\div10=$ ☐

⑤ $6\times7=$ ☐

⑥ $5+1+4=$ ☐

⑦ $16-11=$ ☐

⑧ $4\times30=$ ☐

⑨ $18\div3=$ ☐

⑩ $21+14=$ ☐

⑪ $20\times7=$ ☐

⑫ $9\times5=$ ☐

⑬ $40\div8=$ ☐

⑭ $28\div14=$ ☐

⑮ $2\times14=$ ☐

⑯ $34-16=$ ☐

⑰ $45\div5=$ ☐

⑱ $46\times2=$ ☐

⑲ $2+9+4=$ ☐

⑳ $26\div2=$ ☐

大腦挑戰！ 心算出 11×13 的答案。

前頁解答
1 15 支【(第一個正三角形 3 支)＋(第二個之後的正三角形 6×2 支)＝15】
2 丙

差不多出現效果了。

016 天

四則運算

學習日期	月 日	答對題數
目標 3分	實際花費 分	/ 20

算出下列答案。

① 18×7＝

② 2×45＝

③ 20＋34＝

④ 29－22＝

⑤ 50÷25＝

⑥ 8×6＝

⑦ 30÷10＝

⑧ 2＋6＋7＝

⑨ 11－2＝

⑩ 6×7＝

⑪ 17×3＝

⑫ 50－33＝

⑬ 31＋7＝

⑭ 45－14＝

⑮ 21÷3＝

⑯ 33－31＝

⑰ 1＋4＋2＝

⑱ 24＋49＝

⑲ 44－17＝

⑳ 15÷5＝

大腦挑戰！

從40往下重複減去6，減到沒有正整數的答案為止。（開口唸出來）

前頁解答

①37 ②5 ③2 ④2 ⑤42 ⑥10 ⑦5 ⑧120 ⑨6 ⑩35 ⑪140 ⑫45 ⑬5 ⑭2
⑮28 ⑯18 ⑰9 ⑱92 ⑲15 ⑳13 大腦挑戰!…143

一日之計在於晨。

填空問題

017天

學習日期　月　日

目標 3分　實際花費　分

答對題數　/20

以下□填入數字或運算符號（＋、－、×、÷）來回答。

① 28÷□＝4

② □÷6＝7

③ 12×□＝48

④ 3×□＝12

⑤ □×5＝25

⑥ 16□8＝2

⑦ 12÷□＝3

⑧ □×1＝17

⑨ □＋8＝46

⑩ 48÷□＝6

⑪ □÷3＝7

⑫ 39÷□＝3

⑬ □＋27＝44

⑭ □÷5＝3

⑮ 12□6＝6

⑯ □＋32＝48

⑰ 47－□＝13

⑱ □÷7＝5

⑲ □＋8＝48

⑳ 4□4＝8

大腦挑戰！

將3～5之間的整數全部相加。

前頁解答

①126 ②90 ③54 ④7 ⑤2 ⑥48 ⑦3 ⑧15 ⑨9 ⑩42 ⑪51 ⑫17 ⑬38 ⑭31 ⑮7 ⑯2 ⑰7 ⑱73 ⑲27 ⑳3　大腦挑戰！…34、28、22、16、10、4

注意運算符號。

四則運算

018天

學習日期 月 日

目標 3分 實際花費 分

答對題數 / 20

算出下列答案。

① $24 \times 4 =$ ☐

② $18 \times 10 =$ ☐

③ $38 - 35 =$ ☐

④ $3 \times 4 =$ ☐

⑤ $3 \times 27 =$ ☐

⑥ $3 + 3 + 8 =$ ☐

⑦ $16 + 33 =$ ☐

⑧ $40 \times 8 =$ ☐

⑨ $39 \div 3 =$ ☐

⑩ $30 + 49 =$ ☐

⑪ $48 \div 24 =$ ☐

⑫ $48 + 9 =$ ☐

⑬ $16 \times 7 =$ ☐

⑭ $4 + 45 =$ ☐

⑮ $46 - 5 =$ ☐

⑯ $35 \div 7 =$ ☐

⑰ $29 - 22 =$ ☐

⑱ $46 + 1 =$ ☐

⑲ $3 + 9 + 8 =$ ☐

⑳ $16 \div 8 =$ ☐

大腦挑戰！ -1、-1.4、0.6 三個數，從小排到大。

前頁解答 ①7 ②42 ③4 ④4 ⑤5 ⑥÷ ⑦4 ⑧17 ⑨38 ⑩8 ⑪21 ⑫13 ⑬17 ⑭15 ⑮－ ⑯16 ⑰34 ⑱35 ⑲40 ⑳＋ 大腦挑戰！…12

大腦充滿活力！

四則運算

019天

學習日期	月 日	答對題數
目標 2分	實際花費 分	/ 20

算出下列答案。

① $35-22=$

② $32\times 3=$

③ $19\times 6=$

④ $17-3=$

⑤ $47+46=$

⑥ $2+6+2=$

⑦ $27+40=$

⑧ $9\times 18=$

⑨ $42+38=$

⑩ $12\div 4=$

⑪ $18\div 6=$

⑫ $4\times 26=$

⑬ $44\div 22=$

⑭ $3+7+7=$

⑮ $26-22=$

⑯ $10\div 5=$

⑰ $37-19=$

⑱ $21\times 5=$

⑲ $45+20=$

⑳ $41-18=$

大腦挑戰！ 將自己生日的月份與日期數字相乘。（例：2月11日…2×11）

前頁解答 ①96 ②180 ③3 ④12 ⑤81 ⑥14 ⑦49 ⑧320 ⑨13 ⑩79 ⑪2 ⑫57 ⑬112 ⑭49 ⑮41 ⑯5 ⑰7 ⑱47 ⑲20 ⑳2 大腦挑戰！…-1.4、-1、0.6

仔細讀題。

020天

文字問題

學習日期	月	日	答對題數
目標 4分	實際花費	分	/3

1 下列國字，字體大小與意思相符的有幾個？

找找看

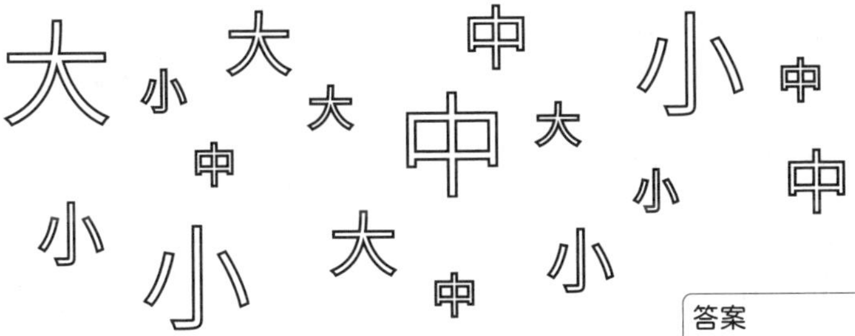

答案

2 使用以下現金購買某件商品，找回220元。究竟拿了多少現金，買了甲～丁之中的哪件商品？請回答看看。

計算

現金

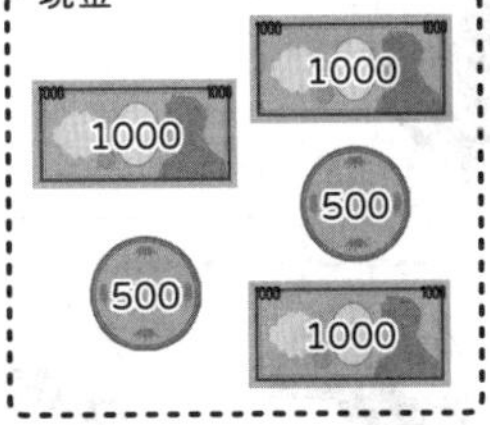

商品

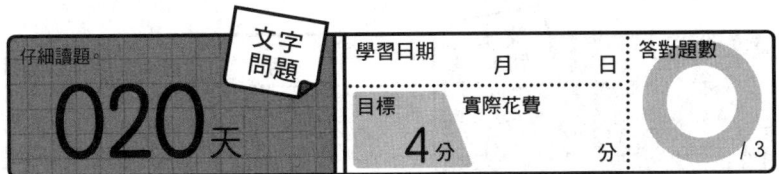

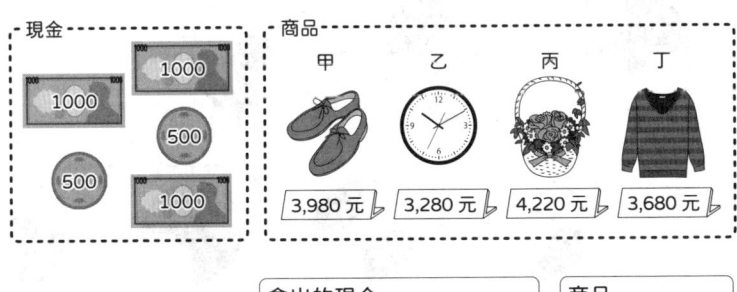

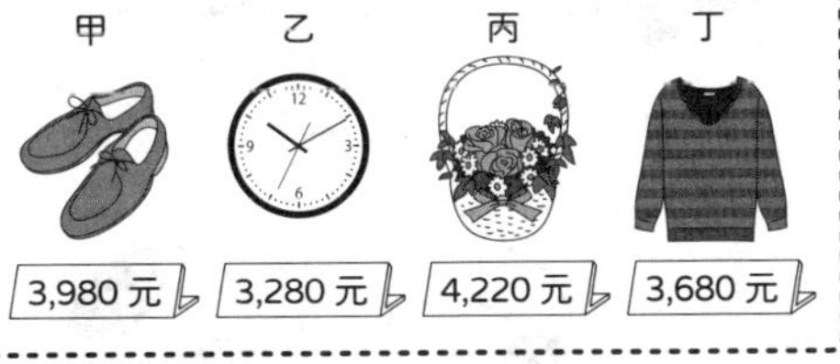

拿出的現金	商品

前頁解答 ①13 ②96 ③114 ④14 ⑤93 ⑥10 ⑦67 ⑧162 ⑨80 ⑩3 ⑪3 ⑫104 ⑬2 ⑭17 ⑮4 ⑯2 ⑰18 ⑱105 ⑲65 ⑳23

學習日期	月	日	答對題數
目標 3分	實際花費	分	/3

1 以下的數字，在（ ）內標明的位數進行四捨五入。 計算

例 7365 （十位）

例 7400

① 61444 （百位）

② 83496 （千位）

①

②

2 □內會是哪個圖形？從甲～丁之中選出答案。 圖形

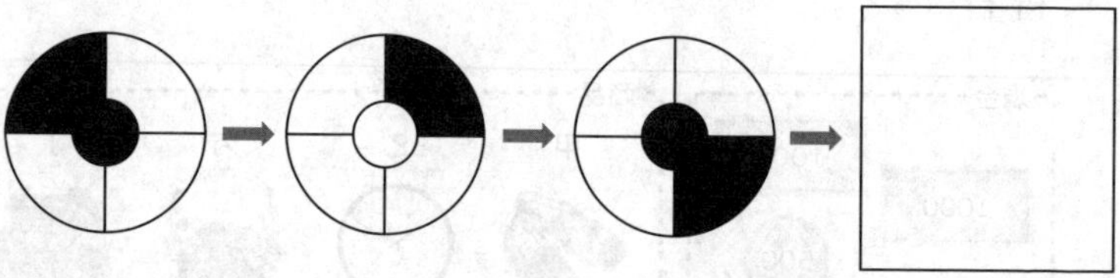

甲 乙 丙 丁

答案

前頁解答 1 5個 2（拿出的現金）3,500元 （商品）乙

32

在計畫達成表上記錄下來。

022天

四則運算

學習日期		答對題數
月　日		
目標 3分	實際花費　分	/ 20

算出下列答案。

① $40 \div 20 =$		⑪ $39 - 17 =$	
② $25 + 26 =$		⑫ $11 \times 11 =$	
③ $21 - 9 =$		⑬ $40 \div 8 =$	
④ $34 \div 2 =$		⑭ $44 - 16 =$	
⑤ $33 + 45 =$		⑮ $29 \times 6 =$	
⑥ $9 + 3 - 1 =$		⑯ $32 \div 16 =$	
⑦ $18 + 2 =$		⑰ $1 + 3 + 8 =$	
⑧ $36 \div 9 =$		⑱ $19 + 4 =$	
⑨ $2 \times 27 =$		⑲ $18 \div 9 =$	
⑩ $42 \div 14 =$		⑳ $38 - 23 =$	

大腦挑戰！心算出 11×14 的答案。

前頁解答　[1] ①61000 ②80000　[2] 甲

大腦和身體都要動一動！

四則運算

023天

學習日期	月 日	答對題數
目標 3分	實際花費 分	/ 20

算出下列答案。

① 30÷2＝		⑪ 41×7＝	
② 10＋44＝		⑫ 8＋13＝	
③ 29－11＝		⑬ 11－9＝	
④ 3＋4－6＝		⑭ 31＋14＝	
⑤ 3＋25＝		⑮ 43×5＝	
⑥ 44÷2＝		⑯ 16＋11＝	
⑦ 25＋30＝		⑰ 4－8＋5＝	
⑧ 19＋9＝		⑱ 23－17＝	
⑨ 45×3＝		⑲ 9÷9＝	
⑩ 40÷10＝		⑳ 8×13＝	

大腦挑戰！ 從60往下重複減去11，減到沒有正整數的答案為止。（開口唸出來）

前頁解答 ①2 ②51 ③12 ④17 ⑤78 ⑥11 ⑦20 ⑧4 ⑨54 ⑩3 ⑪22 ⑫121 ⑬5 ⑭28 ⑮174 ⑯2 ⑰12 ⑱23 ⑲2 ⑳15 大腦挑戰！…154

不可大意。	填空問題	學習日期　月　日	答對題數
024天		目標 3分　實際花費　分	/20

以下□填入數字或運算符號（＋、－、×、÷）來回答。

① 10×□＝160

② 18－□＝17

③ □÷4＝7

④ 27□9＝18

⑤ □×5＝20

⑥ 21□3＝7

⑦ □×15＝60

⑧ □×2＝38

⑨ 33－□＝15

⑩ 2□4＝8

⑪ □－33＝3

⑫ □－14＝30

⑬ 32－□＝17

⑭ 18－□＝4

⑮ □×2＝24

⑯ 7×□＝28

⑰ 5×□＝125

⑱ 12□3＝15

⑲ □＋43＝61

⑳ □×2＝90

大腦挑戰！ 將 4 ～ 6 之間的整數全部相加。

前頁解答 ①15 ②54 ③18 ④1 ⑤28 ⑥22 ⑦55 ⑧28 ⑨135 ⑩4 ⑪287 ⑫21 ⑬2 ⑭45 ⑮215 ⑯27 ⑰1 ⑱6 ⑲1 ⑳104　大腦挑戰!…49、38、27、16、5

樂在其中就是年輕的祕訣。

四則運算

025天

學習日期	月 日	答對題數
目標 3分	實際花費 分	/20

算出下列答案。

① $4-7+4=$ ☐

② $2+8=$ ☐

③ $23-7=$ ☐

④ $5+49=$ ☐

⑤ $7\times29=$ ☐

⑥ $12-2=$ ☐

⑦ $19+15=$ ☐

⑧ $33\div11=$ ☐

⑨ $35\div7=$ ☐

⑩ $2\times6-3=$ ☐

⑪ $11-5=$ ☐

⑫ $45\times6=$ ☐

⑬ $4\times31=$ ☐

⑭ $3-7+6=$ ☐

⑮ $11\times40=$ ☐

⑯ $36-17=$ ☐

⑰ $2\times2+2=$ ☐

⑱ $35-28=$ ☐

⑲ $22\times4=$ ☐

⑳ $25\div5=$ ☐

大腦挑戰！

-0.8、-1、-1.2 三個數，從小排到大。

前頁解答
①16 ②1 ③28 ④－ ⑤4 ⑥÷ ⑦4 ⑧19 ⑨18 ⑩× ⑪36 ⑫44 ⑬15 ⑭14 ⑮12 ⑯4 ⑰25 ⑱＋ ⑲18 ⑳45 大腦挑戰!…15

加速！

026天

四則運算

學習日期	月 日	答對題數
目標 2分	實際花費 分	/20

算出下列答案。

① $24\times7=$ □

② $30\div5=$ □

③ $22-5=$ □

④ $2-5+7=$ □

⑤ $16-9=$ □

⑥ $31+49=$ □

⑦ $3\times4+5=$ □

⑧ $27+18=$ □

⑨ $28-22=$ □

⑩ $33\times7=$ □

⑪ $28\div7=$ □

⑫ $33\times4=$ □

⑬ $26\times20=$ □

⑭ $7\times4-9=$ □

⑮ $48\div2=$ □

⑯ $28\times3=$ □

⑰ $9-3+7=$ □

⑱ $33+16=$ □

⑲ $2\times42=$ □

⑳ $48+10=$ □

大腦挑戰！將自己生日的每一個數字相加。（例：2月11日…2＋1＋1）

前頁解答 ①1 ②10 ③16 ④54 ⑤203 ⑥10 ⑦34 ⑧3 ⑨5 ⑩9 ⑪6 ⑫270 ⑬124 ⑭2 ⑮440 ⑯19 ⑰6 ⑱7 ⑲88 ⑳5 大腦挑戰！…-1.2、-1、-0.8

每一題都要細心作答。

文字問題

027天

學習日期　月　日

目標 4分　實際花費　分

答對題數　/3

1 甲～己之中的水果，數目最多的是哪一種？

找找看

甲　乙　丙　丁　戊　己

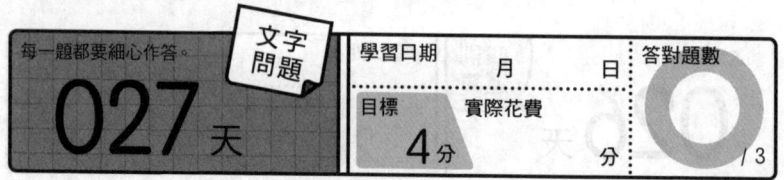

答案

2 填入數字 1～9，讓直、橫、斜每一條線相加答案都是 15。請問空格甲和乙會是什麼數字？

解謎

		4
甲	乙	
6	1	8

甲

乙

前頁解答 ①168 ②6 ③17 ④4 ⑤7 ⑥80 ⑦17 ⑧45 ⑨6 ⑩231 ⑪4 ⑫132 ⑬520 ⑭19 ⑮24 ⑯84 ⑰13 ⑱49 ⑲84 ⑳58

完成後給自己獎勵！

028天

文字問題

學習日期	月	日	答對題數
目標 3分	實際花費	分	/3

1 回答下列問題。

計算

① 一本書昨天看了 25 頁，今天看了 35 頁。請問昨天和今天總共看了幾頁？

①

② A 公司某一天的股價是 150 元，6 個月後變成 3 倍。請問 6 個月後的 A 公司股價是多少？

②

2 參考左邊的骰子，回答出右邊骰子「？」會是幾點。骰子相對的兩面點數相加答案是 7。

解謎

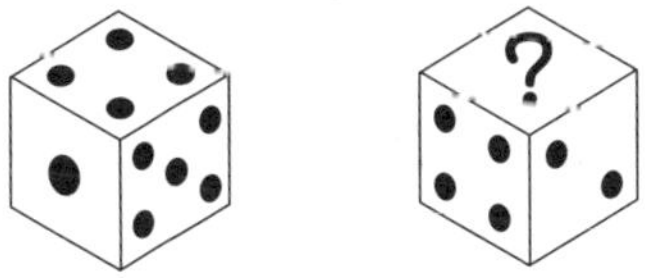

答案

前頁解答 1 戊 2 甲 7 乙 5

只要專心3分鐘！

029天

四則運算

學習日期	月	日	答對題數
目標 3分	實際花費	分	/20

算出下列答案。

① $32+6=$ ☐

② $17+34=$ ☐

③ $35\div7=$ ☐

④ $3\times3-4=$ ☐

⑤ $19\times8=$ ☐

⑥ $20-11=$ ☐

⑦ $6-4+6=$ ☐

⑧ $2\times47=$ ☐

⑨ $12+27=$ ☐

⑩ $43-6=$ ☐

⑪ $48+11=$ ☐

⑫ $25-16=$ ☐

⑬ $34+22=$ ☐

⑭ $2\times8-5=$ ☐

⑮ $47+5=$ ☐

⑯ $8\times26=$ ☐

⑰ $2-5+8=$ ☐

⑱ $21\div3=$ ☐

⑲ $35+40=$ ☐

⑳ $29-12=$ ☐

大腦挑戰！ 心算出 11×15 的答案。

前頁解答 1 ① 60 頁 ② 450 元　2 1

完成30天~

030天

四則運算

學習日期 月 日

目標 3分 實際花費 分

答對題數 /20

算出下列答案。

① $3\times33=$ □

② $16-8=$ □

③ $9+49=$ □

④ $28\div28=$ □

⑤ $36+33=$ □

⑥ $4+3-7=$ □

⑦ $47-42=$ □

⑧ $8\times0+4=$ □

⑨ $34\div17=$ □

⑩ $9\times22=$ □

⑪ $23-13=$ □

⑫ $40\div5=$ □

⑬ $13\times8=$ □

⑭ $6-7+6=$ □

⑮ $32\times4=$ □

⑯ $4\times2+7=$ □

⑰ $46-13=$ □

⑱ $18\div6=$ □

⑲ $44+28=$ □

⑳ $14+36=$ □

大腦挑戰！ 從70往下重複減去9，減到沒有正整數的答案為止。（開口唸出來）

前頁解答 ①38 ②51 ③5 ④5 ⑤152 ⑥9 ⑦8 ⑧94 ⑨39 ⑩37 ⑪59 ⑫9 ⑬56 ⑭11 ⑮52 ⑯208 ⑰5 ⑱7 ⑲75 ⑳17 大腦挑戰！…165

把空格填上答案。

填空問題

031天

學習日期 月 日

目標 3分 實際花費 分

答對題數 /20

以下□填入數字或運算符號（＋、－、×、÷）來回答。

① 11＋□＝59

② 32÷□＝4

③ 14□2＝12

④ □＋29＝41

⑤ 42－□＝35

⑥ □×2＝30

⑦ □×3＝129

⑧ 40－□＝11

⑨ 45－□＝23

⑩ 33×□＝66

⑪ □＋17＝22

⑫ 15□15＝30

⑬ □×21＝63

⑭ □×12＝72

⑮ □－42＝6

⑯ 30□6＝5

⑰ 44÷□＝11

⑱ 9÷□＝3

⑲ □＋6＝27

⑳ 24×□＝48

大腦挑戰！

將5～7之間的整數全部相加。

前頁解答

①99 ②8 ③58 ④1 ⑤69 ⑥0 ⑦5 ⑧4 ⑨2 ⑩198 ⑪10 ⑫8 ⑬104 ⑭5 ⑮128 ⑯15 ⑰33 ⑱3 ⑲72 ⑳50 大腦挑戰！…61、52、43、34、25、16、7

無論颱風或下雨…

032天

四則運算

學習日期　月　日

目標 3分　實際花費　分

答對題數 /20

算出下列答案。

① $34+33=$ □

② $17\times7=$ □

③ $45-38=$ □

④ $28\div2=$ □

⑤ $1-6+9=$ □

⑥ $26-17=$ □

⑦ $32\times5=$ □

⑧ $9-1\times5=$ □

⑨ $49+39=$ □

⑩ $7\times24=$ □

⑪ $37-14=$ □

⑫ $40-11=$ □

⑬ $29+17=$ □

⑭ $27+44=$ □

⑮ $3+1\times3=$ □

⑯ $46+47=$ □

⑰ $27-26=$ □

⑱ $22+34=$ □

⑲ $15+12=$ □

⑳ $37\times3=$ □

大腦挑戰！ -1.8、-2.4、-1 三個數，從小排到大。

前頁解答 ①48 ②8 ③－ ④12 ⑤7 ⑥15 ⑦43 ⑧29 ⑨22 ⑩2 ⑪5 ⑫＋ ⑬3 ⑭6 ⑮48 ⑯÷ ⑰4 ⑱3 ⑲21 ⑳2 大腦挑戰!…18

讓算術變成拿手科目。

033天

四則運算

學習日期　　　月　　　日

目標 **2分**　實際花費　　分

答對題數

◯ /20

算出下列答案。

① $19 + 28 =$ ☐

② $50 \div 2 =$ ☐

③ $4 \times 9 + 6 =$ ☐

④ $29 - 5 =$ ☐

⑤ $35 + 26 =$ ☐

⑥ $42 - 23 =$ ☐

⑦ $9 \times 26 =$ ☐

⑧ $16 \div 4 =$ ☐

⑨ $1 + 7 - 2 =$ ☐

⑩ $38 - 3 =$ ☐

⑪ $15 \times 8 =$ ☐

⑫ $34 - 7 =$ ☐

⑬ $29 + 13 =$ ☐

⑭ $14 \times 9 =$ ☐

⑮ $8 + 6 + 0 =$ ☐

⑯ $21 - 2 =$ ☐

⑰ $48 - 19 =$ ☐

⑱ $44 + 41 =$ ☐

⑲ $3 - 0 \times 8 =$ ☐

⑳ $25 \times 3 =$ ☐

大腦挑戰！

自己出 5 題計算。

◆前頁解答　①67 ②119 ③7 ④14 ⑤4 ⑥9 ⑦160 ⑧4 ⑨88 ⑩168 ⑪23 ⑫29 ⑬46 ⑭71 ⑮6 ⑯93 ⑰1 ⑱56 ⑲27 ⑳111　大腦挑戰！…-2.4、-1.8、-1

想想看。 **034天** 圖形問題

學習日期　　月　　日　｜　答對題數　/1

目標 30秒　實際花費　　秒

圖形

以下立方體從「側面」看，會是哪個圖形？
從甲～丁之中選出答案。

答案

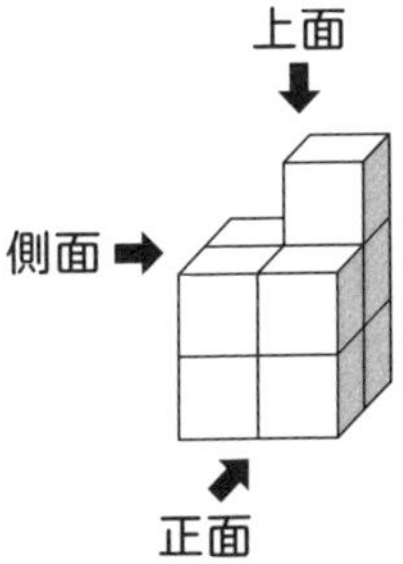

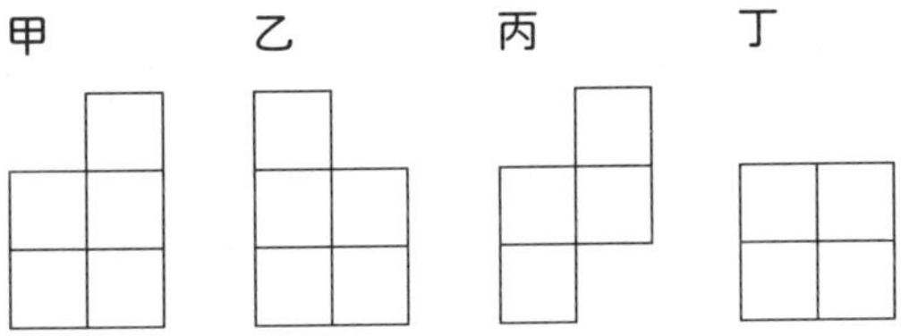

參考上方題目。 **035天** 圖形問題

學習日期　　月　　日　｜　答對題數　/1

目標 2分　實際花費　　分

圖形

有一個立方體，從上面、正面、側面看，圖形如下。這個立方體會是甲～丁之中的哪一個？

答案

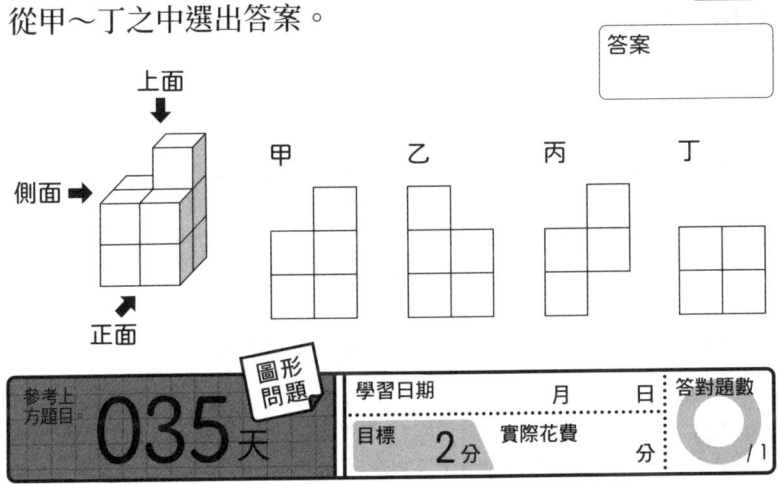

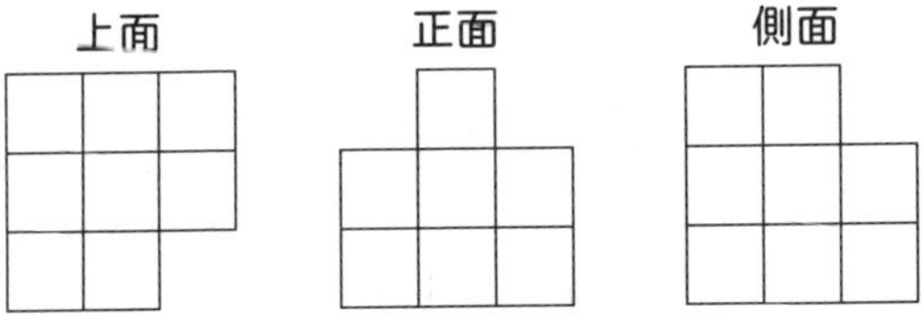

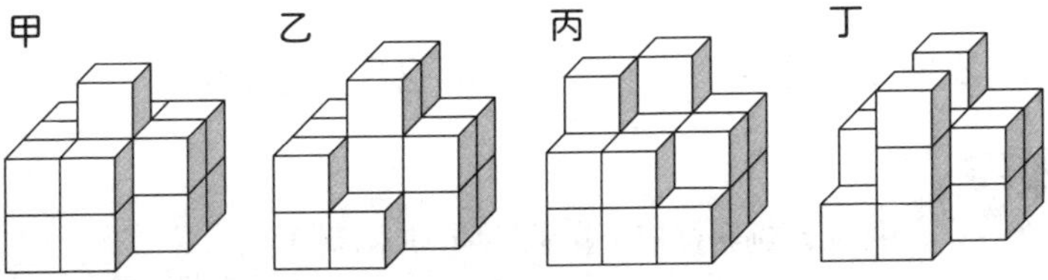

前頁解答　①47 ②25 ③42 ④24 ⑤61 ⑥19 ⑦234 ⑧4 ⑨6 ⑩35 ⑪120 ⑫27 ⑬42 ⑭126 ⑮14 ⑯19 ⑰29 ⑱85 ⑲3 ⑳75

3分鐘很短，卻也很重要。

036天

四則運算

學習日期	月	日	答對題數
目標 3分	實際花費	分	/ 20

算出下列答案。

① $32\times4=$

② $7-3\times0=$

③ $44+13=$

④ $49-34=$

⑤ $40\div8=$

⑥ $1+6-4=$

⑦ $4\times4+6=$

⑧ $36\div6=$

⑨ $39-8=$

⑩ $2\times8-2=$

⑪ $35+13=$

⑫ $17\div17=$

⑬ $23\times4=$

⑭ $34+43=$

⑮ $0-4+8=$

⑯ $12\times20=$

⑰ $43-15=$

⑱ $3+2\times2=$

⑲ $26-14=$

⑳ $28\div14=$

大腦挑戰！ 一個人玩詞語接龍，挑戰接龍 15 個詞。

前頁解答 第034天 乙　第035天 乙

唸出聲來有益大腦。

四則運算

037 天

學習日期　　月　　日

目標　實際花費
3分　　　分

答對題數

／20

算出下列答案。

① $39 - 28 =$ ☐

② $49 + 48 =$ ☐

③ $3 - 4 + 4 =$ ☐

④ $7 \times 13 =$ ☐

⑤ $28 + 6 =$ ☐

⑥ $5 + 45 =$ ☐

⑦ $39 \div 3 =$ ☐

⑧ $15 \times 7 =$ ☐

⑨ $40 \times 9 =$ ☐

⑩ $4 + 3 \times 5 =$ ☐

⑪ $31 + 47 =$ ☐

⑫ $22 - 17 =$ ☐

⑬ $46 \div 23 =$ ☐

⑭ $4 + 4 \times 4 =$ ☐

⑮ $44 - 29 =$ ☐

⑯ $33 \times 9 =$ ☐

⑰ $2 - 5 + 8 =$ ☐

⑱ $16 - 3 =$ ☐

⑲ $9 \div 3 =$ ☐

⑳ $17 + 10 =$ ☐

大腦挑戰！ 答出 20 以下的 3 的倍數。（開口唸出來）

前頁解答 ①128 ②7 ③57 ④15 ⑤5 ⑥3 ⑦22 ⑧6 ⑨31 ⑩14 ⑪48 ⑫1 ⑬92 ⑭77 ⑮4 ⑯240 ⑰28 ⑱7 ⑲12 ⑳2

讓大腦充滿彈性。

填空問題

038天

學習日期	月 日	答對題數
目標 3分	實際花費 分	/20

以下□填入數字或運算符號（＋、－、×、÷）來回答。

① 15 □ 5＝10

② 13× □ ＝104

③ 5 □ 3＝15

④ □ ÷31＝1

⑤ 17＋ □ ＝54

⑥ 45－ □ ＝32

⑦ 18× □ ＝126

⑧ 5× □ ＝0

⑨ □ ＋24＝33

⑩ □ ÷2＝6

⑪ 7× □ ＝49

⑫ 38 □ 3＝35

⑬ □ ＋24＝67

⑭ 27÷ □ ＝9

⑮ 8 □ 19＝27

⑯ 57÷ □ ＝3

⑰ □ ＋18＝27

⑱ □ ×2＝54

⑲ □ ＋46＝49

⑳ □ －4＝33

大腦挑戰！

將3～6之間的整數全部相加。

前頁解答
①11 ②97 ③3 ④91 ⑤34 ⑥50 ⑦13 ⑧105 ⑨360 ⑩19 ⑪78 ⑫5 ⑬2 ⑭20 ⑮15 ⑯297 ⑰5 ⑱13 ⑲3 ⑳27 大腦挑戰！…3、6、9、12、15、18

唸出聲來有益大腦。

039天

四則運算

學習日期	答對題數
月　日	/20
目標 3分　實際花費　分	

算出下列答案。

① 45－16＝

② 48－13＝

③ 34＋14＝

④ 36÷12＝

⑤ 8×35＝

⑥ 1×9－1＝

⑦ 7×12＝

⑧ 5×20＝

⑨ 3＋9×1＝

⑩ 32＋42＝

⑪ 33－16＝

⑫ 26×3＝

⑬ 34＋9＝

⑭ 48－29＝

⑮ 33×5＝

⑯ 2×7－5＝

⑰ 16÷8＝

⑱ 2×29＝

⑲ 32＋22＝

⑳ 26÷13＝

大腦挑戰！ 甲$\frac{1}{3}$和乙$\frac{2}{3}$，哪個數比較大？

前頁解答 ①－ ②8 ③× ④31 ⑤37 ⑥13 ⑦7 ⑧0 ⑨9 ⑩12 ⑪7 ⑫－⑬43 ⑭3 ⑮＋ ⑯19 ⑰9 ⑱27 ⑲3 ⑳37　大腦挑戰！…18

今天要全速衝刺！

040天

四則運算

學習日期 月 日

目標 2分 實際花費 分

答對題數 /20

算出下列答案。

① 27－17＝

② 25÷5＝

③ 26×2＝

④ 2＋6×8＝

⑤ 25＋3＝

⑥ 48－34＝

⑦ 7×18＝

⑧ 26－18＝

⑨ 4×20＝

⑩ 3＋3＋2＝

⑪ 47＋13＝

⑫ 48÷12＝

⑬ 29×4＝

⑭ 2×31＝

⑮ 46－15＝

⑯ 44÷11＝

⑰ 9－4×2＝

⑱ 24＋35＝

⑲ 4×40＝

⑳ 1＋3×9＝

大腦挑戰！ 將自己的出生西元年，前兩位和後兩位數字相加。
（例：1965 年…19 ＋ 65）

前頁解答 ①29 ②35 ③48 ④3 ⑤280 ⑥8 ⑦84 ⑧100 ⑨12 ⑩74 ⑪17 ⑫78 ⑬43 ⑭19 ⑮165 ⑯9 ⑰2 ⑱58 ⑲54 ⑳2 大腦挑戰！…乙

就是這樣，繼續保持。

文字問題

041天

學習日期　月　日

目標 3分　實際花費　分

答對題數 /7

1 右邊表格內的圖形，哪一個和左邊表格不一樣？

找找看

★	●	△	★	★
□	▲	○	●	●
★	●	■	△	☆
●	△	▲	★	△
△	□	■	○	○

★	●	△	★	★
□	▲	○	●	●
★	●	☆	△	☆
●	△	▲	★	△
△	□	■	○	○

甲…★　乙…●　丙…▲　丁…■
戊…☆　己…○　庚…△　辛…□

答案

2 相鄰⬡中的數字相加，會變成上方⬡中的數字。請在⬡中填入相對應的數字。

解謎

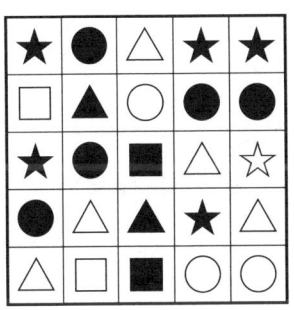

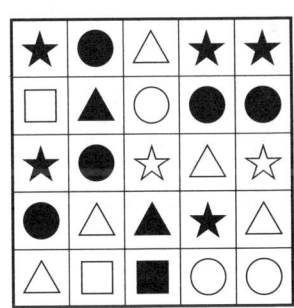

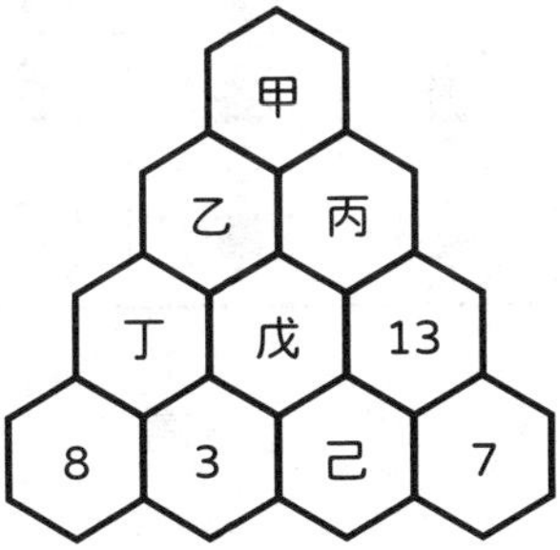

甲　乙
丙　丁
戊　己

前頁解答 ①10 ②5 ③52 ④50 ⑤28 ⑥14 ⑦126 ⑧8 ⑨80 ⑩8 ⑪60 ⑫4 ⑬116 ⑭62 ⑮31 ⑯4 ⑰1 ⑱59 ⑲160 ⑳28

總之繼續努力!

042天 文字問題

學習日期 月 日

目標 3分 實際花費 分

答對題數 /2

1 下列三角形中的數字，是按照某種規則排列。請回答「？」會是什麼數字。

解謎

提示 使用＋和÷

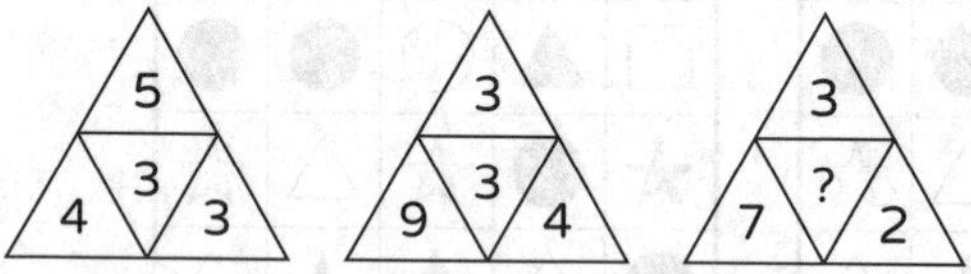

答案

2 以下只有一個圖形和其他不同。找找看，使用 A-1 這樣的座標來表示。

找找看

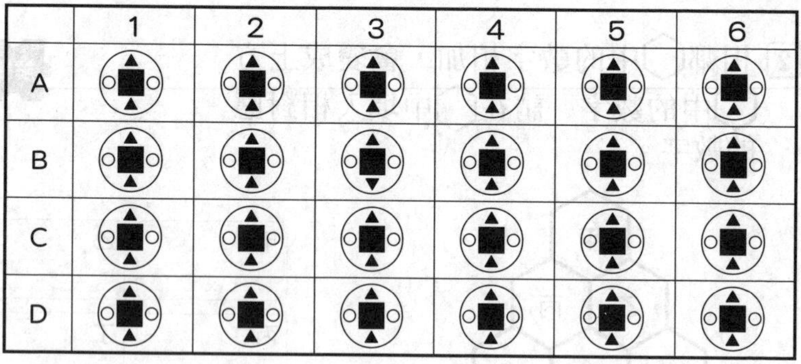

答案

前頁解答 1 戊 2 甲42 乙20 丙22 丁11 戊9 己6

到戶外解題也不錯。

043天

四則運算

學習日期	月 日	答對題數
目標 3分	實際花費 分	/ 20

算出下列答案。

① $7\times26=$

② $24-23=$

③ $14\div7=$

④ $1\times6+0=$

⑤ $22-5=$

⑥ $3-1+6=$

⑦ $22-13=$

⑧ $28+33=$

⑨ $24\div6=$

⑩ $39+5=$

⑪ $44-12=$

⑫ $5\times41=$

⑬ $4\times4-5=$

⑭ $4\times48=$

⑮ $2\times49=$

⑯ $3+4\times2=$

⑰ $46-38=$

⑱ $32\div2=$

⑲ $2+8-3=$

⑳ $42\div2=$

大腦挑戰！ 心算出 11×16 的答案。

前頁解答 [1] 5【(7 + 3)÷2 = 5】 [2] B–3

早上大腦最清醒！

044天

四則運算

學習日期	月 日	答對題數
目標 3分	實際花費 分	/20

算出下列答案。

① $9\times24=$

② $38-12=$

③ $21\div21=$

④ $33\times4=$

⑤ $1\times7-0=$

⑥ $49-35=$

⑦ $0-3+8=$

⑧ $6\times12=$

⑨ $28+47=$

⑩ $46-4=$

⑪ $29\times9=$

⑫ $3\times45=$

⑬ $42-34=$

⑭ $3+37=$

⑮ $36\div18=$

⑯ $8-1\times1=$

⑰ $1-0+3=$

⑱ $4+34=$

⑲ $24\div2=$

⑳ $7+36=$

大腦挑戰！ 答出 30 以下的 4 的倍數。（開口唸出來）

前頁解答 ①182 ②1 ③2 ④6 ⑤17 ⑥8 ⑦9 ⑧61 ⑨4 ⑩44 ⑪32 ⑫205 ⑬11 ⑭192 ⑮98 ⑯11 ⑰8 ⑱16 ⑲7 ⑳21 大腦挑戰！…176

就像在耕耘大腦一樣。

045天

填空問題

學習日期	月 日	答對題數
目標 3分	實際花費 分	/20

以下□填入數字或運算符號（＋、－、×、÷）來回答。

① 24－□＝13

② 12□2＝10

③ □×1＝47

④ 42□3＝45

⑤ 26－□＝3

⑥ □＋9＝17

⑦ 25－□＝20

⑧ □×7＝42

⑨ 22－□＝17

⑩ 9×□＝18

⑪ 6□47＝53

⑫ 29－□＝13

⑬ 31＋□＝75

⑭ 19－□＝19

⑮ □×16＝48

⑯ □＋15＝20

⑰ □＋8＝53

⑱ 16－□＝13

⑲ 8□2＝4

⑳ □－4＝40

大腦挑戰！ 將5～8之間的整數全部相加。

前頁解答 ①216 ②26 ③1 ④132 ⑤7 ⑥14 ⑦5 ⑧72 ⑨75 ⑩42 ⑪261 ⑫135 ⑬8 ⑭40 ⑮2 ⑯7 ⑰4 ⑱38 ⑲12 ⑳43　大腦挑戰！…4、8、12、16、20、24、28

深呼吸後開始練習！

046天

四則運算

學習日期	月 日	答對題數
目標 3分	實際花費 分	/ 20

算出下列答案。

① $1 \times 3 + 8 =$ ☐

② $22 + 28 =$ ☐

③ $26 \div 2 =$ ☐

④ $42 \div 6 =$ ☐

⑤ $47 - 46 =$ ☐

⑥ $1 - 7 + 6 =$ ☐

⑦ $32 \times 4 =$ ☐

⑧ $46 - 38 =$ ☐

⑨ $32 \div 4 =$ ☐

⑩ $37 + 49 =$ ☐

⑪ $8 \times 16 =$ ☐

⑫ $2 + 8 \times 4 =$ ☐

⑬ $32 - 18 =$ ☐

⑭ $8 + 43 =$ ☐

⑮ $4 - 0 + 4 =$ ☐

⑯ $24 - 3 =$ ☐

⑰ $8 \times 32 =$ ☐

⑱ $29 + 13 =$ ☐

⑲ $40 \div 5 =$ ☐

⑳ $2 + 4 - 1 =$ ☐

大腦挑戰！ 甲$\frac{1}{2}$和乙$\frac{1}{3}$，哪個數比較大？

←前頁解答

①11 ②－ ③47 ④＋ ⑤23 ⑥8 ⑦5 ⑧6 ⑨5 ⑩2 ⑪＋ ⑫16 ⑬44 ⑭0 ⑮3 ⑯5 ⑰45 ⑱3 ⑲÷ ⑳44 大腦挑戰！…26

計算的短跑比賽！

047天

四則運算

學習日期			答對題數
	月	日	
目標	實際花費		
2分		分	/ 20

算出下列答案。

① 36 ＋ 17 ＝ ☐

② 18 ÷ 2 ＝ ☐

③ 46 － 29 ＝ ☐

④ 30 × 15 ＝ ☐

⑤ 33 － 28 ＝ ☐

⑥ 4 × 19 ＝ ☐

⑦ 5 × 1 × 2 ＝ ☐

⑧ 3 × 9 － 9 ＝ ☐

⑨ 33 － 19 ＝ ☐

⑩ 27 ÷ 9 ＝ ☐

⑪ 47 ＋ 27 ＝ ☐

⑫ 39 ÷ 13 ＝ ☐

⑬ 1 － 1 ＋ 6 ＝ ☐

⑭ 5 × 24 ＝ ☐

⑮ 29 × 6 ＝ ☐

⑯ 36 ÷ 3 ＝ ☐

⑰ 3 × 16 ＝ ☐

⑱ 43 ＋ 44 ＝ ☐

⑲ 4 × 37 ＝ ☐

⑳ 33 － 25 ＝ ☐

 大腦挑戰！ 將自己的出生西元年，前兩位和後兩位數字相減。
（例：1965 年…65 － 19）

◆前頁解答 ①11 ②50 ③13 ④7 ⑤1 ⑥0 ⑦128 ⑧8 ⑨8 ⑩86 ⑪128 ⑫34 ⑬14 ⑭51 ⑮8 ⑯21 ⑰256 ⑱42 ⑲8 ⑳5 大腦挑戰！…甲

每天的訓練。

048天

文字問題

學習日期	月	日	答對題數
目標 3分	實際花費	分	/4

1 以下用國字表示的數字，請用阿拉伯數字寫出來。 計算

① 七十四億八千零五萬

①

② 三百零八億零一十六萬七千

②

③ 三千零三十八億六千四百五十萬八千

③

2 甲～戊之中，無法組成立方體的圖形，是哪一個？ 圖形

甲

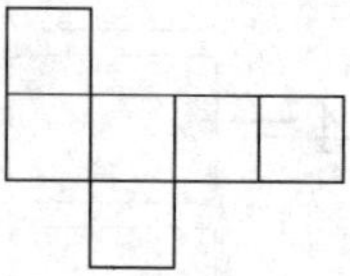

乙

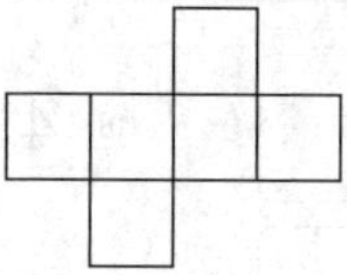

丙

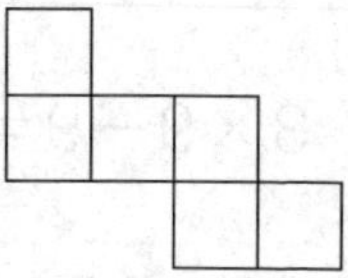

丁

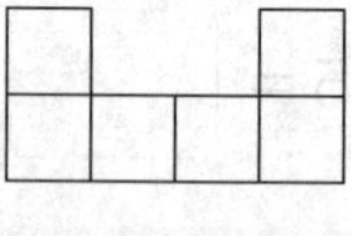

戊

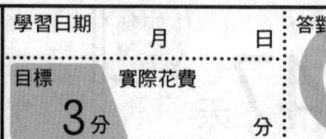

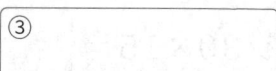

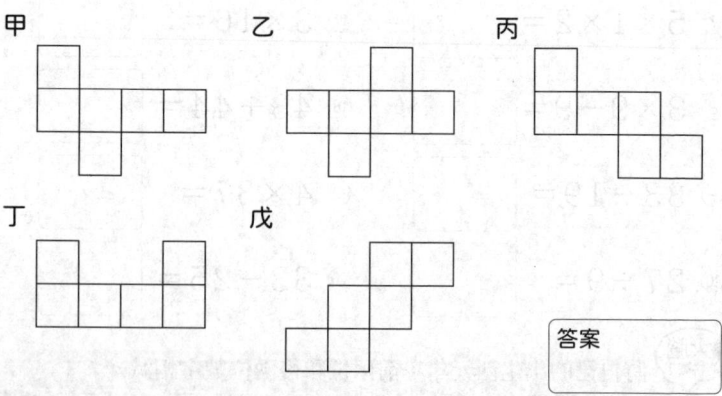

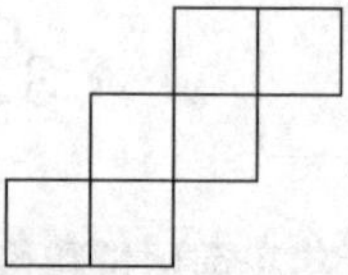

答案

←前頁解答 ①53 ②9 ③17 ④450 ⑤5 ⑥76 ⑦10 ⑧18 ⑨14 ⑩3 ⑪74 ⑫3 ⑬6 ⑭120 ⑮174 ⑯12 ⑰48 ⑱87 ⑲148 ⑳8

讓人上癮的成就感！

049天 文字問題

學習日期	月	日	答對題數
目標 3分	實際花費	分	/3

1 出去健走，總共花了幾小時幾分鐘呢？

計算

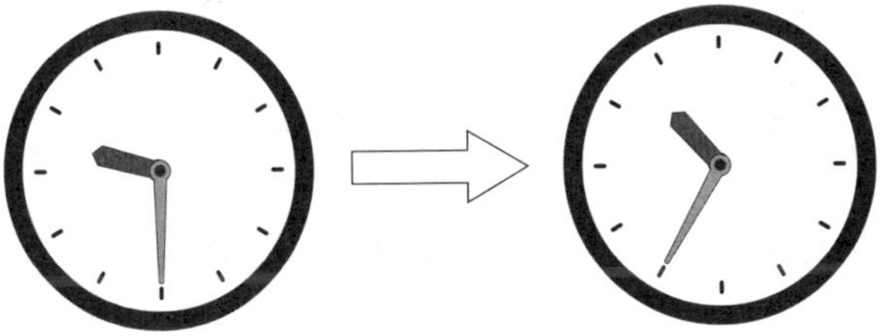

答案

2 使用以下現金購買某件商品，找回 250 元。究竟拿了多少現金，買了甲～丁之中的哪件商品？請回答看看。

計算

現金

商品

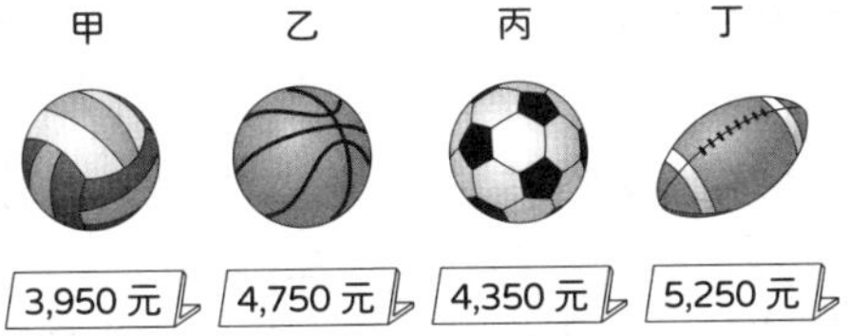

拿出的現金

商品

前頁解答
1 ①7,480,050,000 ②30,800,167,000 ③303,864,508,000
2 丁

今天是第50天！

050天

四則運算

學習日期	答對題數
月　日	/20
目標 3分　實際花費　分	

算出下列答案。

① $10+27=$

② $4\times13=$

③ $23\times3=$

④ $33\div11=$

⑤ $5-0\times1=$

⑥ $21+49=$

⑦ $11+38=$

⑧ $44-29=$

⑨ $34-28=$

⑩ $41-18=$

⑪ $46+36=$

⑫ $39-4=$

⑬ $39+19=$

⑭ $1+9\times5=$

⑮ $2\times7\times2=$

⑯ $18\div2=$

⑰ $40+17=$

⑱ $4\times24=$

⑲ $42+20=$

⑳ $33\div3=$

大腦挑戰！　心算出 11×17 的答案。

前頁解答　1 1小時5分鐘　2（拿出的現金）5,000元　（商品）乙

腦力跟上了！ 051 天	四則運算	學習日期　月　日	答對題數
		目標 3分　實際花費　分	/ 20

算出下列答案。

① $48+48=$ ☐

② $47-14=$ ☐

③ $27\div9=$ ☐

④ $43-36=$ ☐

⑤ $40-11=$ ☐

⑥ $40\div20=$ ☐

⑦ $13+14=$ ☐

⑧ $9\times1\times5=$ ☐

⑨ $31-26=$ ☐

⑩ $22+14=$ ☐

⑪ $8\times44=$ ☐

⑫ $41+47=$ ☐

⑬ $39\div3=$ ☐

⑭ $30+16=$ ☐

⑮ $2\times3-4=$ ☐

⑯ $6\times0\times4=$ ☐

⑰ $40\times24=$ ☐

⑱ $34-27=$ ☐

⑲ $28\times9=$ ☐

⑳ $6\times2+6=$ ☐

大腦挑戰！ 答出 40 以下的 6 的倍數。（開口唸出來）

前頁解答 ①37 ②52 ③69 ④3 ⑤5 ⑥70 ⑦49 ⑧15 ⑨6 ⑩23 ⑪82 ⑫35 ⑬58 ⑭46 ⑮28 ⑯9 ⑰57 ⑱96 ⑲62 ⑳11　大腦挑戰！…187

離退休還早。

052天 填空問題

學習日期	月　日	答對題數
目標 3分	實際花費　分	/20

以下□填入數字或運算符號（＋、－、×、÷）來回答。

① □＋25＝69

② □÷6＝4

③ □＋4＝43

④ □×3＝39

⑤ 8□2＝10

⑥ □－25＝1

⑦ 8□8＝0

⑧ 12□4＝8

⑨ □÷3＝29

⑩ 24－□＝2

⑪ 5＋□＝38

⑫ 3×□＝120

⑬ □×14＝70

⑭ □－13＝32

⑮ □÷10＝2

⑯ 7×□＝56

⑰ 3□1＝2

⑱ 13＋□＝26

⑲ 36×□＝108

⑳ □－8＝2

大腦挑戰！ 將7～10之間的整數全部相加。

前頁解答 ①96 ②33 ③3 ④7 ⑤29 ⑥2 ⑦27 ⑧45 ⑨5 ⑩36 ⑪352 ⑫88 ⑬13 ⑭46 ⑮2 ⑯0 ⑰960 ⑱7 ⑲252 ⑳18 大腦挑戰！…6、12、18、24、30、36

直到最後都不可大意。

053天

四則運算

學習日期　月　日

目標 3分　實際花費　分

答對題數　/20

算出下列答案。

① $37+36=$	⑪ $9\times36=$
② $2\times9-1=$	⑫ $22\times40=$
③ $38+16=$	⑬ $41\times2=$
④ $24\div6=$	⑭ $6\times23=$
⑤ $5-4\times1=$	⑮ $3-4+1=$
⑥ $33-28=$	⑯ $23+48=$
⑦ $36\div12=$	⑰ $5\times18=$
⑧ $46\div2=$	⑱ $7\times2\times4=$
⑨ $24+22=$	⑲ $28+26=$
⑩ $2\times6\times4=$	⑳ $7\times33=$

大腦挑戰！

甲$\frac{1}{3}$和乙$\frac{1}{4}$，哪個數比較大？

前頁解答

①44 ②24 ③39 ④13 ⑤＋ ⑥26 ⑦－ ⑧－ ⑨87 ⑩22 ⑪33 ⑫40 ⑬5 ⑭45 ⑮20 ⑯8 ⑰－ ⑱13 ⑲3 ⑳10 大腦挑戰！…34

預備，開始！

054天

四則運算

學習日期		月	日	答對題數
目標	實際花費			
2分			分	/ 20

算出下列答案。

① 39＋21＝ ☐

② 34＋40＝ ☐

③ 25×4＝ ☐

④ 41＋10＝ ☐

⑤ 44＋42＝ ☐

⑥ 20÷5＝ ☐

⑦ 9－1－5＝ ☐

⑧ 47－15＝ ☐

⑨ 42÷7＝ ☐

⑩ 11＋38＝ ☐

⑪ 37＋48＝ ☐

⑫ 6×4＋9＝ ☐

⑬ 23－22＝ ☐

⑭ 39×7＝ ☐

⑮ 23＋11＝ ☐

⑯ 5×4×0＝ ☐

⑰ 41－10＝ ☐

⑱ 4×19＝ ☐

⑲ 0＋29＝ ☐

⑳ 7×16＝ ☐

大腦挑戰！ 將自己的出生西元年，前三位和最後一位數字相加。
（例：1965 年…196 ＋ 5）

◆前頁解答 ①73 ②17 ③54 ④4 ⑤1 ⑥5 ⑦3 ⑧23 ⑨46 ⑩48 ⑪324 ⑫880 ⑬82 ⑭138 ⑮0 ⑯71 ⑰90 ⑱56 ⑲54 ⑳231 大腦挑戰！…甲

大腦版本升級 **055天** 文字問題

學習日期	月 日	答對題數
目標 2分	實際花費 分	/2

1 從下列卡片中選出 5 張，組合成一個最大的數。 解謎

6 4 3 0 8 5 3

9 2 4 1 0 8 5

答案 ＿＿＿＿＿

2 將下圖左右翻轉後會變成哪一個圖？寫出代號作答。 圖形

答案

甲 乙 丙 丁

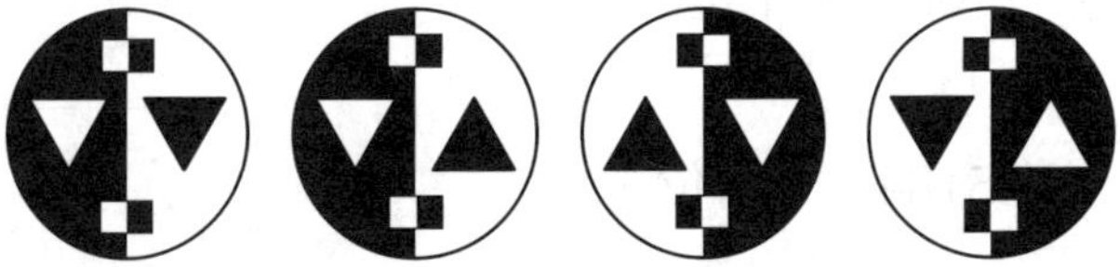

前頁解答 ①60 ②74 ③100 ④51 ⑤86 ⑥4 ⑦3 ⑧32 ⑨6 ⑩49 ⑪85 ⑫3 ⑬1 ⑭273 ⑮34 ⑯0 ⑰31 ⑱76 ⑲29 ⑳112

有時也是會算錯。

056天

文字問題

學習日期	月 日	答對題數
目標 4分	實際花費 分	/4

1 如下圖，使用火柴棒組合出正三角形。如果全部使用 37 支火柴棒，會是組合出幾個正三角形？

圖形

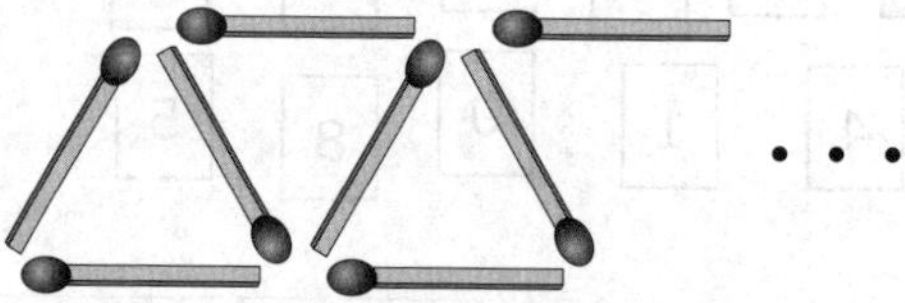

答案

2 下列三角形中的數字，是按照某種規則排列。請回答「？」會是什麼數字。

解謎

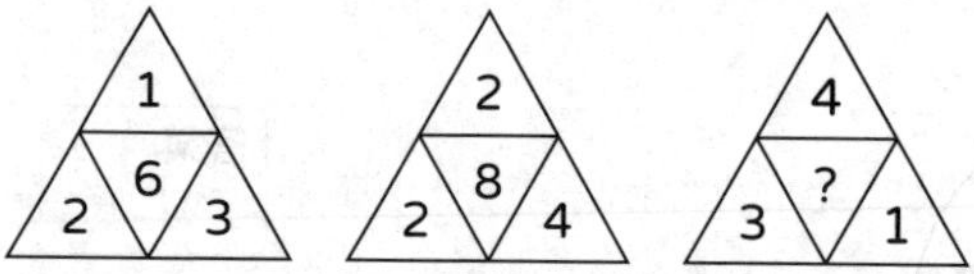

答案

3 以下的數字，在（ ）內標明的位數進行四捨五入。

計 算

① 2763 （十位）

② 65184 （百位）

①

②

前頁解答 1 98865 2 丁

已經進步很多了。 057天 四則運算	學習日期　　月　　日 目標 3分　實際花費　　分	答對題數 /20

算出下列答案。

① 49+3=	⑪ 31−16=
② 4×5×2=	⑫ 4×3−2=
③ 2+1×3=	⑬ 20÷2=
④ 30÷15=	⑭ 47−13=
⑤ 39+19=	⑮ 32−9=
⑥ 1×4−4=	⑯ 5×42=
⑦ 36÷6=	⑰ 3−1×2=
⑧ 37+44=	⑱ 13−9=
⑨ 3×3+2=	⑲ 0×2+3=
⑩ 30÷5=	⑳ 35−22=

大腦挑戰！ 心算出 11×18 的答案。

前頁解答 [1] 18 個　[2] 8【4 + 3 + 1 = 8】　[3] ①2800 ②65000

要比昨天答對更多題。

四則運算

058天

學習日期　月　日

目標 3分　實際花費　分

答對題數　/20

算出下列答案。

① $43+24=$ ☐

② $25\div5=$ ☐

③ $17-6=$ ☐

④ $44-16=$ ☐

⑤ $49+8=$ ☐

⑥ $7\times27=$ ☐

⑦ $7-1\times0=$ ☐

⑧ $16+45=$ ☐

⑨ $23\times6=$ ☐

⑩ $3\times5\times0=$ ☐

⑪ $32\div2=$ ☐

⑫ $39+22=$ ☐

⑬ $8-1-3=$ ☐

⑭ $2\times27=$ ☐

⑮ $24\div12=$ ☐

⑯ $7+1\times3=$ ☐

⑰ $36\div9=$ ☐

⑱ $46\times5=$ ☐

⑲ $6+23=$ ☐

⑳ $47+47=$ ☐

大腦挑戰！

答出 50 以下的 7 的倍數。（開口唸出來）

前頁解答　①52 ②40 ③5 ④2 ⑤58 ⑥0 ⑦6 ⑧81 ⑨11 ⑩6 ⑪15 ⑫10 ⑬10 ⑭34 ⑮23 ⑯210 ⑰1 ⑱4 ⑲3 ⑳13　大腦挑戰！…198

注意不要粗心犯錯。

填空問題

059天

學習日期	月	日	答對題數
目標 3分	實際花費	分	/20

以下□填入數字或運算符號（＋、－、×、÷）來回答。

① 8× □ =360

② □ ×32=96

③ □ ÷5=8

④ 46－ □ =8

⑤ 7× □ =196

⑥ 26＋ □ =67

⑦ 26 □ 13=2

⑧ 36－ □ =35

⑨ □ －20=16

⑩ 75 □ 15=5

⑪ 48－ □ =21

⑫ 49× □ =490

⑬ 36 □ 6=216

⑭ □ ÷19=2

⑮ 33 □ 11=22

⑯ 27－ □ =3

⑰ □ ×48=96

⑱ 14 □ 13=1

⑲ 4× □ =76

⑳ 17× □ =0

大腦挑戰！ 將4～8之間的整數全部相加。

前頁解答 ①67 ②5 ③11 ④28 ⑤57 ⑥189 ⑦7 ⑧61 ⑨138 ⑩0 ⑪16 ⑫61 ⑬4 ⑭54 ⑮2 ⑯10 ⑰4 ⑱230 ⑲29 ⑳94 大腦挑戰!…7、14、21、28、35、42、49

不管幾歲都要挑戰！
060天

四則運算

| 學習日期 | 月 | 日 | 答對題數 |

目標　實際花費
2分　　　分　　　/ 20

算出下列答案。

① 21＋17＝ ☐

② 41－28＝ ☐

③ 17＋36＝ ☐

④ 33－18＝ ☐

⑤ 1－1＋4＝ ☐

⑥ 39－2＝ ☐

⑦ 32×7＝ ☐

⑧ 22÷2＝ ☐

⑨ 39－0＝ ☐

⑩ 1×3×6＝ ☐

⑪ 45÷15＝ ☐

⑫ 15－3＝ ☐

⑬ 2＋4＋3＝ ☐

⑭ 46－13＝ ☐

⑮ 8×31＝ ☐

⑯ 33－3＝ ☐

⑰ 15＋30＝ ☐

⑱ 30－18＝ ☐

⑲ 4＋2×4＝ ☐

⑳ 19×20＝ ☐

大腦挑戰！ 甲 $\frac{1}{2}$ 和乙 $\frac{2}{3}$ ，哪個數比較大？

◆前頁解答　①45 ②3 ③40 ④38 ⑤28 ⑥41 ⑦÷ ⑧1 ⑨36 ⑩÷ ⑪27 ⑫10 ⑬× ⑭38 ⑮－ ⑯24 ⑰2 ⑱－ ⑲19 ⑳0　大腦挑戰！…30

完成所有練習的約六分之一。 **061** 天 四則運算	學習日期　　月　　日 目標 3分　實際花費　　分	答對題數　　/20

算出下列答案。

① $34 \times 4 =$

② $47 - 2 =$

③ $26 + 15 =$

④ $34 + 24 =$

⑤ $32 \div 8 =$

⑥ $7 - 1 \times 0 =$

⑦ $11 \div 11 =$

⑧ $3 + 5 + 8 =$

⑨ $19 + 21 =$

⑩ $36 \div 9 =$

⑪ $21 - 10 =$

⑫ $24 + 18 =$

⑬ $40 \times 12 =$

⑭ $2 - 1 + 7 =$

⑮ $10 - 10 =$

⑯ $35 + 39 =$

⑰ $11 + 43 =$

⑱ $5 + 4 \times 2 =$

⑲ $20 + 37 =$

⑳ $38 - 36 =$

大腦挑戰！ 將自己的出生西元年，前三位和最後一位數字相減。（例：1965 年…196 − 5）

前頁解答 ①38 ②13 ③53 ④15 ⑤4 ⑥37 ⑦224 ⑧11 ⑨39 ⑩18 ⑪3 ⑫12 ⑬9 ⑭33 ⑮248 ⑯30 ⑰45 ⑱12 ⑲12 ⑳380 大腦挑戰！…乙

不要用猜的。

062天

文字問題

學習日期 月 日

答對題數 /2

目標 2分 實際花費 分

1 下列國字，字體大小與意思相符的有幾個？

找找看

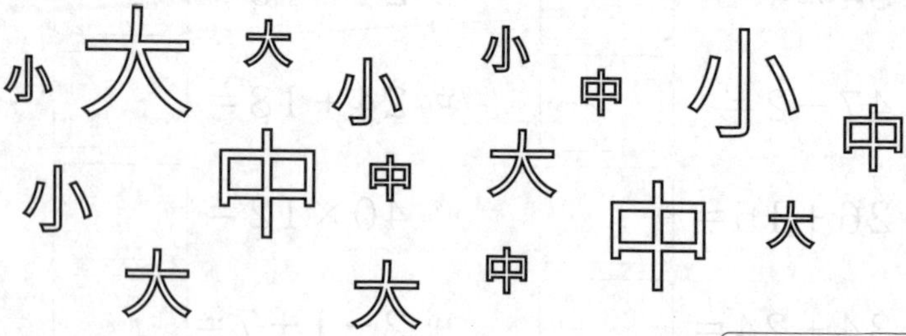

答案

2 □內會是哪個圖形？從甲～丁之中選出答案。

圖形

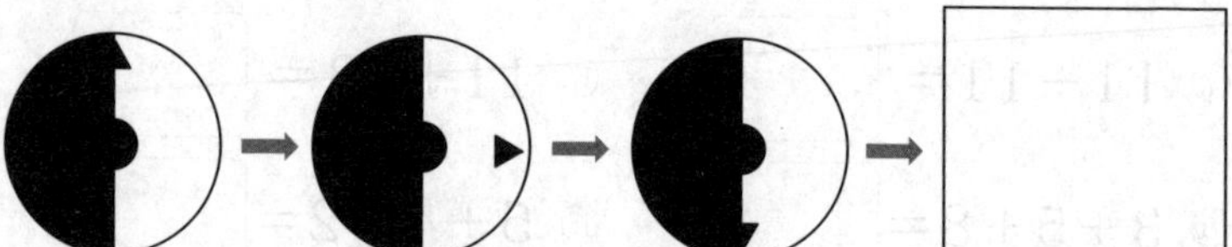

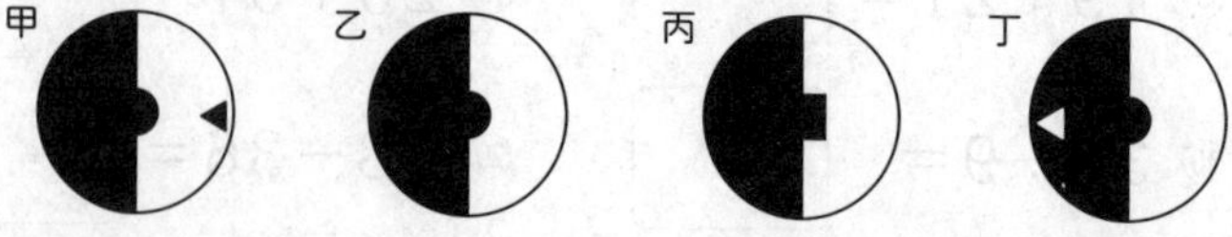

答案

前頁解答 ①136 ②45 ③41 ④58 ⑤4 ⑥7 ⑦1 ⑧16 ⑨40 ⑩4 ⑪11 ⑫42 ⑬480 ⑭8 ⑮0 ⑯74 ⑰54 ⑱13 ⑲57 ⑳2

今天是這樣的問題。

063天

文字問題

學習日期　　月　　日

目標 4分　實際花費　　分

答對題數　/ 4

1 填入數字 1 ～ 9，讓直、橫、斜每一條線相加答案都是 15。請問空格甲和乙會是什麼數字？

解謎

甲	9	4
		3
	乙	8

甲

乙

2 回答下列問題。

計算

① 商品 A 的賣法是三個一組，每組價格 180 元，一個月賣了 320 組。請問商品 A 一個是多少錢？

①

② 120 張色紙分給 8 個人，1 個人拿 13 張。請問色紙還剩下多少張？

②

前頁解答　1 4 個　2 乙

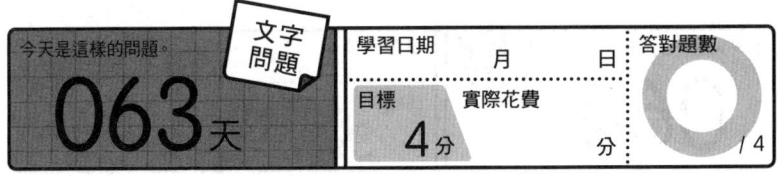

提升大腦計算能力！

064天

四則運算

學習日期	月 日	答對題數
目標 3分	實際花費 分	/ 20

算出下列答案。

① 13＋18＝

② 7＋3＝

③ 26÷13＝

④ 45÷5＝

⑤ 24÷4＝

⑥ 2－4＋7＝

⑦ 35＋32＝

⑧ 8×25＝

⑨ 24÷8＝

⑩ 36－21＝

⑪ 42－33＝

⑫ 30×20＝

⑬ 3×7－2＝

⑭ 42÷2＝

⑮ 27÷3＝

⑯ 2×2×2＝

⑰ 15＋48＝

⑱ 32＋42＝

⑲ 31－20＝

⑳ 0×4＋6＝

大腦挑戰！ 心算出 11×19 的答案。

前頁解答 1 甲2 乙1　2 ①60元 ②16張

每天持續練習!真厲害!

065天

四則運算

學習日期　　月　　日

目標　實際花費

3分　　　分

答對題數

／20

算出下列答案。

① $44 + 4 =$ ☐

② $23 \times 9 =$ ☐

③ $46 - 11 =$ ☐

④ $48 + 32 =$ ☐

⑤ $4 + 2 - 3 =$ ☐

⑥ $3 \times 35 =$ ☐

⑦ $24 \div 12 =$ ☐

⑧ $2 \times 9 - 6 =$ ☐

⑨ $41 - 37 =$ ☐

⑩ $1 + 3 \times 1 =$ ☐

⑪ $0 - 1 + 2 =$ ☐

⑫ $39 \times 2 =$ ☐

⑬ $44 - 26 =$ ☐

⑭ $21 + 31 =$ ☐

⑮ $45 \div 3 =$ ☐

⑯ $42 - 8 =$ ☐

⑰ $4 \times 3 \times 6 =$ ☐

⑱ $33 - 28 =$ ☐

⑲ $35 \div 7 =$ ☐

⑳ $14 + 22 =$ ☐

大腦挑戰！ 答出 60 以下的 8 的倍數。（開口唸出來）

前頁解答　①31 ②10 ③2 ④9 ⑤6 ⑥5 ⑦67 ⑧200 ⑨3 ⑩15 ⑪9 ⑫600 ⑬19 ⑭21 ⑮9 ⑯8 ⑰63 ⑱74 ⑲11 ⑳6　大腦挑戰！…209

大腦回春！

066天

填空問題

學習日期	月 日	答對題數
目標 3分	實際花費 分	/20

以下□填入數字或運算符號（＋、－、×、÷）來回答。

① □＋29＝34

② □÷3＝14

③ 29＋□＝56

④ 3×□＝135

⑤ □－18＝3

⑥ □＋39＝70

⑦ 45÷□＝9

⑧ 27□9＝18

⑨ 4÷□＝4

⑩ 2×□＝58

⑪ 3×□＝129

⑫ □×4＝104

⑬ 23＋□＝63

⑭ □÷11＝1

⑮ 56÷□＝7

⑯ 48□6＝54

⑰ 42÷□＝3

⑱ □＋25＝60

⑲ 45÷□＝5

⑳ □×4＝124

大腦挑戰！ 將6～10之間的整數全部相加。

前頁解答 ①48 ②207 ③35 ④80 ⑤3 ⑥105 ⑦2 ⑧12 ⑨4 ⑩4 ⑪1 ⑫78 ⑬18 ⑭52 ⑮15 ⑯34 ⑰72 ⑱5 ⑲5 ⑳36 大腦挑戰！…8、16、24、32、40、48、56

一天一天，腳踏實地。

067天

四則運算

學習日期	月 日	答對題數
目標 3分	實際花費 分	/20

算出下列答案。

① $4\times2\times2=$ □

② $49-26=$ □

③ $48\div6=$ □

④ $12+31=$ □

⑤ $38-2=$ □

⑥ $21+21=$ □

⑦ $3\times34=$ □

⑧ $48\div1=$ □

⑨ $2+5\times7=$ □

⑩ $41+2=$ □

⑪ $4\times4\times4=$ □

⑫ $42-0=$ □

⑬ $26\div13=$ □

⑭ $48-32=$ □

⑮ $1\times30=$ □

⑯ $47\times6=$ □

⑰ $33-4=$ □

⑱ $0-2+8=$ □

⑲ $27-25=$ □

⑳ $2\times35=$ □

大腦挑戰！ 甲$\frac{1}{2}$和乙$\frac{3}{5}$，哪個數比較大？

前頁解答 ①5 ②42 ③37 ④45 ⑤21 ⑥31 ⑦5 ⑧－ ⑨1 ⑩29 ⑪43 ⑫26 ⑬40 ⑭11 ⑮8 ⑯＋ ⑰14 ⑱35 ⑲9 ⑳31 大腦挑戰！…40

應該可以算得更快！

068天

四則運算

學習日期	答對題數
月　日	/20
目標 2分　實際花費　分	

算出下列答案。

① 25－7＝

② 46－26＝

③ 31－23＝

④ 4×34＝

⑤ 27÷3＝

⑥ 24＋47＝

⑦ 37－24＝

⑧ 46－9＝

⑨ 3×8×3＝

⑩ 40－4＝

⑪ 8＋12＝

⑫ 4×14＝

⑬ 35×6＝

⑭ 5＋0＋6＝

⑮ 42－38＝

⑯ 3×4－9＝

⑰ 35－6＝

⑱ 7－3－1＝

⑲ 18÷9＝

⑳ 33－21＝

大腦挑戰！自己出5題填空的計算！

前頁解答 ①16 ②23 ③8 ④43 ⑤36 ⑥42 ⑦102 ⑧48 ⑨37 ⑩43 ⑪64 ⑫42 ⑬2 ⑭16 ⑮30 ⑯282 ⑰29 ⑱6 ⑲2 ⑳70 大腦挑戰！…乙

一步一步來思考。 **069** 天 圖形問題

學習日期 月 日 | 答對題數 /1
目標 2分 實際花費 分

將骰子一路滾到★的位置，看起來會是甲～丁之中的哪一個？骰子相對的兩面點數相加答案是 7。

解謎

答案

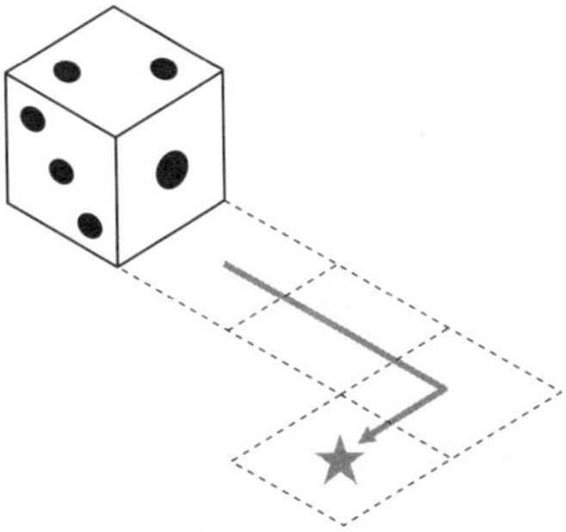

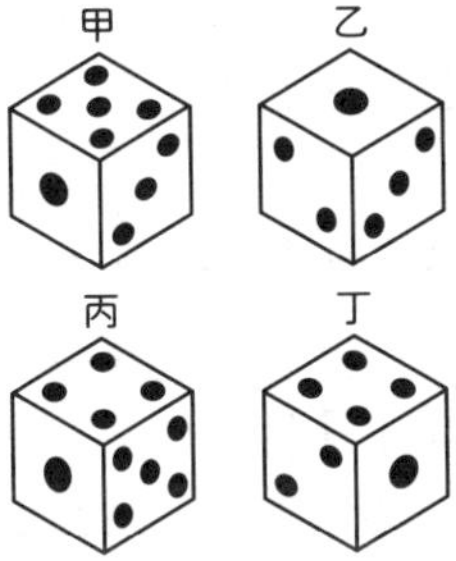

試著想想看。 **070** 天 圖形問題

學習日期 月 日 | 答對題數 /1
目標 2分 實際花費 分

下列展開圖組成的立方體，會是甲～丁之中的哪一個？

解謎

答案

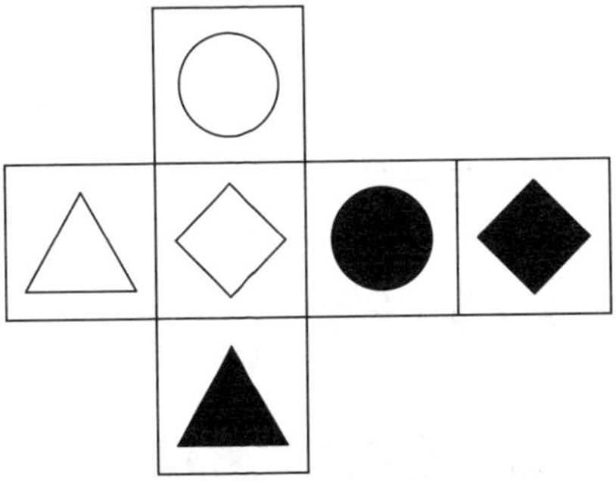

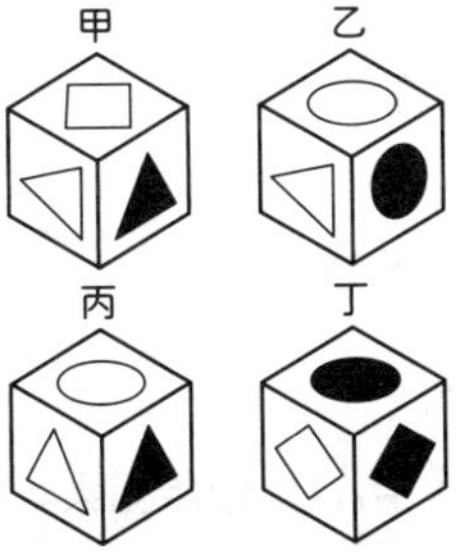

前頁解答 ①18 ②20 ③8 ④136 ⑤9 ⑥71 ⑦13 ⑧37 ⑨72 ⑩36 ⑪20 ⑫56 ⑬210 ⑭11 ⑮4 ⑯3 ⑰29 ⑱3 ⑲2 ⑳12

一天一點練習。

071天

四則運算

學習日期	月	日	答對題數
目標 3分	實際花費	分	/ 20

算出下列答案。

① $39 \div 3 =$

② $26 \times 2 =$

③ $44 - 2 =$

④ $4 + 13 =$

⑤ $2 - 0 - 2 =$

⑥ $2 \times 3 \times 5 =$

⑦ $3 \times 5 - 8 =$

⑧ $36 \div 9 =$

⑨ $44 - 20 =$

⑩ $5 \times 5 \times 5 =$

⑪ $3 \times 9 - 4 =$

⑫ $13 \div 13 =$

⑬ $46 - 40 =$

⑭ $37 - 8 =$

⑮ $15 \div 5 =$

⑯ $5 \times 17 =$

⑰ $42 - 38 =$

⑱ $30 \div 5 =$

⑲ $32 \div 2 =$

⑳ $25 + 2 =$

大腦挑戰！請答出兩數相乘，答案為 12 的所有數字。

前頁解答 第069天 丙 第070天 甲

開始能集中精神了。

072天

四則運算

學習日期	月	日	答對題數
目標 3分	實際花費	分	/20

算出下列答案。

① $22\times2=$

② $38-22=$

③ $3\times6-4=$

④ $6-4+1=$

⑤ $1+4\times2=$

⑥ $3+40=$

⑦ $13+45=$

⑧ $33\div11=$

⑨ $26\times9=$

⑩ $5\times31=$

⑪ $47-17=$

⑫ $2+28=$

⑬ $35+42=$

⑭ $8\times25=$

⑮ $23+11=$

⑯ $46+48=$

⑰ $12\div3=$

⑱ $35\times9=$

⑲ $40\div4=$

⑳ $3\times1\times7=$

大腦挑戰！ 從60往下重複減去11，減到沒有正整數的答案為止。（開口唸出來）

前頁解答 ①13 ②52 ③42 ④17 ⑤0 ⑥30 ⑦7 ⑧4 ⑨24 ⑩125 ⑪23 ⑫1 ⑬6 ⑭29 ⑮3 ⑯85 ⑰4 ⑱6 ⑲16 ⑳27 大腦挑戰！…1和12，2和6，3和4

20題不夠了吧？ 填空問題

073 天

學習日期　　　月　　　日

目標　實際花費

3分　　　　分

答對題數

0 / 20

以下□填入數字或運算符號（＋、－、×、÷）來回答。

① □ ＋ 31 ＝ 58

② 8 □ 2 ＝ 10

③ □ ÷ 5 ＝ 12

④ □ ＋ 3 ＝ 46

⑤ □ ＋ 24 ＝ 28

⑥ 10 □ 5 ＝ 15

⑦ 46 － □ ＝ 4

⑧ □ ＋ 48 ＝ 63

⑨ 46 － □ ＝ 26

⑩ □ ÷ 8 ＝ 3

⑪ □ ＋ 2 ＝ 11

⑫ □ － 29 ＝ 3

⑬ □ － 4 ＝ 12

⑭ 12 ＋ □ ＝ 40

⑮ □ × 24 ＝ 120

⑯ 10 □ 2 ＝ 20

⑰ 6 □ 2 ＝ 4

⑱ □ － 15 ＝ 32

⑲ 54 ÷ □ ＝ 3

⑳ 8 × □ ＝ 288

大腦挑戰！

將 2 ～ 7 之間的整數全部相加。

前頁解答　① 44　② 16　③ 14　④ 3　⑤ 9　⑥ 43　⑦ 58　⑧ 3　⑨ 234　⑩ 155　⑪ 30　⑫ 30　⑬ 77
⑭ 200　⑮ 34　⑯ 94　⑰ 4　⑱ 315　⑲ 10　⑳ 21　　大腦挑戰！⋯49、38、27、16、5

短暫的空檔就可以寫題目。

074天

四則運算

學習日期　　月　　日

目標 3分　實際花費　　分

答對題數　　/ 20

算出下列答案。

① 44×7＝

② 45－43＝

③ 24－8＝

④ 4×6×2＝

⑤ 10×15＝

⑥ 9＋8＝

⑦ 45－33＝

⑧ 2×0＋3＝

⑨ 4×28＝

⑩ 22＋32＝

⑪ 31－16＝

⑫ 25÷5＝

⑬ 2×9×7＝

⑭ 0－6＋7＝

⑮ 9＋38＝

⑯ 29×9＝

⑰ 2－2×1＝

⑱ 32÷2＝

⑲ 30÷15＝

⑳ 40＋8＝

大腦挑戰！

甲 $\frac{3}{4}$ 和乙 $\frac{4}{5}$，哪個數比較大？

前頁解答

①27 ②＋ ③60 ④43 ⑤4 ⑥＋ ⑦42 ⑧15 ⑨20 ⑩24 ⑪9 ⑫32 ⑬16 ⑭28 ⑮5 ⑯× ⑰－ ⑱47 ⑲18 ⑳36　大腦挑戰！…27

拚命解題。

075天

四則運算

學習日期		答對題數
月 日		
目標 2分	實際花費 分	/20

算出下列答案。

① 39－35＝

② 3×23＝

③ 6－2＋1＝

④ 8÷1＝

⑤ 2×3×3＝

⑥ 6－3＋5＝

⑦ 32－19＝

⑧ 25×5＝

⑨ 21÷3＝

⑩ 2×19＝

⑪ 1×2＋4＝

⑫ 51÷3＝

⑬ 16＋20＝

⑭ 49×0＝

⑮ 17＋13＝

⑯ 32÷8＝

⑰ 41＋46＝

⑱ 23×30＝

⑲ 47－13＝

⑳ 29－25＝

大腦挑戰！ 再多記住一個人的生日。

前頁解答 ①308 ②2 ③16 ④48 ⑤150 ⑥17 ⑦12 ⑧3 ⑨112 ⑩54 ⑪15 ⑫5 ⑬126 ⑭1 ⑮47 ⑯261 ⑰0 ⑱16 ⑲2 ⑳48 大腦挑戰！…乙

好想吃水果～

076天

文字問題

學習日期　月　日

目標 2分　實際花費　分

答對題數　/2

1 甲～己之中，數量最多的水果是哪一種？

找找看

甲　乙　丙　丁　戊　己

答案

2 參考左邊的骰子，回答出右邊骰子「？」會是幾點。骰子相對的兩面點數相加答案是7。

解謎

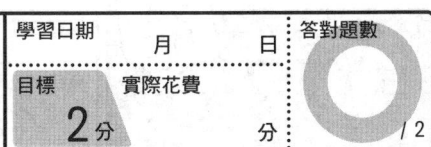

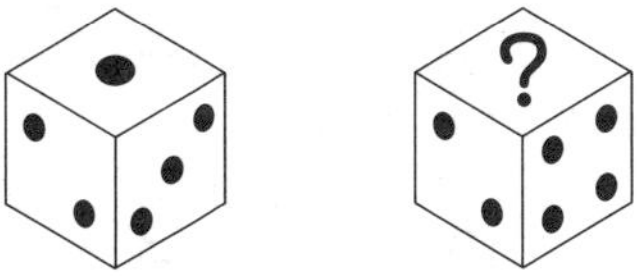

答案

前頁解答　①4 ②69 ③5 ④8 ⑤18 ⑥8 ⑦13 ⑧125 ⑨7 ⑩38 ⑪6 ⑫17 ⑬36 ⑭0 ⑮30 ⑯4 ⑰87 ⑱690 ⑲34 ⑳4

這樣應該還游刃有餘？

077天

文字問題

學習日期	月 日	答對題數
目標 4分	實際花費 分	/9

1 回答下列問題。 計算

① A 平日會抽 10 支香菸，星期日抽的菸是平日的 2.5 倍。請問 A 星期天會抽幾支香菸？

② 從總站出發的公車上有 24 名乘客，過了 3 站，有 6 個人下車。請問公車上還有幾名乘客？

③ 1 個人 15 分鐘可以搬 50 公斤的行李。請問 3 個人 45 分鐘可以搬幾公斤的行李？

①

②

③

2 相鄰⬡中的數字相加，會變成上方⬡中的數字。請在甲～己的位置填入相對應的數字。 解謎

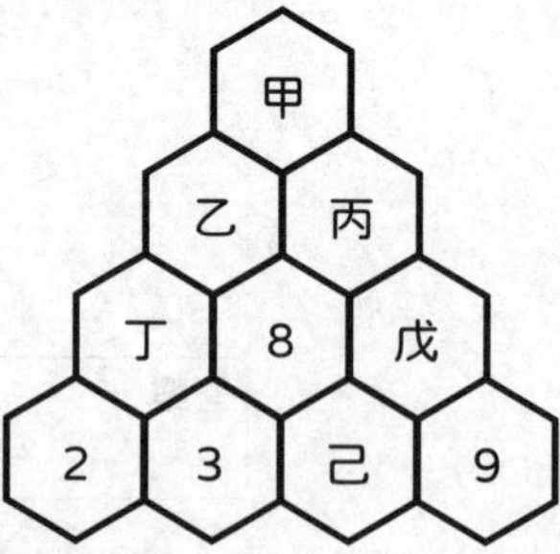

甲	乙
丙	丁
戊	己

前頁解答 1 丙 2 6

換個和平常不一樣的地方寫題目看看。

078天

四則運算

學習日期	月	日	答對題數
目標 3分	實際花費	分	/20

算出下列答案。

① $30\times27=$ □

② $3\times2\times7=$ □

③ $21+7=$ □

④ $17-13=$ □

⑤ $20\times48=$ □

⑥ $45\div3=$ □

⑦ $12+2=$ □

⑧ $32\times5=$ □

⑨ $37-13=$ □

⑩ $2+5+2=$ □

⑪ $44-11=$ □

⑫ $21\div21=$ □

⑬ $4+2\times9=$ □

⑭ $2\times5+0=$ □

⑮ $1+9\times2=$ □

⑯ $4\times18=$ □

⑰ $46\times2=$ □

⑱ $30\div6=$ □

⑲ $27+13=$ □

⑳ $42-37=$ □

大腦挑戰！ 心算出 11×21 的答案。

前頁解答
1 ①25支 ②18人 ③450公斤
2 甲35 乙14 丙21 丁6 戊13 己4

全部答對會有好事發生！

四則運算

079天

學習日期	月 日	答對題數
目標 3分	實際花費 分	/20

算出下列答案。

① $25 \div 25 =$

② $4 + 7 \times 3 =$

③ $40 \times 3 =$

④ $22 + 16 =$

⑤ $8 - 4 + 4 =$

⑥ $4 \times 2 \times 0 =$

⑦ $54 - 4 =$

⑧ $38 \div 19 =$

⑨ $11 \times 25 =$

⑩ $3 \times 36 =$

⑪ $3 \times 1 - 2 =$

⑫ $5 + 3 \times 6 =$

⑬ $49 \div 7 =$

⑭ $31 + 3 =$

⑮ $42 \div 21 =$

⑯ $9 + 4 - 5 =$

⑰ $7 \times 28 =$

⑱ $14 \div 7 =$

⑲ $3 \times 4 \times 8 =$

⑳ $3 \times 45 =$

大腦挑戰！ 70往下重複減去12，減到沒有正整數的答案為止。（開口唸出來）

前頁解答 ①810 ②42 ③28 ④4 ⑤960 ⑥15 ⑦14 ⑧160 ⑨24 ⑩9 ⑪33 ⑫1 ⑬22 ⑭10 ⑮19 ⑯72 ⑰92 ⑱5 ⑲40 ⑳5 大腦挑戰！…231

也可以和朋友比賽！

080天

填空問題

學習日期	月　日	答對題數
目標 3分	實際花費　分	/ 20

以下□填入數字或運算符號（＋、－、×、÷）來回答。

① 37＋□＝81

② □－27＝22

③ 32□2＝30

④ □÷25＝2

⑤ □＋0＝45

⑥ 17＋□＝57

⑦ 25□5＝5

⑧ 36＋□＝82

⑨ □÷7＝6

⑩ 46＋□＝73

⑪ 63÷□＝7

⑫ 37□37＝1

⑬ □×31＝62

⑭ 27÷□＝1

⑮ □×33＝99

⑯ □＋3＝16

⑰ 9×□＝261

⑱ 32÷□＝2

⑲ □－13＝4

⑳ 15□15＝0

大腦挑戰！ 將3～8之間的整數全部相加。

前頁解答 ①1 ②25 ③120 ④38 ⑤8 ⑥0 ⑦50 ⑧2 ⑨275 ⑩108 ⑪1 ⑫23 ⑬7 ⑭34 ⑮2 ⑯8 ⑰196 ⑱2 ⑲96 ⑳135　大腦挑戰！…58、46、34、22、10

練習是最好的良藥。

081天

四則運算

學習日期　月　日

目標 3分　實際花費　分

答對題數　/ 20

算出下列答案。

① $20-3=$ ☐

② $38\times3=$ ☐

③ $42\div3=$ ☐

④ $30-11=$ ☐

⑤ $3\times43=$ ☐

⑥ $19+9=$ ☐

⑦ $40+46=$ ☐

⑧ $9\times33=$ ☐

⑨ $36-31=$ ☐

⑩ $28\div2=$ ☐

⑪ $2\times4+5=$ ☐

⑫ $41+36=$ ☐

⑬ $48\div4=$ ☐

⑭ $48\times5=$ ☐

⑮ $34-13=$ ☐

⑯ $25+43=$ ☐

⑰ $44\div2=$ ☐

⑱ $4\times23=$ ☐

⑲ $12+39=$ ☐

⑳ $41-35=$ ☐

大腦挑戰！ 甲 $\frac{1}{3}$ 和乙 $\frac{2}{5}$，哪個數比較大？

←前頁解答 ①44 ②49 ③－ ④50 ⑤45 ⑥40 ⑦÷ ⑧46 ⑨42 ⑩27 ⑪9 ⑫÷ ⑬2 ⑭27 ⑮3 ⑯13 ⑰29 ⑱16 ⑲17 ⑳－ 大腦挑戰！…33

展現你的計算能力！

082天

四則運算

學習日期　月　日

目標 2分　實際花費　分

答對題數　/20

算出下列答案。

① $47+42=$ □

② $3\times44=$ □

③ $9+15=$ □

④ $39\div39=$ □

⑤ $39-38=$ □

⑥ $25+22=$ □

⑦ $2\times9\times5=$ □

⑧ $22\times6=$ □

⑨ $48-34=$ □

⑩ $36\times11=$ □

⑪ $5\times4\times4=$ □

⑫ $46-39=$ □

⑬ $1+1\times4=$ □

⑭ $2+16=$ □

⑮ $38\div2=$ □

⑯ $32-29=$ □

⑰ $4\times48=$ □

⑱ $40+39=$ □

⑲ $4-1-3=$ □

⑳ $3\times7\times8=$ □

大腦挑戰！上週新記住的生日，現在還記得嗎？

前頁解答 ①17 ②114 ③14 ④19 ⑤129 ⑥28 ⑦86 ⑧297 ⑨5 ⑩14 ⑪13 ⑫77 ⑬12 ⑭240 ⑮21 ⑯68 ⑰22 ⑱92 ⑲51 ⑳6 大腦挑戰！…乙

一邊喝茶一邊寫題目。

083天

文字問題

學習日期	月	日	答對題數
目標 2分	實際花費	分	/2

1 右邊表格內的圖形，哪一個和左邊表格不一樣？

找找看

★	○	☆	○	○
●	□	○	○	☆
△	☆	☆	■	▲
■	▲	★	■	△
★	●	■	■	★

★	○	☆	○	○
●	□	○	○	☆
△	□	☆	■	▲
■	▲	★	■	△
★	●	■	■	★

甲…★　乙…●　丙…▲　丁…■
戊…☆　己…○　庚…△　辛…□

答案

2 看了場電影，總共花了幾小時幾分鐘呢？

計算

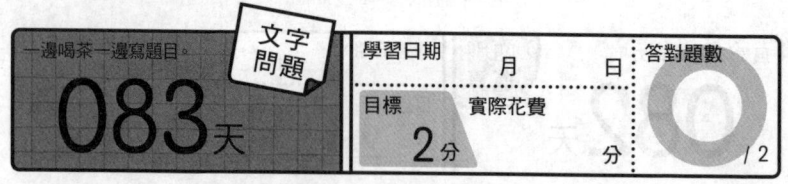

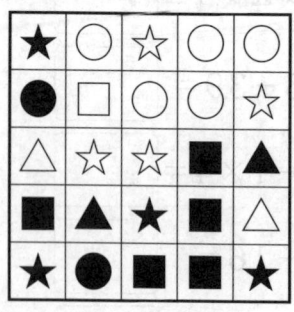

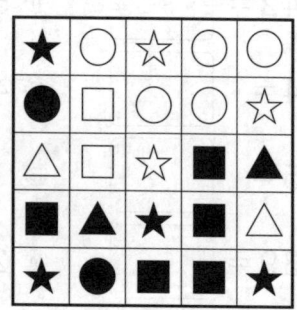

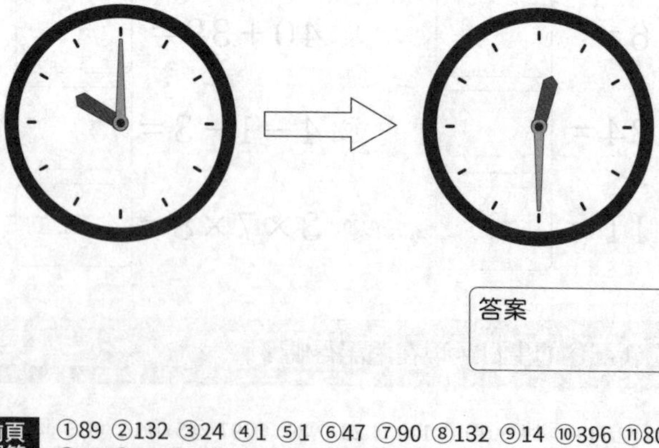

答案

前頁解答 ①89 ②132 ③24 ④1 ⑤1 ⑥47 ⑦90 ⑧132 ⑨14 ⑩396 ⑪80 ⑫7 ⑬5 ⑭18 ⑮19 ⑯3 ⑰192 ⑱79 ⑲0 ⑳168

一格一格把表格填好。

文字問題

084天

學習日期	月	日	答對題數
目標 3分	實際花費	分	/4

1 答出符合空格甲和乙的人數。

計算

		姊妹 有	姊妹 無	合計
兄弟	有		11 人	甲
	無	15 人		21 人
合計		25 人	乙	

甲

乙

2 遵照下列規則，填入符合的數字。請問空格甲和乙會是什麼數字？

解謎

《規則》(1) 粗框內的 4 格，一定要包含 1、2、3、4。
(2) 每一直行與橫列，一定要包含 1、2、3、4。

2	1		3
3	4		
甲			1
	乙	2	

甲

乙

前頁解答 1 辛 2 2 小時 30 分鐘

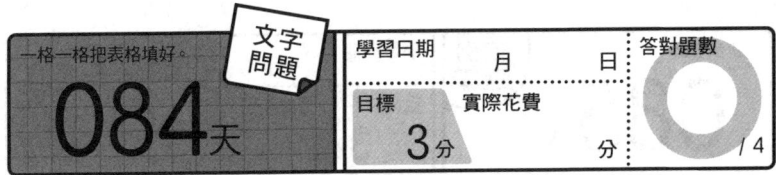

一步步前進。

085天

四則運算

學習日期	月 日	答對題數
目標 3分	實際花費 分	/20

算出下列答案。

① $39+7=$

② $48-29=$

③ $33\div11=$

④ $29+22=$

⑤ $26\times9=$

⑥ $5+0=$

⑦ $2\times8\times7=$

⑧ $42-23=$

⑨ $48\div3=$

⑩ $2\times0+4=$

⑪ $34\times3=$

⑫ $38-23=$

⑬ $47+1=$

⑭ $5+33=$

⑮ $6-0-4=$

⑯ $4\times37=$

⑰ $40\div4=$

⑱ $49-24=$

⑲ $26+12=$

⑳ $35\times9=$

大腦挑戰！ 心算出 11×22 的答案。

前頁解答 [1] 甲21人　乙17人　[2] 甲4　乙3

三分鐘活化大腦！

086天

四則運算

學習日期	月 日	答對題數
目標 3分	實際花費 分	/ 20

算出下列答案。

① $2\times49=$ □

② $41\times11=$ □

③ $37+11=$ □

④ $14-14=$ □

⑤ $1+12=$ □

⑥ $7-2\times0=$ □

⑦ $44\div4=$ □

⑧ $31-9=$ □

⑨ $42+30=$ □

⑩ $35-22=$ □

⑪ $49+42=$ □

⑫ $29+24=$ □

⑬ $38-15=$ □

⑭ $3\times6\times5=$ □

⑮ $4+7\times4=$ □

⑯ $48\div12=$ □

⑰ $33+13=$ □

⑱ $7-3-4=$ □

⑲ $1+31=$ □

⑳ $3-4+2=$ □

大腦挑戰！ 從80往下重複減去13，減到沒有正整數的答案為止。（開口唸出來）

前頁解答 ①46 ②19 ③3 ④51 ⑤234 ⑥5 ⑦112 ⑧19 ⑨16 ⑩4 ⑪102 ⑫15 ⑬48 ⑭38 ⑮2 ⑯148 ⑰10 ⑱25 ⑲38 ⑳315 大腦挑戰！…242

計算的旅程還要持續。

087天

填空問題

學習日期	月 日	答對題數
目標 3分	實際花費 分	/20

以下□填入數字或運算符號（＋、－、×、÷）來回答。

① □＋23＝68

② 7×□＝287

③ □×10＝230

④ □＋7＝50

⑤ 14□7＝2

⑥ □－4＝12

⑦ □－26＝22

⑧ 22－□＝18

⑨ 18□9＝9

⑩ □＋27＝45

⑪ □－15＝34

⑫ □×5＝210

⑬ 49－□＝46

⑭ 25＋□＝42

⑮ 21□7＝14

⑯ □×9＝288

⑰ 44－□＝30

⑱ 29－□＝10

⑲ □＋30＝79

⑳ 44÷□＝4

大腦挑戰！ 將4～9之間的整數全部相加。

←前頁解答
①98 ②451 ③38 ④0 ⑤13 ⑥7 ⑦11 ⑧22 ⑨72 ⑩13 ⑪91 ⑫53 ⑬23
⑭90 ⑮32 ⑯4 ⑰46 ⑱0 ⑲32 ⑳1 大腦挑戰！…67、54、41、28、15、2

大腦需要營養！ 088天	四則運算	學習日期 月 日	答對題數
		目標 3分 實際花費 分	/20

算出下列答案。

① 36÷2＝

② 39＋39＝

③ 3×6×3＝

④ 22＋5＝

⑤ 6×49＝

⑥ 8－2－3＝

⑦ 39＋23＝

⑧ 31＋22＝

⑨ 30－15＝

⑩ 18＋34＝

⑪ 36÷4＝

⑫ 1＋6＋8＝

⑬ 24＋38＝

⑭ 3×34＝

⑮ 48÷24＝

⑯ 5×33＝

⑰ 15＋29＝

⑱ 21×4＝

⑲ 32－21＝

⑳ 7－1×3＝

大腦挑戰！ 甲$\frac{4}{9}$和乙$\frac{2}{5}$，哪個數比較大？

前頁解答 ①45 ②41 ③23 ④43 ⑤÷ ⑥16 ⑦48 ⑧4 ⑨－ ⑩18 ⑪49 ⑫42 ⑬3 ⑭17 ⑮－ ⑯32 ⑰14 ⑱19 ⑲49 ⑳11 大腦挑戰！…39

順順利利♪

四則運算

089天

學習日期	月	日	答對題數
目標 2分	實際花費	分	/20

算出下列答案。

① $3+5+9=$

② $32+8=$

③ $18\div 2=$

④ $17+28=$

⑤ $44+3=$

⑥ $35\times 8=$

⑦ $31-14=$

⑧ $15\times 5=$

⑨ $50\div 25=$

⑩ $19-17=$

⑪ $54\div 2=$

⑫ $2\times 15=$

⑬ $27-5=$

⑭ $30+26=$

⑮ $49+47=$

⑯ $5\times 7\times 2=$

⑰ $45\div 9=$

⑱ $19+47=$

⑲ $42-37=$

⑳ $48\div 16=$

大腦挑戰！ 再多記住一個新的電話號碼。

前頁解答 ①18 ②78 ③54 ④27 ⑤294 ⑥3 ⑦62 ⑧53 ⑨15 ⑩52 ⑪9 ⑫15 ⑬62 ⑭102 ⑮2 ⑯165 ⑰44 ⑱84 ⑲11 ⑳4 大腦挑戰!…甲

差不多三個月了！

090天

文字問題

學習日期　　月　　日

目標 5分　實際花費　　分

答對題數　　/5

1 以下用國字表示的數字，請用阿拉伯數字寫出來。　計算

① 二十九億四千九百零四萬七千

② 三百零四億七千五百四十萬零二十九

③ 三千八百億零九十一萬零三百八十

①

②

③

2 使用以下現金購買某件商品，找回 140 元。究竟拿了多少現金，買了甲～丁之中的哪件商品？請回答看看。　計算

現金

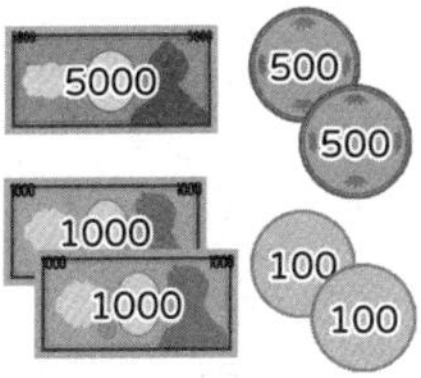

商品

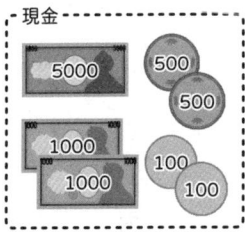

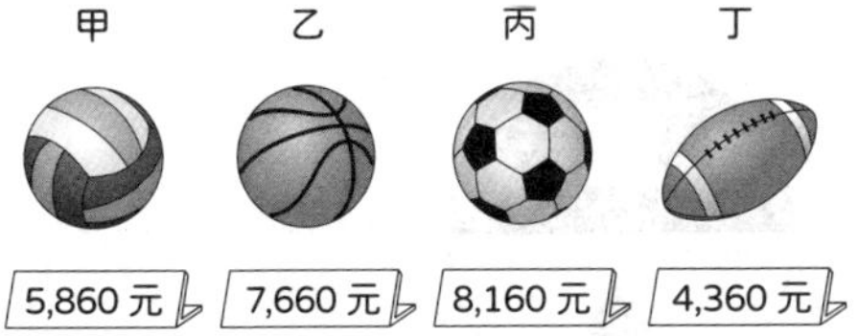

拿出的現金

商品

刺激你的想像力！

091天

文字問題

學習日期　　月　　日

目標 2分　實際花費　　分

答對題數　　/2

[1] 以下只有一個圖形和其他不同。找找看，使用 A-1 這樣的座標來表示。

找找看

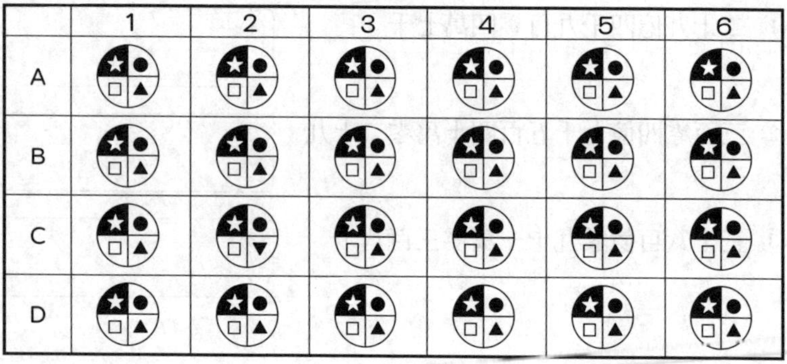

答案

[2] 將下圖倒轉 180 度後會變成哪一個圖？寫出代號作答。

圖形

答案

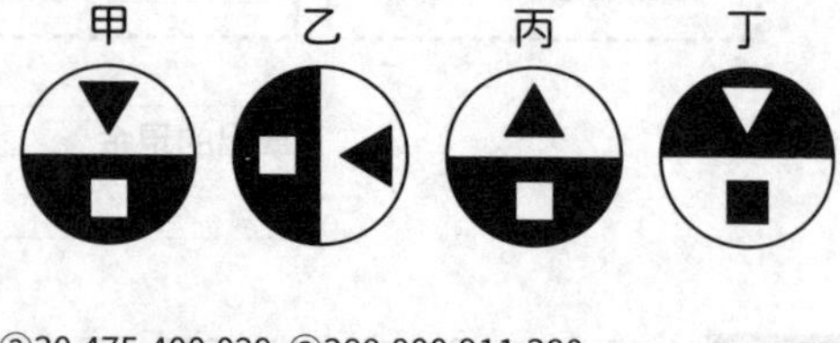

前頁解答

[1] ①2,949,047,000 ②30,475,400,029 ③380,000,911,380

[2] （拿出的現金）6,000 元　　（商品）甲

加減乘除，你喜歡哪種呢？

四則運算

092天

學習日期　月　日

目標 3分　實際花費　分

答對題數　/20

算出下列答案。

① $2+12=$ □

② $24\div4=$ □

③ $18-13=$ □

④ $4\times43=$ □

⑤ $33+22=$ □

⑥ $44-39=$ □

⑦ $2+7\times4=$ □

⑧ $45-31=$ □

⑨ $39-35=$ □

⑩ $26\div13=$ □

⑪ $40\times16=$ □

⑫ $0\times3\times9=$ □

⑬ $24-19=$ □

⑭ $8+18=$ □

⑮ $16-13=$ □

⑯ $1\times4+2=$ □

⑰ $9\times12=$ □

⑱ $35\div7=$ □

⑲ $11+39=$ □

⑳ $5\times34=$ □

大腦挑戰！ 心算出 11×23 的答案。

前頁解答　1 C−2　2 甲

有時進步緩慢也沒關係。

093天

四則運算

學習日期 月 日

目標 3分 實際花費 分

答對題數 /20

算出下列答案。

① $37 \times 8 =$

② $30 \div 6 =$

③ $21 + 24 =$

④ $41 - 36 =$

⑤ $49 \div 7 =$

⑥ $3 \times 3 - 0 =$

⑦ $10 + 38 =$

⑧ $33 - 11 =$

⑨ $36 \div 6 =$

⑩ $42 \div 6 =$

⑪ $27 + 28 =$

⑫ $38 + 20 =$

⑬ $2 - 1 + 5 =$

⑭ $8 \times 27 =$

⑮ $12 \times 40 =$

⑯ $9 + 20 =$

⑰ $44 + 27 =$

⑱ $4 \times 4 \times 3 =$

⑲ $21 - 3 =$

⑳ $60 \div 2 =$

大腦挑戰！

從 90 往下重複減去 14，減到沒有正整數的答案為止。（開口唸出來）

前頁解答
①14 ②6 ③5 ④172 ⑤55 ⑥5 ⑦30 ⑧14 ⑨4 ⑩2 ⑪640 ⑫0 ⑬5 ⑭26
⑮3 ⑯6 ⑰108 ⑱5 ⑲50 ⑳170 大腦挑戰！…253

試試跪坐著寫題目吧！

094天

填空問題

學習日期	月 日	答對題數
目標 3分	實際花費 分	/ 20

以下□填入數字或運算符號（＋、－、×、÷）來回答。

① □－11＝34

② □×9＝243

③ 11÷□＝11

④ 8□4＝12

⑤ □×18＝180

⑥ 46÷□＝2

⑦ 9÷□＝3

⑧ □＋49＝97

⑨ 9－□＝9

⑩ □×1＝49

⑪ 4×□＝100

⑫ 23＋□＝63

⑬ 12□3＝4

⑭ 8×□＝112

⑮ □＋10＝21

⑯ 48÷□＝6

⑰ 49□7＝56

⑱ 20－□＝2

⑲ □－20＝18

⑳ □×6＝126

大腦挑戰！ 將3～9之間的整數全部相加。

前頁解答 ①296 ②5 ③45 ④5 ⑤7 ⑥9 ⑦48 ⑧22 ⑨6 ⑩7 ⑪55 ⑫58 ⑬6 ⑭216 ⑮480 ⑯29 ⑰71 ⑱48 ⑲18 ⑳30　大腦挑戰！…76、62、48、34、20、6

翻開書來寫題目真棒。

四則運算

095天

學習日期 月 日

目標 3分 實際花費 分

答對題數 /20

算出下列答案。

① 27÷3=

② 4×45=

③ 45÷5=

④ 48−30=

⑤ 4×2+3=

⑥ 8÷4=

⑦ 20×7=

⑧ 4÷1=

⑨ 39×2=

⑩ 45÷3=

⑪ 33×7=

⑫ 25+38=

⑬ 2+1×9=

⑭ 11×40=

⑮ 4×2−3=

⑯ 15+5=

⑰ 34÷17=

⑱ 44+4=

⑲ 14×40=

⑳ 39+6=

大腦挑戰！

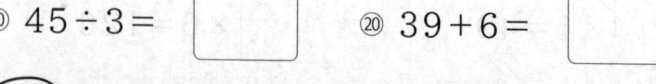

甲 $\frac{3}{7}$ 和乙 $\frac{2}{5}$，哪個數比較大？

前頁解答 ①45 ②27 ③1 ④+ ⑤10 ⑥23 ⑦3 ⑧48 ⑨0 ⑩49 ⑪25 ⑫40 ⑬÷ ⑭14 ⑮11 ⑯8 ⑰+ ⑱18 ⑲38 ⑳21 大腦挑戰！…42

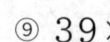

大腦也需要適當的負荷。

四則運算

096天

學習日期　月　日

目標 2分　實際花費　分

答對題數 / 20

算出下列答案。

① $47-3=$		⑪ $5\times21=$	
② $3+39=$		⑫ $34\times5=$	
③ $40-18=$		⑬ $30\div5=$	
④ $4\times35=$		⑭ $1+44=$	
⑤ $27\div9=$		⑮ $48-42=$	
⑥ $3\times9-4=$		⑯ $8\times2-8=$	
⑦ $2+5\times3=$		⑰ $36\div3=$	
⑧ $7\times11=$		⑱ $22\times11=$	
⑨ $43+44=$		⑲ $19+7=$	
⑩ $0+17=$		⑳ $3\times4\times5=$	

大腦挑戰！

上週新記住的電話號碼，現在還記得嗎？

前頁解答
①9 ②180 ③9 ④18 ⑤11 ⑥2 ⑦140 ⑧4 ⑨78 ⑩15 ⑪231 ⑫63 ⑬11
⑭440 ⑮5 ⑯20 ⑰2 ⑱48 ⑲560 ⑳45　大腦挑戰！…甲

計算的世界深不可測。

097 天

文字問題

學習日期　月　日　答對題數

目標 5分　實際花費　分　/4

1 從下列卡片中選出 5 張，組合成一個最小的五位數。

解謎

1　9　2　0　8　6　4　0　7

3　7　4　1　5

答案

2 下列三角形中的數字，是按照某種規則排列。請回答「？」會是什麼數字。

解謎

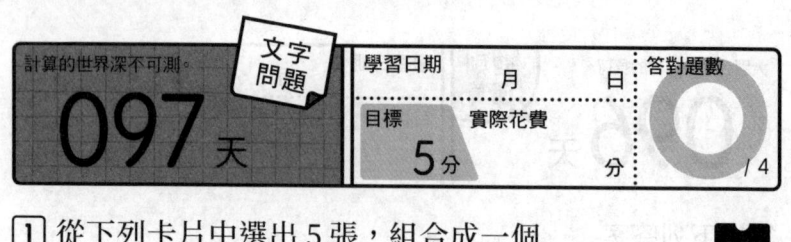

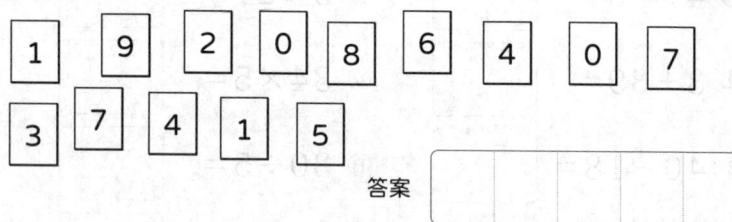

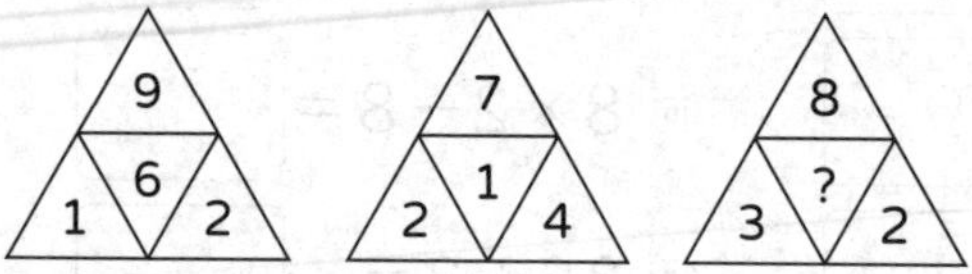

答案

3 回答下列問題。

計算

① 計算 29 與某數相加，不小心算成相減，答案變成 19。請問 18 和這個某數相加，會是多少？

①

② 一家 4 口來到位於 3 巷的一間咖啡廳，每個人都點了 1 塊 380 元的蛋糕和 1 杯 120 元的果汁組合成的套餐。請問全部多少錢？

②

前頁解答 ①44 ②42 ③22 ④140 ⑤3 ⑥23 ⑦17 ⑧77 ⑨87 ⑩17 ⑪105 ⑫170 ⑬6 ⑭45 ⑮6 ⑯8 ⑰12 ⑱242 ⑲26 ⑳60

找出規律。

098天

文字問題

學習日期	月	日	答對題數
目標 3分	實際花費	分	/2

1 如下圖，使用火柴棒組合出正方形。如果要組合出7個正方形，全部需要幾支火柴棒？

圖形

答案

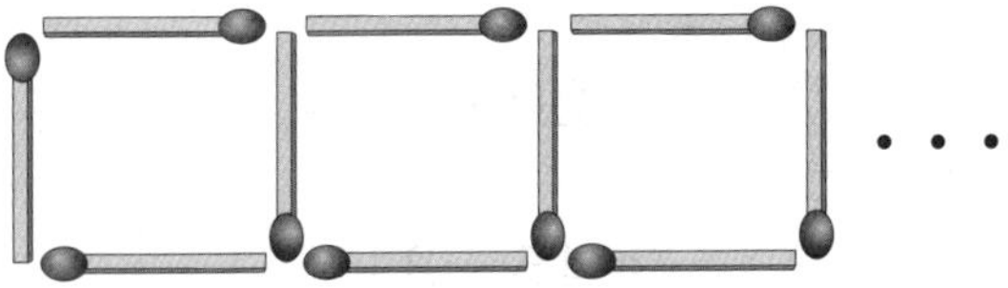

2 □內會是哪個圖形？從甲～丁之中選出答案。

圖形

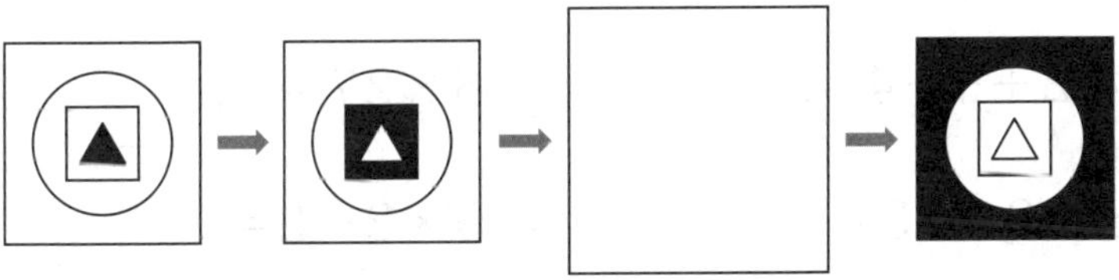

答案

前頁解答　1 10012　2 3【8 − (3 + 2) = 3】　3 ①28 ②2000元

終於到了第99天…	四則運算	學習日期 月 日	答對題數
099天		目標 3分 實際花費 分	/ 20

算出下列答案。

① $27-22=$ □

② $26\div 2=$ □

③ $3-1-1=$ □

④ $7\times 44=$ □

⑤ $44+10=$ □

⑥ $39+41=$ □

⑦ $2+5+4=$ □

⑧ $29+13=$ □

⑨ $45-36=$ □

⑩ $13+43=$ □

⑪ $32+36=$ □

⑫ $20\times 16=$ □

⑬ $20+11=$ □

⑭ $45-31=$ □

⑮ $27\div 3=$ □

⑯ $20+42=$ □

⑰ $6\times 27=$ □

⑱ $9\times 2-2=$ □

⑲ $0\times 28=$ □

⑳ $9\div 1-1=$ □

大腦挑戰！ 心算出 11×24 的答案。

前頁解答 1 46支 2 丙

完成100天！

100天

四則運算

學習日期	月 日	答對題數
目標 3分	實際花費 分	/20

算出下列答案。

① $42-31=$ □

② $2\div2+7=$ □

③ $2+33=$ □

④ $5\times24=$ □

⑤ $36-22=$ □

⑥ $28\times4=$ □

⑦ $35\div5=$ □

⑧ $26\times7=$ □

⑨ $30\div6=$ □

⑩ $44-16=$ □

⑪ $25+35=$ □

⑫ $19-10=$ □

⑬ $37-30=$ □

⑭ $3-2\div2=$ □

⑮ $6\times39=$ □

⑯ $43-21=$ □

⑰ $20\div4=$ □

⑱ $26-18=$ □

⑲ $48\div1=$ □

⑳ $43-2=$ □

大腦挑戰！從100往下重複減去15，減到沒有正整數的答案為止。（開口唸出來）

前頁解答 ①5 ②13 ③1 ④308 ⑤54 ⑥80 ⑦11 ⑧42 ⑨9 ⑩56 ⑪68 ⑫320 ⑬31 ⑭14 ⑮9 ⑯62 ⑰162 ⑱16 ⑲0 ⑳8 大腦挑戰！…264

不是任何人都能辦到。

101天

填空問題

學習日期	答對題數
月　日	/20
目標 3分　實際花費　分	

以下□填入數字或運算符號（＋、－、×、÷）來回答。

① 46－□＝22

② □×9＝108

③ 24＋□＝71

④ 6□2＝3

⑤ □＋36＝67

⑥ 5×□＝80

⑦ 39÷□＝3

⑧ 43－□＝36

⑨ □÷14＝4

⑩ □＋47＝88

⑪ 37－□＝26

⑫ □＋29＝68

⑬ 6÷□＝2

⑭ 8□2＝16

⑮ □×37＝74

⑯ 41□14＝27

⑰ □÷1＝33

⑱ 56÷□＝2

⑲ □－8＝20

⑳ 20＋□＝69

大腦挑戰！

將1～10之間的整數全部相加。

前頁解答 ①11 ②8 ③35 ④120 ⑤14 ⑥112 ⑦7 ⑧182 ⑨5 ⑩28 ⑪60 ⑫9 ⑬7 ⑭2 ⑮234 ⑯22 ⑰5 ⑱8 ⑲48 ⑳41 大腦挑戰!…85、70、55、40、25、10

開始慢慢變難。

四則運算

102 天

學習日期　　月　　日

目標　實際花費
3分　　　　分

答對題數

/ 20

算出下列答案。

① $19 + 15 =$ ☐

② $72 - 22 =$ ☐

③ $55 \times 8 =$ ☐

④ $7 \times 48 =$ ☐

⑤ $29 - 7 =$ ☐

⑥ $69 - 42 =$ ☐

⑦ $76 + 32 =$ ☐

⑧ $70 \times 5 =$ ☐

⑨ $55 - 27 =$ ☐

⑩ $67 + 29 =$ ☐

⑪ $58 \div 29 =$ ☐

⑫ $75 \times 10 =$ ☐

⑬ $63 + 47 =$ ☐

⑭ $23 + 2 + 4 =$ ☐

⑮ $46 \div 23 =$ ☐

⑯ $24 \div 8 =$ ☐

⑰ $53 - 17 =$ ☐

⑱ $73 + 35 =$ ☐

⑲ $54 \times 5 =$ ☐

⑳ $26 \div 13 =$ ☐

大腦挑戰！

甲 $\frac{3}{5}$ 和乙 $\frac{5}{8}$，哪個數比較大？

●前頁解答　①24 ②12 ③47 ④÷ ⑤31 ⑥16 ⑦13 ⑧7 ⑨56 ⑩41 ⑪11 ⑫39 ⑬3 ⑭×
⑮2 ⑯ー ⑰33 ⑱28 ⑲28 ⑳49　大腦挑戰！…55

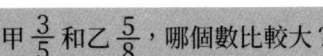

做得到！做得到！

103天

四則運算

學習日期	月 日	答對題數
目標 2分	實際花費 分	/20

算出下列答案。

① $30\times24=$ □

② $5\times28=$ □

③ $4\div2-1=$ □

④ $54-36=$ □

⑤ $64+35=$ □

⑥ $73\times10=$ □

⑦ $31+10=$ □

⑧ $51-44=$ □

⑨ $62+49=$ □

⑩ $47-17=$ □

⑪ $69\times7=$ □

⑫ $43+19=$ □

⑬ $57+6=$ □

⑭ $74+7=$ □

⑮ $34\div2=$ □

⑯ $42-3=$ □

⑰ $75\div25=$ □

⑱ $28+38=$ □

⑲ $3\times8\times4=$ □

⑳ $70\div5=$ □

大腦挑戰！ 自己出5題計算。

← 前頁解答 ①34 ②50 ③440 ④336 ⑤22 ⑥27 ⑦108 ⑧350 ⑨28 ⑩96 ⑪2 ⑫750 ⑬110 ⑭29 ⑮2 ⑯3 ⑰36 ⑱108 ⑲270 ⑳2 大腦挑戰！…乙

一步一步來思考。

104天 圖形問題

學習日期　月　日　答對題數　/1

目標 1分　實際花費　分

最重的是哪一個？

計算

答案

甲 ▲　乙 ●　丙 ■　丁 ★

換算成同樣重量。

105天 圖形問題

學習日期　月　日　答對題數　/1

目標 2分　實際花費　分

重量關係如下圖，請問問號處應該要放上什麼？

計算

答案

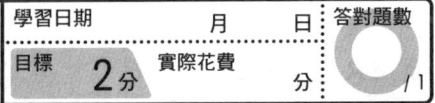

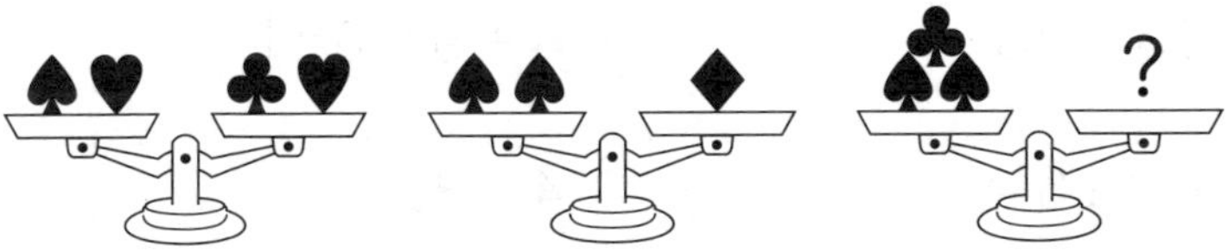

甲 ♥♦　乙 ♠♦　丙 ♣♥　丁 ♣♠

前頁解答 ①720 ②140 ③1 ④18 ⑤99 ⑥730 ⑦41 ⑧7 ⑨111 ⑩30 ⑪483 ⑫62 ⑬63 ⑭81 ⑮17 ⑯39 ⑰3 ⑱66 ⑲96 ⑳14

以全對為目標。

106天

四則運算

學習日期	月 日	答對題數
目標 3分	實際花費 分	/20

算出下列答案。

① $6\times35=$

② $72\times7=$

③ $74-38=$

④ $74+26=$

⑤ $79+3=$

⑥ $46\div23=$

⑦ $37+44=$

⑧ $5\times27=$

⑨ $43-28=$

⑩ $9\times16=$

⑪ $15-4=$

⑫ $52\div2=$

⑬ $49-20=$

⑭ $8-1\times8=$

⑮ $67+17=$

⑯ $0\times4+5=$

⑰ $42+41=$

⑱ $41-35=$

⑲ $4+9\times6=$

⑳ $4\times32=$

大腦挑戰！ 一個人玩詞語接龍，挑戰接龍 30 個詞。

前頁解答 第104天 丙　第105天 乙

不論炎熱或寒冷…

107 天

四則運算

學習日期　　月　　日

目標 3分　實際花費　　分

答對題數　　/20

算出下列答案。

① 19－2＝

② 53－46＝

③ 69－43＝

④ 58＋16＝

⑤ 67×3＝

⑥ 24＋28＝

⑦ 63÷21＝

⑧ 40＋11＝

⑨ 15－4－3＝

⑩ 12＋3＋9＝

⑪ 66＋41＝

⑫ 64÷16＝

⑬ 50＋12＝

⑭ 72÷3＝

⑮ 48＋20＝

⑯ 7×4×6＝

⑰ 51÷3＝

⑱ 32＋45＝

⑲ 2＋2×12＝

⑳ 63÷7＝

大腦挑戰！　算出 2000 元的 8%。　提示　2000×0.08

前頁解答
①210 ②504 ③36 ④100 ⑤82 ⑥2 ⑦81 ⑧135 ⑨15 ⑩144 ⑪11 ⑫26 ⑬29 ⑭0 ⑮84 ⑯5 ⑰83 ⑱6 ⑲58 ⑳128

願意嘗試就會發現很簡單！

填空問題

108天

學習日期	月 日	答對題數
目標 3分	實際花費 分	/20

以下□填入數字或運算符號（＋、－、×、÷）來回答。

① □－21＝30

② □＋40＝93

③ 54－□＝52

④ 73＋□＝77

⑤ 35－□＝28

⑥ □×20＝840

⑦ 3□3＝1

⑧ □＋36＝56

⑨ 3×□＝159

⑩ □＋23＝97

⑪ 16□4＝12

⑫ 69÷□＝3

⑬ □×25＝100

⑭ □×9＝405

⑮ 48÷□＝16

⑯ 15□3＝5

⑰ 39＋□＝43

⑱ 34＋□＝66

⑲ □×3＝99

⑳ □－4＝44

大腦挑戰！

將 11 ～ 13 之間的整數全部相加。

←前頁解答 ①17 ②7 ③26 ④74 ⑤201 ⑥52 ⑦3 ⑧51 ⑨8 ⑩24 ⑪107 ⑫4 ⑬62 ⑭24 ⑮68 ⑯168 ⑰17 ⑱77 ⑲26 ⑳9 大腦挑戰！…160 元

日積月累很重要。

109 天

四則運算

學習日期　　　月　　　日

目標　實際花費

3分　　　分

答對題數

○/ 20

算出下列答案。

① $61 \times 5 =$ ☐

② $32 + 48 =$ ☐

③ $57 \div 3 =$ ☐

④ $71 \times 4 =$ ☐

⑤ $39 - 21 =$ ☐

⑥ $71 + 30 =$ ☐

⑦ $3 \times 4 - 10 =$ ☐

⑧ $4 \times 17 =$ ☐

⑨ $28 \div 14 =$ ☐

⑩ $3 \times 49 =$ ☐

⑪ $2 + 12 + 9 =$ ☐

⑫ $6 \times 23 =$ ☐

⑬ $54 - 1 =$ ☐

⑭ $37 + 47 =$ ☐

⑮ $15 \times 2 - 5 =$ ☐

⑯ $41 + 43 =$ ☐

⑰ $60 \div 15 =$ ☐

⑱ $70 - 17 =$ ☐

⑲ $72 \times 2 =$ ☐

⑳ $14 \div 7 =$ ☐

大腦挑戰！ 星期一的 3 天後是星期幾？

◆前頁解答　①51 ②53 ③2 ④4 ⑤7 ⑥42 ⑦÷ ⑧20 ⑨53 ⑩74 ⑪－ ⑫23 ⑬4 ⑭45 ⑮3 ⑯÷ ⑰4 ⑱32 ⑲33 ⑳48　大腦挑戰！…36

速度好快！

110 天

四則運算

學習日期　　月　　日

目標 2分　實際花費　　分

答對題數　/ 20

算出下列答案。

① 81÷9＝

② 21＋15＝

③ 4×6－1＝

④ 42＋48＝

⑤ 66＋75＝

⑥ 6＋2＋15＝

⑦ 52×3＝

⑧ 45＋26＝

⑨ 40×19＝

⑩ 16÷2＋5＝

⑪ 47－5＝

⑫ 34－32＝

⑬ 17＋45＝

⑭ 64÷2＝

⑮ 2×75＝

⑯ 14－4÷4＝

⑰ 34－24＝

⑱ 36÷3＝

⑲ 11＋5－2＝

⑳ 53×9＝

大腦挑戰！

將自己生日年份的每一個數字相加。（例：1965年…1＋9＋6＋5）

前頁解答
①305 ②80 ③19 ④284 ⑤18 ⑥101 ⑦2 ⑧68 ⑨2 ⑩147 ⑪23
⑫138 ⑬53 ⑭84 ⑮25 ⑯84 ⑰4 ⑱53 ⑲144 ⑳2 大腦挑戰！…星期四

都是1！

111天

文字問題

學習日期	月	日	答對題數
目標 3分	實際花費	分	/3

1 下列國字，字體大小與意思相符的有幾個？

找找看

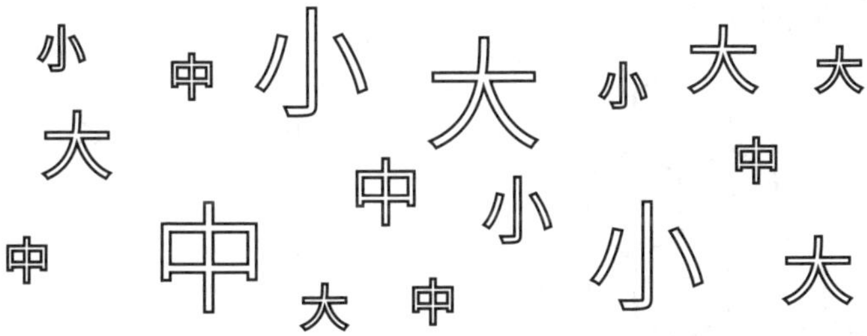

答案

2 填入數字 1 ～ 9，讓直、橫、斜每一條線相加答案都是 15。請問空格甲和乙會是什麼數字？

解謎

	甲	
3	5	7
乙		6

甲

乙

前頁解答 ①9 ②36 ③23 ④90 ⑤141 ⑥23 ⑦156 ⑧71 ⑨760 ⑩13 ⑪42 ⑫2 ⑬62 ⑭32 ⑮150 ⑯13 ⑰10 ⑱12 ⑲14 ⑳477

119

喜歡這個題目嗎？

112天

文字問題

學習日期	答對題數
月 日	
目標 3分　實際花費 分	/7

1 相鄰⬡中的數字相加，會變成上方⬡中的數字。請在甲～己的位置填入相對應的數字。

解謎

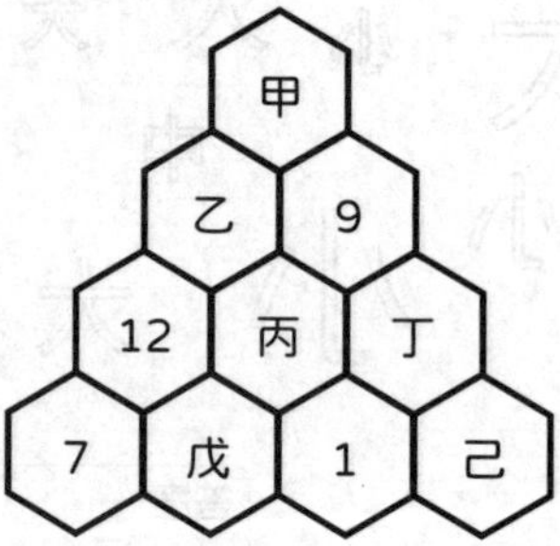

甲	乙
丙	丁
戊	己

2 甲～己之中，數量最多的水果是哪一種？

找找看

甲　乙　丙　丁　戊　己

答案

前頁解答　1 4個　2 甲9　乙8

洗手、漱口、做計算練習。

113 天

四則運算

學習日期	月	日	答對題數
目標 3分	實際花費	分	/20

算出下列答案。

① $44+17=$

② $66-43=$

③ $7\times 13=$

④ $68-31=$

⑤ $60\div 20=$

⑥ $69-32=$

⑦ $33\times 30=$

⑧ $20+45=$

⑨ $30\times 28=$

⑩ $52\div 26=$

⑪ $45-36=$

⑫ $9\times 40=$

⑬ $16-6\times 2=$

⑭ $72+14=$

⑮ $68+39=$

⑯ $65-44=$

⑰ $63\times 8=$

⑱ $55\div 5=$

⑲ $3+9\times 2=$

⑳ $17\times 8=$

大腦挑戰！ 心算出 11×25 的答案。

前頁解答 1 甲27 乙18 丙6 丁3 戊5 己2 2 乙

今天無論如何都要集中精神！

114 天

四則運算

學習日期	月 日	答對題數
目標 3分	實際花費 分	/20

算出下列答案。

① $58\times2=$

② $70-48=$

③ $8\times48=$

④ $4\times4+12=$

⑤ $34+42=$

⑥ $64+43=$

⑦ $4\times29=$

⑧ $62-27=$

⑨ $12+46=$

⑩ $31+24=$

⑪ $33-6=$

⑫ $2\times3+3=$

⑬ $48\div24=$

⑭ $63\div21=$

⑮ $8-0+12=$

⑯ $9\times12=$

⑰ $66\div2=$

⑱ $59-19=$

⑲ $63-28=$

⑳ $73\times4=$

大腦挑戰！ 算出 500 元的 8%。

前頁解答 ①61 ②23 ③91 ④37 ⑤3 ⑥37 ⑦990 ⑧65 ⑨840 ⑩2 ⑪9 ⑫360 ⑬4 ⑭86 ⑮107 ⑯21 ⑰504 ⑱11 ⑲21 ⑳136 大腦挑戰！…275

用進廢退。

115 天

填空問題

學習日期	月 日	答對題數
目標 3分	實際花費 分	/ 20

以下□填入數字或運算符號（＋、－、×、÷）來回答。

① 70＋□＝74

② □－8＝41

③ □÷28＝2

④ 59－□＝33

⑤ 49－□＝31

⑥ 34□0＝34

⑦ 65÷□＝5

⑧ □×5＝210

⑨ 2×□＝128

⑩ □÷11＝5

⑪ 25－□＝20

⑫ 22＋□＝23

⑬ □＋19＝70

⑭ 75÷□＝25

⑮ 27×□＝81

⑯ 48÷□＝12

⑰ 4×□＝92

⑱ 50＋□＝72

⑲ 11□11＝1

⑳ □＋6＝48

大腦挑戰！

將 14 ～ 16 之間的整數全部相加。

前頁解答

①116 ②22 ③384 ④28 ⑤76 ⑥107 ⑦116 ⑧35 ⑨58 ⑩55 ⑪27 ⑫9 ⑬2 ⑭3 ⑮20 ⑯108 ⑰33 ⑱40 ⑲35 ⑳292　大腦挑戰!…40 元

實際感受到效果了嗎？

116 天

四則運算

學習日期	月 日	答對題數
目標 3分	實際花費 分	/20

算出下列答案。

① 71＋28＝

② 33＋36＝

③ 71－44＝

④ 51÷3＝

⑤ 35×6＝

⑥ 4×34＝

⑦ 7＋10＝

⑧ 5×23＝

⑨ 56－40＝

⑩ 16－2＋5＝

⑪ 13＋40＝

⑫ 9×70＝

⑬ 60＋33＝

⑭ 1＋18－7＝

⑮ 54÷6＝

⑯ 68－49＝

⑰ 12÷3＝

⑱ 54＋41＝

⑲ 71×3＝

⑳ 43＋14＝

大腦挑戰！

星期五的 4 天後是星期幾？

前頁解答 ①4 ②49 ③56 ④26 ⑤18 ⑥－ ⑦13 ⑧42 ⑨64 ⑩55 ⑪5 ⑫1 ⑬51 ⑭3 ⑮3 ⑯4 ⑰23 ⑱22 ⑲÷ ⑳42 大腦挑戰！…45

寫得超級順手！

117 天

四則運算

學習日期	月 日	答對題數
目標 3分	實際花費 分	/ 20

算出下列答案。

① 15＋31＝ □

② 62×2＝ □

③ 60×16＝ □

④ 63÷3＝ □

⑤ 42＋14＝ □

⑥ 3＋27＝ □

⑦ 4×27＝ □

⑧ 2×5－3＝ □

⑨ 74＋41＝ □

⑩ 57＋6＝ □

⑪ 64÷8＝ □

⑫ 51－6＝ □

⑬ 4＋60＝ □

⑭ 56－29＝ □

⑮ 35－14＝ □

⑯ 8×38＝ □

⑰ 3－1×3＝ □

⑱ 19＋30＝ □

⑲ 54×4＝ □

⑳ 2×13－7＝ □

大腦挑戰！ 將自己的出生西元年，前兩位和後兩位數字相乘。
（例：1965 年…19×65）

前頁解答 ①99 ②69 ③27 ④17 ⑤210 ⑥136 ⑦17 ⑧115 ⑨16 ⑩19 ⑪53 ⑫630 ⑬93 ⑭12 ⑮9 ⑯19 ⑰4 ⑱95 ⑲213 ⑳57 大腦挑戰！…星期二

盡量不要花太多時間。

118 天

文字問題

學習日期	月	日	答對題數
目標 2分	實際花費	分	/4

1 右邊表格內的圖形，哪一個和左邊表格不一樣？

找找看

○	★	●	△	▲
▲	△	□	★	●
☆	●	●	☆	●
●	☆	★	○	☆
□	△	▲	●	★

○	★	●	△	▲
☆	△	□	★	●
☆	●	●	☆	●
●	☆	★	○	☆
□	△	▲	●	★

甲…★　乙…●　丙…▲　丁…■
戊…☆　己…○　庚…△　辛…□

答案

2 以下的數字，在（）內標明的位數進行四捨五入。

計算

① 50709（十位）

② 39712（百位）

③ 719563（萬位）

①

②

③

前頁解答 ①46 ②124 ③960 ④21 ⑤56 ⑥30 ⑦108 ⑧7 ⑨115 ⑩63 ⑪8 ⑫45 ⑬64 ⑭27 ⑮21 ⑯304 ⑰0 ⑱49 ⑲216 ⑳19

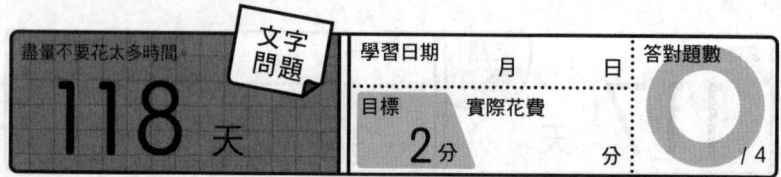

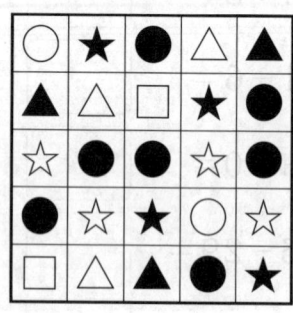

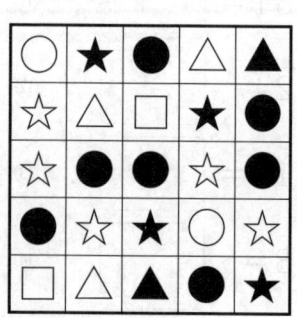

邏輯思考能力也進步了。

文字問題

119 天

學習日期　月　日

目標 3分　實際花費　分

答對題數　/3

1 回答下列問題。

計算

① A 的年紀是 54 歲，是他兒子年紀的 3 倍。請問 A 的兒子現在幾歲？

①

② 1 罐 2 公升的咖啡買了 3 罐，1 罐 1.5 公升的茶買了 4 罐。請問全部買了幾罐飲料？

②

2 以下只有一個圖形和其他不同。找找看，使用 A–1 這樣的座標來表示。

找找看

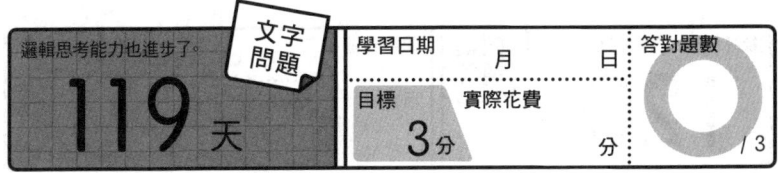

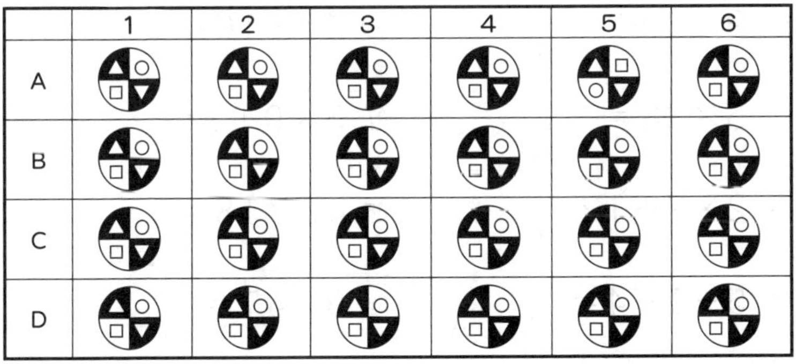

答案

前頁解答　1 戊　2 ①50700 ②40000 ③700000

練習3分鐘，就會變聰明。

120天

四則運算

學習日期	月 日	答對題數
目標 3分	實際花費 分	/20

算出下列答案。

① $46+27=$

② $20\times27=$

③ $63-46=$

④ $62-34=$

⑤ $2\times9-7=$

⑥ $9-7+3=$

⑦ $5\times28=$

⑧ $2\times7+12=$

⑨ $5\div1-4=$

⑩ $56\div7=$

⑪ $45\div3=$

⑫ $56+32=$

⑬ $34+11=$

⑭ $58\div29=$

⑮ $4+46=$

⑯ $45-16=$

⑰ $5\times9+7=$

⑱ $40\times18=$

⑲ $9\times47=$

⑳ $70\times15=$

大腦挑戰！ 心算出 11×26 的答案。

前頁解答 1 ①18歲 ②7罐 2 A–5

持續能夠化為力量。

121 天

四則運算

學習日期	月 日	答對題數
目標 3分	實際花費 分	/ 20

算出下列答案。

① 8×35＝

② 52＋17＝

③ 37×3＝

④ 14－3＋7＝

⑤ 2＋40＝

⑥ 53－47＝

⑦ 75×4＝

⑧ 34－19＝

⑨ 49－39＝

⑩ 6＋19－4＝

⑪ 51－8＝

⑫ 54＋9＝

⑬ 2＋9×9＝

⑭ 73＋17＝

⑮ 15×6＝

⑯ 20×21＝

⑰ 66÷3＝

⑱ 36＋46＝

⑲ 38－22＝

⑳ 19×40＝

大腦挑戰！ 算出 7000 元的 8%。

前頁解答 ①73 ②540 ③17 ④28 ⑤11 ⑥5 ⑦140 ⑧26 ⑨1 ⑩8 ⑪15 ⑫88 ⑬45 ⑭2 ⑮50 ⑯29 ⑰52 ⑱720 ⑲423 ⑳1050 大腦挑戰！…286

今天完成了全部練習的三分之一。

122天

填空問題

學習日期	月　日	答對題數
目標 3分	實際花費　分	/20

以下□填入數字或運算符號（＋、－、×、÷）來回答。

① 56÷□＝4

② □÷25＝3

③ □－31＝1

④ 31－□＝9

⑤ 16□8＝8

⑥ □×3＝63

⑦ □÷2＝33

⑧ 3□3＝6

⑨ 72÷□＝3

⑩ □×4＝284

⑪ 4×□＝212

⑫ 2□2＝1

⑬ □×9＝180

⑭ □÷23＝3

⑮ □－20＝29

⑯ 6×□＝366

⑰ □÷4＝15

⑱ 7×□＝336

⑲ 46÷□＝23

⑳ □÷29＝2

大腦挑戰！ 將17～19之間的整數全部相加。

前頁解答 ①280 ②69 ③111 ④18 ⑤42 ⑥6 ⑦300 ⑧15 ⑨10 ⑩21 ⑪43 ⑫63 ⑬83 ⑭90 ⑮90 ⑯420 ⑰22 ⑱82 ⑲16 ⑳760　大腦挑戰！…560元

和精密的機器一樣。

123 天

四則運算

學習日期	月 日	答對題數
目標 3分	實際花費 分	/ 20

算出下列答案。

① $52 \div 13 =$

② $32 + 35 =$

③ $13 \times 5 - 6 =$

④ $49 - 36 =$

⑤ $43 - 10 =$

⑥ $54 \div 6 =$

⑦ $56 + 19 =$

⑧ $67 + 31 =$

⑨ $48 \div 2 =$

⑩ $4 + 5 + 17 =$

⑪ $3 + 15 + 7 =$

⑫ $60 \div 5 =$

⑬ $18 \times 30 =$

⑭ $36 \div 18 =$

⑮ $67 - 2 =$

⑯ $56 \div 28 =$

⑰ $8 + 31 =$

⑱ $12 \div 4 =$

⑲ $59 \times 8 =$

⑳ $27 + 29 =$

大腦挑戰！

星期三的 9 天後是星期幾？

前頁解答 ①14 ②75 ③32 ④22 ⑤－ ⑥21 ⑦66 ⑧＋ ⑨24 ⑩71 ⑪53 ⑫÷ ⑬20 ⑭69 ⑮49 ⑯61 ⑰60 ⑱48 ⑲2 ⑳58 大腦挑戰！…54

引擎全開！ 124天	四則運算	學習日期 月 日	答對題數
		目標 2分　實際花費 天 分	/20

算出下列答案。

① $46 \div 23 =$

② $21 + 21 =$

③ $19 - 4 - 8 =$

④ $67 - 7 =$

⑤ $64 \div 8 =$

⑥ $73 \times 5 =$

⑦ $39 \div 3 =$

⑧ $73 \times 2 =$

⑨ $42 + 27 =$

⑩ $30 - 29 =$

⑪ $13 - 2 \times 4 =$

⑫ $12 + 0 \times 2 =$

⑬ $74 + 37 =$

⑭ $45 - 7 =$

⑮ $47 - 18 =$

⑯ $46 + 12 =$

⑰ $51 \times 7 =$

⑱ $24 + 47 =$

⑲ $46 - 3 =$

⑳ $12 \times 2 \times 5 =$

大腦挑戰！ 將自家地址郵遞區號（六碼）的前半和後半數字相加。（例：113 + 003）

前頁解答 ①4 ②67 ③59 ④13 ⑤33 ⑥9 ⑦75 ⑧98 ⑨24 ⑩26 ⑪25 ⑫12 ⑬540 ⑭2 ⑮65 ⑯2 ⑰39 ⑱3 ⑲472 ⑳56 大腦挑戰！…星期五

開心練習。

文字問題

125天

學習日期　　月　　日

目標 3分　實際花費　　分

答對題數　/3

1 參考左邊的骰子，回答出右邊骰子「？」會是幾點。骰子相對的兩面點數相加答案是 7。

解謎

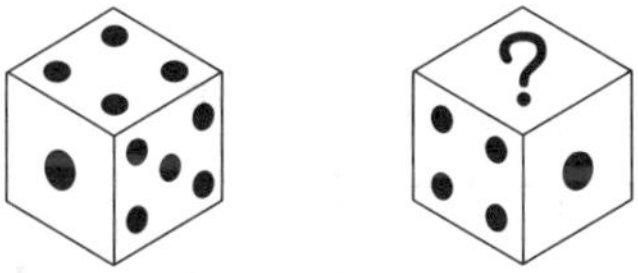

答案

2 遵照下列規則，填入符合的數字。請問空格甲和乙會是什麼數字？

解謎

《規則》(1) 粗框內的 4 格，一定要包含 1、2、3、4。
　　　　(2) 每一直行與橫列，一定要包含 1、2、3、4。

	甲	2	1
1		4	3
	3		
乙			4

甲

乙

前頁解答 ①2 ②42 ③7 ④60 ⑤8 ⑥365 ⑦13 ⑧146 ⑨69 ⑩1 ⑪5 ⑫12 ⑬111 ⑭38 ⑮29 ⑯58 ⑰357 ⑱71 ⑲43 ⑳120

133

透過計算能力提升綜合能力！

126天

文字問題

學習日期　　月　　日

目標 3分　實際花費　　分

答對題數　　/3

1 答出符合空格甲和乙的人數。　計算

		納豆		合計
		喜歡	討厭	
壽司	喜歡	12人	甲	33人
	討厭		18人	
合計		20人		乙

甲

乙

2 甲～戊之中，無法組成立方體的圖形，是哪一個？　圖形

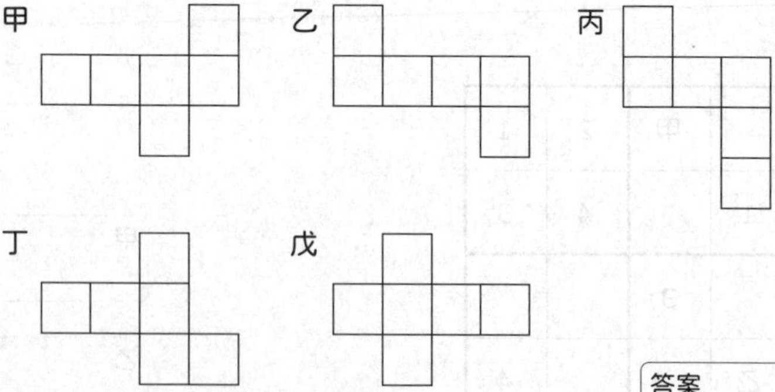

答案

前頁解答　1 5　2 甲4　乙2

逐漸掌握訣竅。

127 天

四則運算

學習日期	月 日	答對題數
目標 3分	實際花費 分	/ 20

算出下列答案。

① 53－41＝

② 2＋10－6＝

③ 72＋34＝

④ 37－9＝

⑤ 72＋20＝

⑥ 65－41＝

⑦ 65×20＝

⑧ 2＋49＝

⑨ 44÷22＝

⑩ 19－5＝

⑪ 51＋27＝

⑫ 51－10＝

⑬ 30÷15＝

⑭ 61－13＝

⑮ 54÷18＝

⑯ 31＋25＝

⑰ 46×20＝

⑱ 56÷2＝

⑲ 5＋1×19＝

⑳ 34－20＝

大腦挑戰！心算出 11×27 的答案。

前頁解答 [1] 甲21人　乙59人　[2] 丙

腦袋轉得更快了。

128天

四則運算

學習日期	月 日	答對題數
目標 3分	實際花費 分	/20

算出下列答案。

① $66 \div 22 =$

② $4 \times 5 =$

③ $65 + 48 =$

④ $17 - 5 =$

⑤ $20 + 37 =$

⑥ $54 \times 3 =$

⑦ $74 \div 2 =$

⑧ $3 \times 33 =$

⑨ $58 - 40 =$

⑩ $2 + 4 + 13 =$

⑪ $16 \times 40 =$

⑫ $12 \div 4 - 2 =$

⑬ $37 - 14 =$

⑭ $61 + 8 =$

⑮ $4 \times 74 =$

⑯ $62 \div 2 =$

⑰ $67 + 42 =$

⑱ $48 - 11 =$

⑲ $8 + 35 =$

⑳ $51 - 48 =$

大腦挑戰！ 算出 1200 元的 8%。

前頁解答 ①12 ②6 ③106 ④28 ⑤92 ⑥24 ⑦1300 ⑧51 ⑨2 ⑩14 ⑪78 ⑫41 ⑬2 ⑭48 ⑮3 ⑯56 ⑰920 ⑱28 ⑲24 ⑳14 大腦挑戰！…297

預防老化的最佳方法。 129天 填空問題	學習日期 月 日	答對題數
	目標 3分 實際花費 分	/20

以下□填入數字或運算符號（＋、－、×、÷）來回答。

① 7×□＝308

② 69＋□＝85

③ □－15＝15

④ 2×□＝146

⑤ □×4＝148

⑥ 12□2＝24

⑦ 26＋□＝50

⑧ □÷9＝9

⑨ 33÷□＝3

⑩ □＋43＝57

⑪ 44＋□＝52

⑫ □＋16＝86

⑬ 56□31＝25

⑭ 37－□＝26

⑮ □×32＝32

⑯ 26÷□＝26

⑰ □÷12＝5

⑱ 40－□＝25

⑲ 48□11＝37

⑳ □＋24＝37

大腦挑戰！ 將12～15之間的整數全部相加。

前頁解答 ①3 ②20 ③113 ④12 ⑤57 ⑥162 ⑦37 ⑧99 ⑨18 ⑩19 ⑪640 ⑫1 ⑬23 ⑭69 ⑮296 ⑯31 ⑰109 ⑱37 ⑲43 ⑳3 大腦挑戰！…96元

試試站著寫題目吧！

130 天

四則運算

學習日期		答對題數
月　日		
目標 3分	實際花費　分	/ 20

算出下列答案。

① 23＋39＝		⑪ 71＋35＝	
② 67×20＝		⑫ 52÷4＝	
③ 24÷8＝		⑬ 59－24＝	
④ 56－19＝		⑭ 36－23＝	
⑤ 36－13＝		⑮ 36÷6＝	
⑥ 11－5＝		⑯ 2＋4×8＝	
⑦ 5＋13－2＝		⑰ 51－18＝	
⑧ 47－12＝		⑱ 44×20＝	
⑨ 46×3＝		⑲ 67－2＝	
⑩ 16＋36＝		⑳ 74÷2＝	

大腦挑戰！ 星期六的 12 天後是星期幾？

前頁解答 ①44 ②16 ③30 ④73 ⑤37 ⑥× ⑦24 ⑧81 ⑨11 ⑩14 ⑪8 ⑫70 ⑬－ ⑭11 ⑮1 ⑯1 ⑰60 ⑱15 ⑲－ ⑳13 大腦挑戰！…54

注意速度！

131 天

四則運算

學習日期	月	日	答對題數
目標 2分	實際花費	分	/20

算出下列答案。

① $52-27=$ ☐

② $35-31=$ ☐

③ $49+66=$ ☐

④ $28-3=$ ☐

⑤ $35\div5=$ ☐

⑥ $8-0-4=$ ☐

⑦ $69\times6=$ ☐

⑧ $4+3\times12=$ ☐

⑨ $63\div7=$ ☐

⑩ $1+13+4=$ ☐

⑪ $5\times46=$ ☐

⑫ $1+46=$ ☐

⑬ $36+42=$ ☐

⑭ $62\times9=$ ☐

⑮ $27+49=$ ☐

⑯ $8\times32=$ ☐

⑰ $57\div3=$ ☐

⑱ $16-15=$ ☐

⑲ $29-16=$ ☐

⑳ $22+9=$ ☐

大腦挑戰！ 將自家地址郵遞區號（六碼）的每一個數字相加。
（例：1＋1＋3＋0＋0＋3）

前頁解答 ①62 ②1340 ③3 ④37 ⑤23 ⑥6 ⑦16 ⑧35 ⑨138 ⑩52 ⑪106 ⑫13 ⑬35 ⑭13 ⑮6 ⑯34 ⑰33 ⑱880 ⑲65 ⑳37 大腦挑戰！…星期四

這就是大腦的保健方法！ 文字問題
132天

學習日期	月 日	答對題數
目標 4分	實際花費 分	/4

1 以下用國字表示的數字，請用阿拉伯數字寫出來。

計算

① 一百零一億零六十萬零二十

①

② 九千億零二百萬六千三百三十

②

2 將下圖倒轉 180 度後會變成哪一個圖？寫出代號作答。

圖形

答案

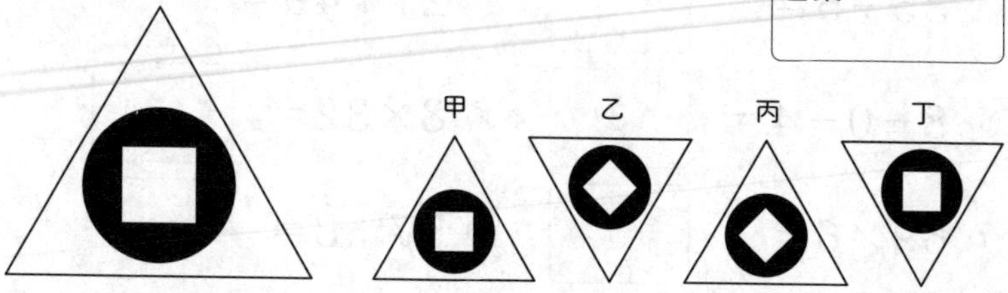

3 在院子裡除草，總共花了幾小時幾分鐘呢？

計算

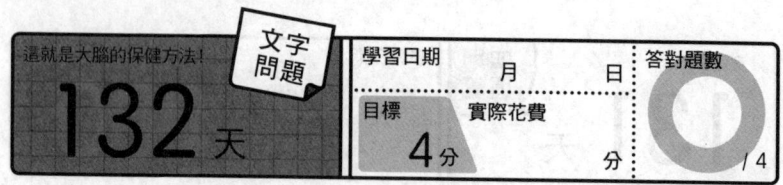

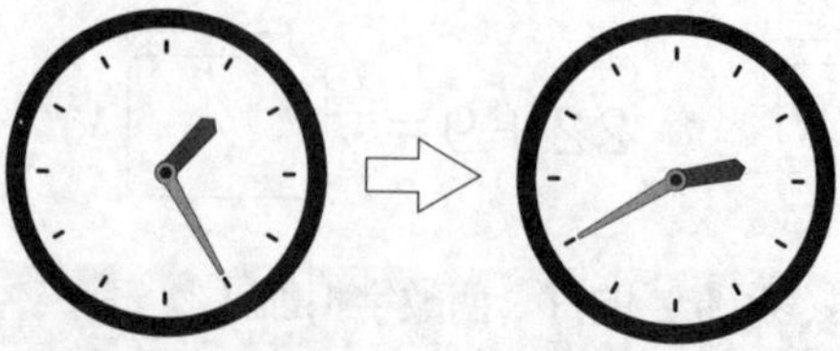

答案

前頁解答 ①25 ②4 ③115 ④25 ⑤7 ⑥4 ⑦414 ⑧40 ⑨9 ⑩18 ⑪230 ⑫47 ⑬78 ⑭558 ⑮76 ⑯256 ⑰19 ⑱1 ⑲13 ⑳31

對日常的數字變得敏銳。

133天

文字問題

學習日期 月 日

目標 4分 實際花費 分

答對題數 / 4

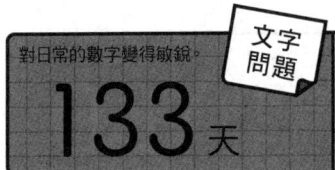

1 下列三角形中的數字，是按照某種規則排列。請回答「？」會是什麼數字。

解謎

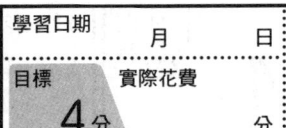

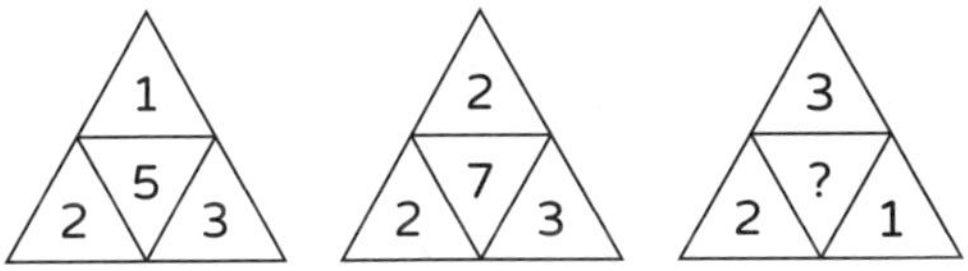

答案

2 回答下列問題。

計算

① A 公司昨天收盤價是 350 元。今天 A 公司收盤價比昨天高了 30 元。今天 A 公司的收盤價是多少？

② 8 月 25 日在家裡的花圃種下鬱金香球根，1 排種 12 顆，想要種 5 排。請問需要多少球根？

③ 星期日下午，兩個人在公園裡散步 20 分鐘，然後在長椅上休息 10 分鐘。如果反覆 3 輪，總共會花多少分鐘？

①

②

③

前頁解答
1 ①10,100,600,020 ②900,002,006,303
2 丁 3 1 小時 15 分鐘

記憶力也變好！

134天

四則運算

學習日期	答對題數
月　　日	/20
目標 3分　實際花費　分	

算出下列答案。

① 33－26＝

② 40×23＝

③ 31＋18＝

④ 48－6＝

⑤ 66×3＝

⑥ 72÷24＝

⑦ 16－2＝

⑧ 4＋12×6＝

⑨ 12＋21＝

⑩ 35÷5＝

⑪ 67＋8＝

⑫ 7＋3×14＝

⑬ 51－24＝

⑭ 24＋45＝

⑮ 56÷28＝

⑯ 69－42＝

⑰ 30×35＝

⑱ 14－1＋3＝

⑲ 64÷4＝

⑳ 48－45＝

大腦挑戰！

心算出 11×28 的答案。

前頁解答　1 7 【3×2＋1＝7】　2 ①380元 ②60個 ③90分鐘

相信自己的大腦。

135天

四則運算

學習日期 月 日

目標 3分 實際花費 分

答對題數 / 20

算出下列答案。

① 62－30＝	⑪ 44×3＝
② 64×20＝	⑫ 3×38＝
③ 24－6＝	⑬ 5×9－3＝
④ 39×4＝	⑭ 38÷19＝
⑤ 52－49＝	⑮ 10－2＋4＝
⑥ 36÷6＝	⑯ 56－27＝
⑦ 15＋26＝	⑰ 38＋13＝
⑧ 23＋47＝	⑱ 20×21＝
⑨ 14－1×1＝	⑲ 38－5＝
⑩ 35＋44＝	⑳ 69＋45＝

大腦挑戰！ 算出 2500 元的 8%。

前頁解答 ①7 ②920 ③49 ④42 ⑤198 ⑥3 ⑦14 ⑧76 ⑨33 ⑩7 ⑪75 ⑫49 ⑬27 ⑭69 ⑮2 ⑯27 ⑰1050 ⑱16 ⑲16 ⑳3 大腦挑戰！…308

按照自己的步調。

136天

填空問題

學習日期	月	日	答對題數
目標 3分	實際花費	分	/20

以下□填入數字或運算符號（＋、－、×、÷）來回答。

① □÷4＝18

② □－2＝63

③ 6×□＝246

④ 14□7＝2

⑤ 38－□＝6

⑥ □＋11＝70

⑦ □－11＝13

⑧ 35－□＝29

⑨ 8－□＝1

⑩ □－10＝29

⑪ □×9＝351

⑫ 48－□＝28

⑬ □÷23＝5

⑭ 59＋□＝66

⑮ 50÷□＝2

⑯ □－30＝37

⑰ □÷46＝3

⑱ 8＋□＝51

⑲ 69□17＝86

⑳ 10＋□＝49

大腦挑戰！

將16～19之間的整數全部相加。

前頁解答

①32 ②1280 ③18 ④156 ⑤3 ⑥6 ⑦41 ⑧70 ⑨13 ⑩79 ⑪132 ⑫114 ⑬42 ⑭2 ⑮12 ⑯29 ⑰51 ⑱420 ⑲33 ⑳114 大腦挑戰！…200元

路雖然還很長，慢慢來就好。

137 天

四則運算

學習日期　月　日

目標 3分　實際花費　分

答對題數　/ 20

算出下列答案。

① 39×30＝

② 69×4＝

③ 64＋47＝

④ 7×26＝

⑤ 62－36＝

⑥ 58÷2＝

⑦ 24－5＝

⑧ 32÷16＝

⑨ 52＋44＝

⑩ 1＋4×4＝

⑪ 37－36＝

⑫ 53＋15＝

⑬ 56÷8＝

⑭ 12＋21＝

⑮ 57×3＝

⑯ 55÷11＝

⑰ 44－6＝

⑱ 30＋47＝

⑲ 78÷6＝

⑳ 50×19＝

大腦挑戰！

星期日的 17 天後是星期幾？

前頁解答

①72 ②65 ③41 ④÷ ⑤32 ⑥59 ⑦24 ⑧6 ⑨7 ⑩39 ⑪39 ⑫20 ⑬115 ⑭7 ⑮25 ⑯67 ⑰138 ⑱43 ⑲＋ ⑳39 大腦挑戰！…70

2分鐘應該就夠了？

138天

四則運算

學習日期	月	日	答對題數
目標 2分	實際花費	分	/20

算出下列答案。

① 25＋28＝

② 61×5＝

③ 67×10＝

④ 7×34＝

⑤ 45÷3＝

⑥ 61×40＝

⑦ 2＋14÷2＝

⑧ 29＋33＝

⑨ 53－34＝

⑩ 4×8－4＝

⑪ 11＋36＝

⑫ 39－32＝

⑬ 12＋42＝

⑭ 15－5＝

⑮ 51÷17＝

⑯ 44＋33＝

⑰ 63÷9＝

⑱ 19－6－7＝

⑲ 60÷15＝

⑳ 6×36＝

大腦挑戰！ 自己出2題像第141頁那樣的三角空格題。

前頁解答 ①1170 ②276 ③111 ④182 ⑤26 ⑥29 ⑦19 ⑧2 ⑨96 ⑩17 ⑪1 ⑫68 ⑬7 ⑭33 ⑮171 ⑯5 ⑰38 ⑱77 ⑲13 ⑳950 大腦挑戰！…星期三

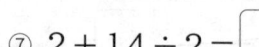

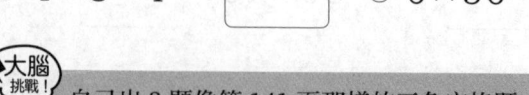

試著想想看。 139天 圖形問題

學習日期　月　日　答對題數　/1

目標 30秒　實際花費　秒

以下立方體從「正面」看，會是哪個圖形？從甲～丁之中選出答案。

圖形

答案

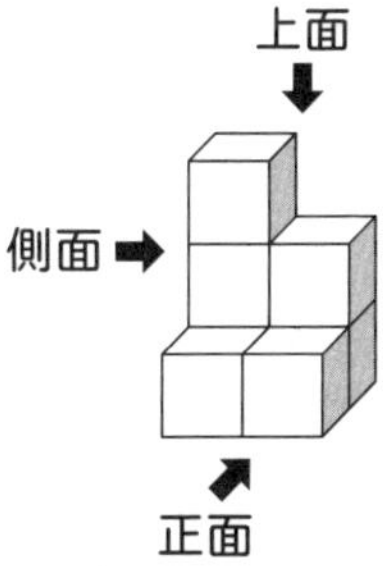

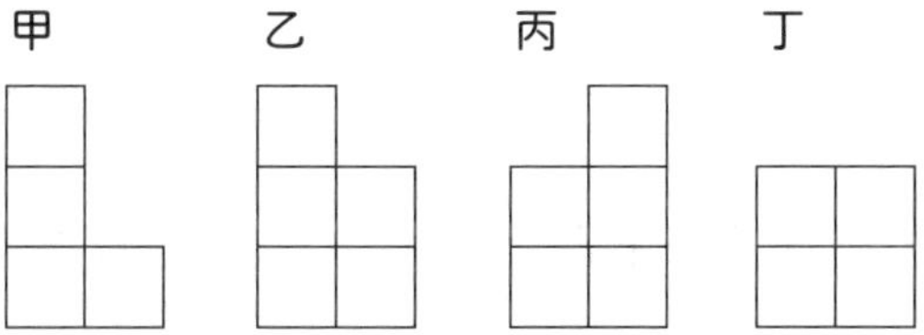

參考上方題目。 140天 圖形問題

學習日期　月　日　答對題數　/1

目標 2分　實際花費　分

有一個立方體，從上面、正面、側面看，圖形如下。這個立方體會是甲～丁之中的哪一個？

圖形

答案

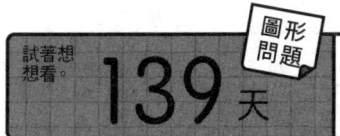

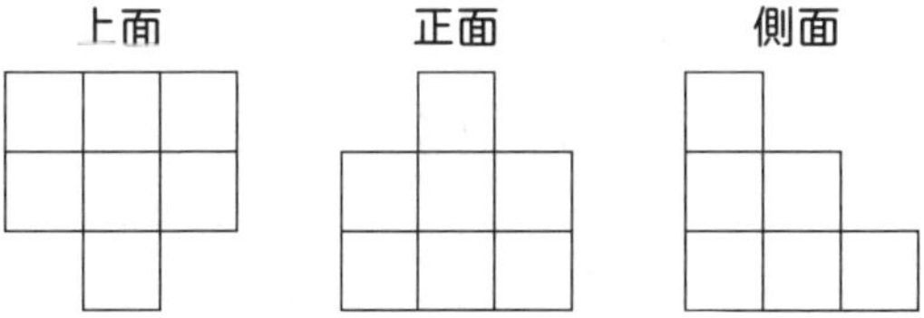

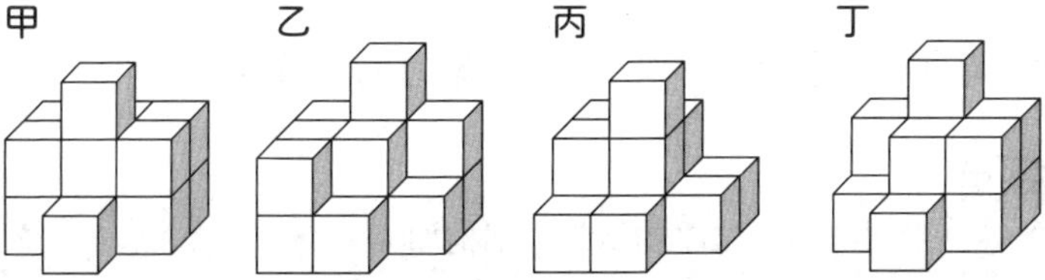

前頁解答 ①53 ②305 ③670 ④238 ⑤15 ⑥2440 ⑦9 ⑧62 ⑨19 ⑩28 ⑪47 ⑫7 ⑬54 ⑭10 ⑮3 ⑯77 ⑰7 ⑱6 ⑲4 ⑳216

大腦挑戰也要加油！

141天

四則運算

學習日期	答對題數
月 日	
目標 3分 實際花費 分	/20

算出下列答案。

① $54+19=$

② $31+37=$

③ $4\times2+17=$

④ $12-5+1=$

⑤ $64-11=$

⑥ $30\div15=$

⑦ $43+17=$

⑧ $70+18=$

⑨ $66\div6=$

⑩ $40-31=$

⑪ $48\times8=$

⑫ $71-9=$

⑬ $20\div4=$

⑭ $30\times15=$

⑮ $65\div5=$

⑯ $19+3+3=$

⑰ $3-9+17=$

⑱ $63+26=$

⑲ $17+24=$

⑳ $16\times7=$

大腦挑戰！ 將「東京」二字的筆劃全部相加。

前頁解答 第139天 乙 第140天 丁

總之要持續下去。

四則運算

142 天

學習日期	月	日	答對題數
目標	實際花費		
3分		分	/ 20

算出下列答案。

① $67+39=$ ☐

② $12\div2-2=$ ☐

③ $58\times9=$ ☐

④ $3\times48=$ ☐

⑤ $3\times6-2=$ ☐

⑥ $41-23=$ ☐

⑦ $4\times74=$ ☐

⑧ $50\div1=$ ☐

⑨ $23-8=$ ☐

⑩ $33-25=$ ☐

⑪ $48\div16=$ ☐

⑫ $42-4=$ ☐

⑬ $4\times37=$ ☐

⑭ $12+17=$ ☐

⑮ $41-6=$ ☐

⑯ $59\times5=$ ☐

⑰ $65\times6=$ ☐

⑱ $1\times7=$ ☐

⑲ $65-35=$ ☐

⑳ $9+39=$ ☐

 大腦挑戰！ 從 100 往下重複減去 23，減到沒有正整數的答案為止。(開口唸出來)

◆ 前頁解答　①73 ②68 ③25 ④8 ⑤53 ⑥2 ⑦60 ⑧88 ⑨11 ⑩9 ⑪384 ⑫62 ⑬5 ⑭450 ⑮13 ⑯25 ⑰11 ⑱89 ⑲41 ⑳112　大腦挑戰！…16 劃【8 + 8 = 16】

擊退健忘症！

143天 填空問題

學習日期	月 日	答對題數
目標 3分	實際花費 分	/20

以下□填入數字或運算符號（＋、－、×、÷）來回答。

① 52÷□＝13

② □＋17＝34

③ 14□7＝7

④ □＋3＝60

⑤ 6×□＝288

⑥ 53＋□＝70

⑦ □＋7＝39

⑧ 33÷□＝3

⑨ □－5＝26

⑩ 8×□＝208

⑪ □×5＝205

⑫ 46÷□＝23

⑬ 72×□＝144

⑭ □÷13＝6

⑮ 72－□＝34

⑯ 55－□＝54

⑰ □－42＝4

⑱ □×2＝70

⑲ 14□2＝28

⑳ 38－□＝4

大腦挑戰！ 將1～5之間的奇數全部相加。

前頁解答 ①106 ②4 ③522 ④144 ⑤16 ⑥18 ⑦296 ⑧50 ⑨15 ⑩8 ⑪3 ⑫38 ⑬148 ⑭29 ⑮35 ⑯295 ⑰390 ⑱7 ⑲30 ⑳48 大腦挑戰！…77、54、31、8

要比平常更細心。

144 天

四則運算

學習日期	月	日	答對題數
目標 3分	實際花費	分	/20

算出下列答案。

① $61+27=$ □

② $27+37=$ □

③ $6\times35=$ □

④ $71-4=$ □

⑤ $62+12=$ □

⑥ $52-25=$ □

⑦ $47\times7=$ □

⑧ $52-49=$ □

⑨ $29+32=$ □

⑩ $10\times7-4=$ □

⑪ $3\times4\times10=$ □

⑫ $61+15=$ □

⑬ $18\div2+9=$ □

⑭ $44-9=$ □

⑮ $31+41=$ □

⑯ $8\times3-13=$ □

⑰ $4-0\times1=$ □

⑱ $27+20=$ □

⑲ $39-32=$ □

⑳ $70\times21=$ □

大腦挑戰！ 甲 $\frac{3}{5}$ 和乙 $\frac{3}{4}$，哪個數比較大？

前頁解答 ①4 ②17 ③－ ④57 ⑤48 ⑥17 ⑦32 ⑧11 ⑨31 ⑩26 ⑪41 ⑫2 ⑬2 ⑭78 ⑮38 ⑯1 ⑰46 ⑱35 ⑲× ⑳34 大腦挑戰！…9

既長又短的2分鐘。

四則運算

145天

學習日期　　　月　　　日

目標 **2分**　實際花費　　　分

答對題數

○ / 20

算出下列答案。

① $32-21=$

② $12-1\times5=$

③ $45-36=$

④ $32\times8=$

⑤ $7\times33=$

⑥ $25+15=$

⑦ $26-8=$

⑧ $16\times1-5=$

⑨ $56-10=$

⑩ $36\times4=$

⑪ $34+12=$

⑫ $23+30=$

⑬ $7\times4-11=$

⑭ $28\times20=$

⑮ $40+12=$

⑯ $18\times4-2=$

⑰ $2+45=$

⑱ $46\times9=$

⑲ $2-2\div2=$

⑳ $2\times48=$

大腦挑戰！ 想想看，現在時間的 30 分鐘前是幾時幾分呢？

●前頁解答
①88 ②64 ③210 ④67 ⑤74 ⑥27 ⑦329 ⑧3 ⑨61 ⑩66 ⑪120 ⑫76 ⑬18 ⑭35 ⑮72 ⑯11 ⑰4 ⑱47 ⑲7 ⑳1470 大腦挑戰！…乙

不要太依賴直覺。

146天

文字問題

學習日期　月　日

目標 2分　實際花費　分

答對題數　/2

1 從下列卡片中選出 5 張，組合成一個最小的五位數。

解謎

6　4　3　0　8　1　3

9　2　4　2　3　8　5

答案

2 □內會是哪個圖形？從甲～丁之中選出答案。

圖形

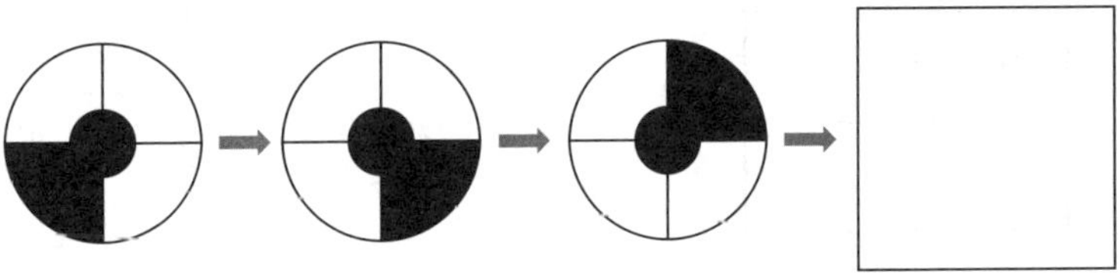

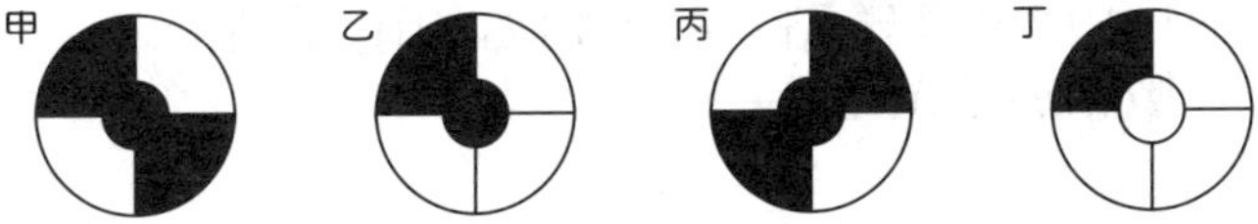

答案

↩前頁解答　①11 ②7 ③9 ④256 ⑤231 ⑥40 ⑦18 ⑧11 ⑨46 ⑩144 ⑪46 ⑫53 ⑬17 ⑭560 ⑮52 ⑯70 ⑰47 ⑱414 ⑲1 ⑳96

看來已經很習慣了呢！

文字問題

147天

學習日期　月　日

目標 4分　實際花費　分

答對題數　/4

[1] 如下圖，使用火柴棒組合出正方形。如果全部使用 22 支火柴棒，會是組合出幾個正方形？

圖形

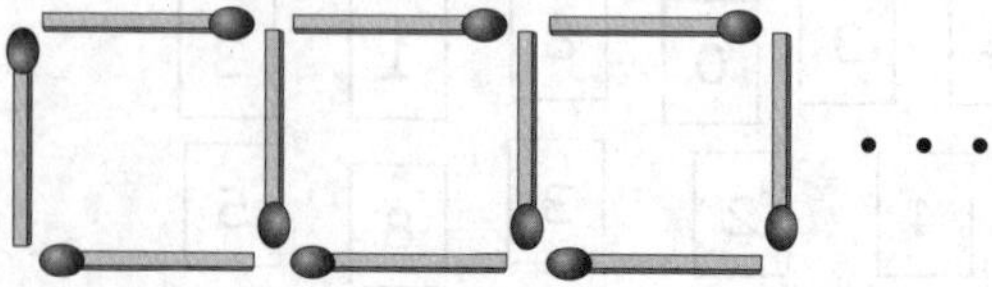

答案

[2] 填入數字 1 ～ 9，讓直、橫、斜每一條線相加答案都是 15。請問空格甲和乙會是什麼數字？

解謎

2		6
9	甲	
4		乙

甲

乙

[3] 參考左邊的骰子，回答出右邊骰子「？」會是幾點。骰子相對的兩面點數相加答案是 7。

解謎

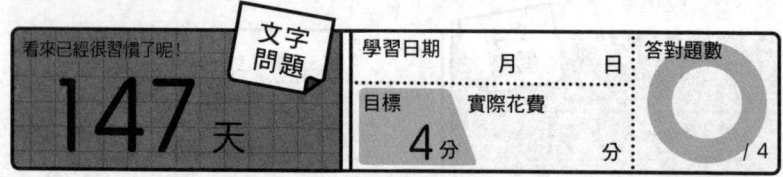

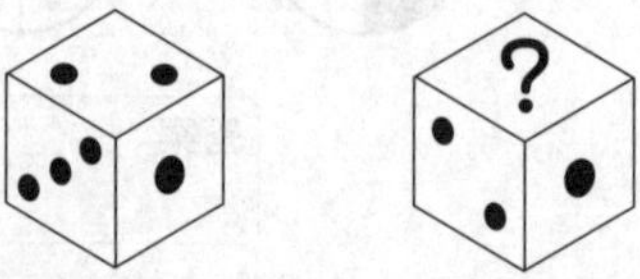

答案

前頁解答　[1] 10223　[2] 乙

今天也很厲害！	學習日期　月　日
148天	目標 3分　實際花費　分
四則運算	答對題數　/20

算出下列答案。

① $75 \div 5 =$

② $10 + 26 =$

③ $31 - 10 =$

④ $72 \times 3 =$

⑤ $12 - 1 - 1 =$

⑥ $72 + 40 =$

⑦ $66 \times 3 =$

⑧ $34 - 9 =$

⑨ $64 \div 2 =$

⑩ $45 + 24 =$

⑪ $2 \times 7 - 4 =$

⑫ $61 \times 20 =$

⑬ $63 - 16 =$

⑭ $60 - 8 =$

⑮ $13 \times 6 =$

⑯ $6 + 74 =$

⑰ $52 - 46 =$

⑱ $57 + 26 =$

⑲ $74 - 7 =$

⑳ $12 \times 5 - 9 =$

大腦挑戰！ 心算出 11×29 的答案。

前頁解答　1 7個　2 甲5　乙8　2 4

將腦力發揮到極致。 149天	四則運算	學習日期 月 日	答對題數
		目標 3分 實際花費 分	/20

算出下列答案。

① $50\times24=$

② $71-37=$

③ $47+3=$

④ $26\times30=$

⑤ $67-35=$

⑥ $13\times4-7=$

⑦ $33-13=$

⑧ $14+8+1=$

⑨ $74\div2=$

⑩ $5+41=$

⑪ $54-23=$

⑫ $7\times5-12=$

⑬ $18+8-6=$

⑭ $34+33=$

⑮ $6\times28=$

⑯ $43-41=$

⑰ $64\div32=$

⑱ $55+36=$

⑲ $60\div12=$

⑳ $7\times70=$

大腦挑戰！ 從100往下重複減去27，減到沒有正整數的答案為止。（開口唸出來）

前頁解答 ①15 ②36 ③21 ④216 ⑤10 ⑥112 ⑦198 ⑧25 ⑨32 ⑩69 ⑪10 ⑫1220 ⑬47 ⑭52 ⑮78 ⑯80 ⑰6 ⑱83 ⑲67 ⑳51 大腦挑戰！…319

完成150天～!

150天

填空問題

學習日期　月　日

目標 3分　實際花費　分

答對題數　/20

以下□填入數字或運算符號（＋、－、×、÷）來回答。

① □÷2＝44

② □÷7＝15

③ 4×□＝156

④ 60÷□＝6

⑤ 17□36＝53

⑥ □－16＝9

⑦ 24÷□＝6

⑧ □＋24＝79

⑨ 64－□＝40

⑩ 14－□＝11

⑪ 2□3＝6

⑫ 5×□＝130

⑬ □－10＝50

⑭ 4＋□＝17

⑮ 37□37＝0

⑯ □÷30＝3

⑰ 40－□＝33

⑱ 7×□＝203

⑲ □×2＝152

⑳ □＋29＝98

大腦挑戰！ 將1～10之間的奇數全部相加。

前頁解答 ①1200 ②34 ③50 ④780 ⑤32 ⑥45 ⑦20 ⑧23 ⑨37 ⑩46 ⑪31 ⑫23 ⑬20 ⑭67 ⑮168 ⑯2 ⑰2 ⑱91 ⑲5 ⑳490 大腦挑戰!…73、46、19

規律前進。

151 天

四則運算

學習日期	月 日	答對題數
目標 3分	實際花費 分	/20

算出下列答案。

① $68-41=$ □

② $53-11=$ □

③ $15\div3+9=$ □

④ $72\div2=$ □

⑤ $4\times30=$ □

⑥ $35\div5=$ □

⑦ $36+18=$ □

⑧ $29\times4=$ □

⑨ $49+40=$ □

⑩ $18+22=$ □

⑪ $42\div6=$ □

⑫ $58+49=$ □

⑬ $56\div4=$ □

⑭ $63+33=$ □

⑮ $2+5\times8=$ □

⑯ $15+35=$ □

⑰ $30\times39=$ □

⑱ $21+20=$ □

⑲ $45-18=$ □

⑳ $47-36=$ □

大腦挑戰！

甲 $\frac{1}{7}$ 和乙 $\frac{1}{8}$，哪個數比較大？

前頁解答 ①88 ②105 ③39 ④10 ⑤＋ ⑥25 ⑦4⑧ 55 ⑨24 ⑩3 ⑪× ⑫26 ⑬60 ⑭13 ⑮－ ⑯90 ⑰7 ⑱29 ⑲76 ⑳69 大腦挑戰！…25

讓大腦全速轉動！

152 天

四則運算

學習日期 月 日

目標 3分 實際花費 分

答對題數 /20

算出下列答案。

① 24÷3＝

② 67－7＝

③ 3×3×3＝

④ 53×7＝

⑤ 60÷12＝

⑥ 49＋13＝

⑦ 67－2＝

⑧ 10×6－3＝

⑨ 47－34＝

⑩ 42－33＝

⑪ 38×3＝

⑫ 62－38＝

⑬ 55＋24＝

⑭ 31×40＝

⑮ 49×3＝

⑯ 44＋49＝

⑰ 68－3＝

⑱ 53－33＝

⑲ 45－8＝

⑳ 52÷13＝

大腦挑戰！

現在時間的 15 分鐘前是幾時幾分呢？

前頁解答
①27 ②42 ③14 ④36 ⑤120 ⑥7 ⑦54 ⑧116 ⑨89 ⑩40 ⑪7 ⑫107 ⑬14 ⑭96 ⑮42 ⑯50 ⑰1170 ⑱41 ⑲27 ⑳11 大腦挑戰！…甲

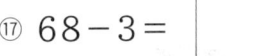

為想像力打下基礎。

153天

文字問題

學習日期	月 日	答對題數
目標 2分	實際花費 分	/2

1 下列國字，字體大小與意思相符的有幾個？

找找看

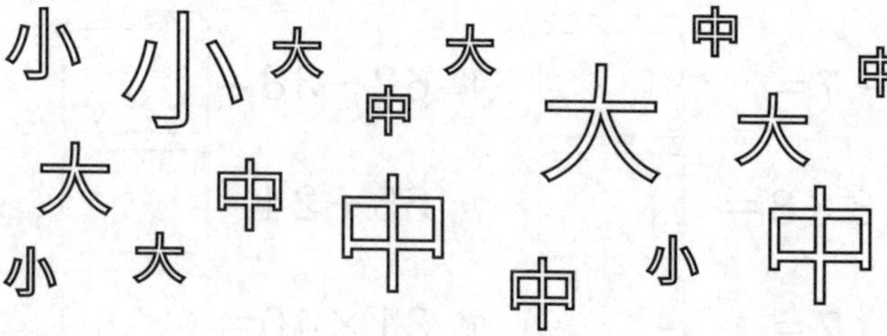

答案

2 搭了火車，總共花了幾小時幾分鐘呢？

計算

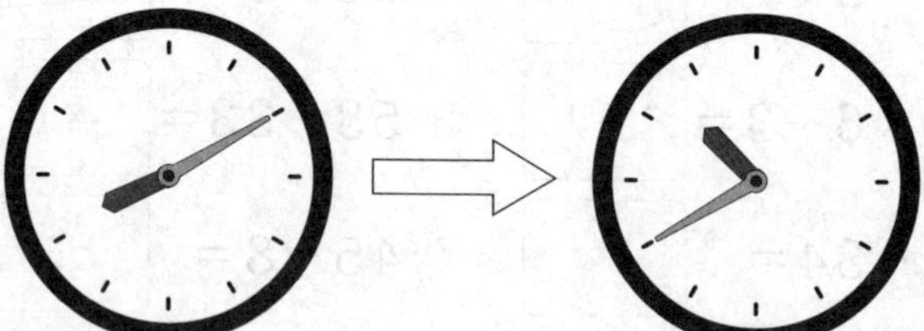

答案

前頁解答 ①8 ②60 ③27 ④371 ⑤5 ⑥62 ⑦65 ⑧57 ⑨13 ⑩9 ⑪114 ⑫24 ⑬79 ⑭1240 ⑮147 ⑯93 ⑰65 ⑱20 ⑲37 ⑳4

大腦的柔軟體操。 文字問題

154 天

學習日期 月 日 | 目標 4分 | 實際花費 分 | 答對題數 /9

1 以下的數字，在（ ）內標明的位數進行四捨五入。 計算

① 36907（十位）

② 57822（百位）

③ 257863（萬位）

①
②
③

2 相鄰◯中的數字相加，會變成上方◯中的數字。請在甲～己的位置填入相對應的數字。 解謎

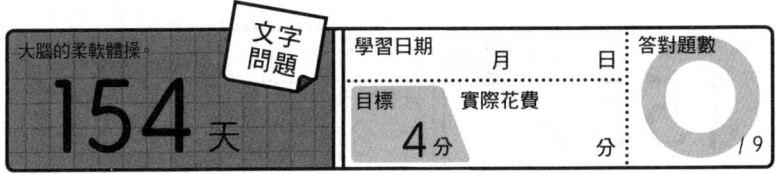

甲	乙
丙	丁
戊	己

前頁解答 1 5個 2 2小時30分鐘

讓大腦休息也很重要。

155天

四則運算

學習日期	月	日	答對題數
目標 3分	實際花費	分	/20

算出下列答案。

① $6+6+6=$ ☐

② $44\div4=$ ☐

③ $64\times4=$ ☐

④ $24+27=$ ☐

⑤ $46-32=$ ☐

⑥ $47-12=$ ☐

⑦ $4+4\times12=$ ☐

⑧ $33-24=$ ☐

⑨ $62-24=$ ☐

⑩ $32\div8=$ ☐

⑪ $35+43=$ ☐

⑫ $12\times70=$ ☐

⑬ $70+22=$ ☐

⑭ $4+6\times4=$ ☐

⑮ $13+38=$ ☐

⑯ $16\times60=$ ☐

⑰ $62\div31=$ ☐

⑱ $65\times5=$ ☐

⑲ $42+30=$ ☐

⑳ $4-1\times4=$ ☐

大腦挑戰！ 心算出 11×31 的答案。

前頁解答
1 ①36900 ②58000 ③300000
2 甲38 乙19 丙12 丁12 戊4 己3

從練習中實際感受到自己的成長。

156天

四則運算

學習日期　月　日

目標 3分　實際花費　分

答對題數　/20

算出下列答案。

①	50×40=	⑪	29+43=
②	15−2−9=	⑫	45÷5=
③	34+17=	⑬	18−5×3=
④	16×3=	⑭	37−24=
⑤	50+29=	⑮	50×8=
⑥	12×2=	⑯	31−31=
⑦	47−38=	⑰	21÷3=
⑧	20−14=	⑱	17−2×0=
⑨	56÷28=	⑲	15+38=
⑩	38−8=	⑳	62×2=

大腦挑戰！ 從 120 往下重複減去 31，減到沒有正整數的答案為止。（開口唸出來）

前頁解答 ①18 ②11 ③256 ④51 ⑤14 ⑥35 ⑦52 ⑧9 ⑨38 ⑩4 ⑪78 ⑫840 ⑬92 ⑭28 ⑮51 ⑯960 ⑰2 ⑱325 ⑲72 ⑳0　大腦挑戰！…341

激發潛在的「大腦」能力。

157 天

填空問題

學習日期	月 日	答對題數
目標 3分	實際花費 分	/20

以下□填入數字或運算符號（＋、－、×、÷）來回答。

① 20 □ 20＝400

② □ ＋25＝55

③ □ －37＝3

④ □ ×40＝240

⑤ 51÷ □ ＝17

⑥ 3× □ ＝135

⑦ 5× □ ＝115

⑧ □ －13＝54

⑨ □ ×3＝138

⑩ 33－ □ ＝18

⑪ 43 □ 27＝16

⑫ □ ÷24＝6

⑬ □ －40＝32

⑭ 38＋ □ ＝65

⑮ 50× □ ＝350

⑯ 40÷ □ ＝10

⑰ □ ×4＝152

⑱ 71× □ ＝142

⑲ □ ×35＝105

⑳ 7× □ ＝84

大腦挑戰！

將 1 ～ 10 之間的偶數全部相加。

前頁解答 ①2000 ②4 ③51 ④48 ⑤79 ⑥24 ⑦9 ⑧6 ⑨2 ⑩30 ⑪72 ⑫9 ⑬3 ⑭13 ⑮400 ⑯0 ⑰7 ⑱17 ⑲53 ⑳124 大腦挑戰！…89、58、27

從集中精神開始！

158天

四則運算

學習日期　月　日

目標 3分　實際花費　分

答對題數　/ 20

算出下列答案。

① 18＋17＝	⑪ 72×9＝
② 28×7＝	⑫ 66÷3＝
③ 71－35＝	⑬ 8×35＝
④ 42÷7＝	⑭ 13－7＋8＝
⑤ 64－36＝	⑮ 14＋46＝
⑥ 26＋38＝	⑯ 3＋3－3＝
⑦ 4×2×8＝	⑰ 7－2÷1＝
⑧ 16÷8＝	⑱ 20×19＝
⑨ 26＋40＝	⑲ 67×2＝
⑩ 19＋4＝	⑳ 13×3×2＝

大腦挑戰！ 甲$\frac{2}{3}$和乙1，哪個數比較大？

前頁解答 ①× ②30 ③40 ④6 ⑤3 ⑥45 ⑦23 ⑧67 ⑨46 ⑩15 ⑪－ ⑫144 ⑬72 ⑭27 ⑮7 ⑯4 ⑰38 ⑱2 ⑲3 ⑳12　大腦挑戰！…30

做得又快又好。 159 天	四則運算	學習日期 月 日	答對題數
		目標 2分 實際花費 分	/20

算出下列答案。

① 63＋7＝

② 48×8＝

③ 40×29＝

④ 49－16＝

⑤ 32＋43＝

⑥ 73－41＝

⑦ 42÷6＝

⑧ 13－3×3＝

⑨ 56－42＝

⑩ 33＋30＝

⑪ 48－29＝

⑫ 56÷14＝

⑬ 65－28＝

⑭ 60÷12＝

⑮ 56－30＝

⑯ 49×20＝

⑰ 68÷1＝

⑱ 29－11＝

⑲ 2＋3×12＝

⑳ 64－9＝

大腦挑戰！ 現在時間的 45 分鐘前是幾時幾分呢？

前頁解答 ①35 ②196 ③36 ④6 ⑤28 ⑥64 ⑦64 ⑧2 ⑨66 ⑩23 ⑪648 ⑫22 ⑬280 ⑭14 ⑮60 ⑯3 ⑰5 ⑱380 ⑲134 ⑳78 大腦挑戰！…乙

一項一項確認。

160天

文字問題

學習日期 月 日

答對題數 /2

目標 4分 實際花費 分

1 甲～己之中，數量最少的水果是哪一種？

找找看

甲 乙 丙 丁 戊 己

答案

2 以下只有一個圖形和其他不同。找找看，使用 A–1 這樣的座標來表示。

找找看

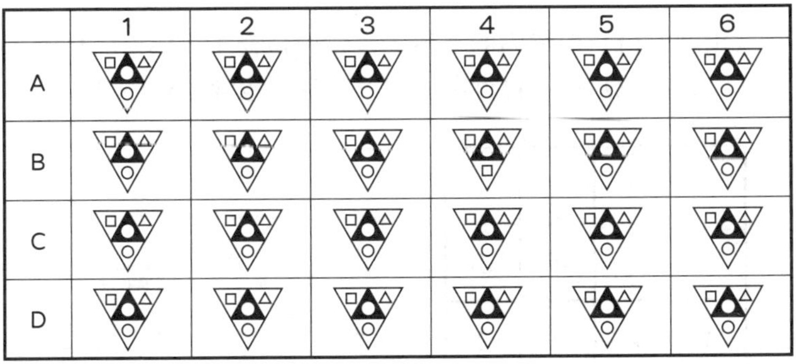

答案

前頁解答 ①70 ②384 ③1160 ④33 ⑤75 ⑥32 ⑦7 ⑧4 ⑨14 ⑩63 ⑪19 ⑫4 ⑬37 ⑭5 ⑮26 ⑯980 ⑰68 ⑱18 ⑲38 ⑳55

題目寫完後神清氣爽。

文字問題

161天

學習日期	月	日	答對題數
目標 3分	實際花費	分	/5

1 回答下列問題。

計算

① 16 節車廂的火車，在 A 站減少了 8 節車廂。請問從 A 站開始，這列火車變成幾節車廂？

①

② 每張票 1200 元，總共有 240 張，均分給 8 個人來賣。要全部賣光的話，1 個人要賣幾張票？

②

③ 1 罐 350 毫升的啤酒，昨天喝了 2 罐。1 瓶 500 毫升的啤酒，今天喝了 2 瓶。請問昨天和今天總共喝了幾毫升的啤酒？

③

2 遵照下列規則，填入符合的數字。請問空格甲和乙會是什麼數字？

解謎

《規則》(1) 粗框內的 4 格，一定要包含 1、2、3、4。
(2) 每一直行與橫列，一定要包含 1、2、3、4。

	3		
		甲	乙
1	2		3
3	4	1	2

甲

乙

前頁解答 1 丁 2 B-4

試著從⑳倒著寫回來。

162 天

四則運算

學習日期	月 日	答對題數
目標 3分	實際花費 分	/ 20

算出下列答案。

① 3×3×12＝

② 30÷1＝

③ 4×35＝

④ 64÷16＝

⑤ 49－32＝

⑥ 62＋5＝

⑦ 1＋2＋9＝

⑧ 45－29＝

⑨ 56＋43＝

⑩ 24×11＝

⑪ 42÷14＝

⑫ 8×12＝

⑬ 8×8－7＝

⑭ 61＋23＝

⑮ 20＋32＝

⑯ 19×2×2＝

⑰ 17＋22＝

⑱ 24＋31＝

⑲ 48÷16＝

⑳ 56÷28＝

大腦挑戰！ 心算出 11×32 的答案。

前頁解答 1 ①8 節 ②30 張 ③1700 毫升 2 甲 3 乙 4

滴水穿石。

163天

四則運算

學習日期	答對題數
月 日	
目標 3分　實際花費 分	/20

算出下列答案。

① 44＋20＝

② 28×9＝

③ 58÷29＝

④ 55×3＝

⑤ 40－18＝

⑥ 49＋29＝

⑦ 2＋9＋8＝

⑧ 11×36＝

⑨ 44－22＝

⑩ 26÷2＝

⑪ 1＋6×14＝

⑫ 45÷9＝

⑬ 46＋46＝

⑭ 33＋36＝

⑮ 17＋2×8＝

⑯ 13－3×2＝

⑰ 8＋26＝

⑱ 53＋40＝

⑲ 42÷21＝

⑳ 14－1×5＝

大腦挑戰！

從 120 往下重複減去 36，減到沒有正整數的答案為止。（開口唸出來）

前頁解答

①108 ②30 ③40 ④4 ⑤17 ⑥67 ⑦12 ⑧16 ⑨99 ⑩264 ⑪3 ⑫96 ⑬57 ⑭84 ⑮52 ⑯76 ⑰39 ⑱55 ⑲3 ⑳2　大腦挑戰！…352

今天也來做填空！

164 天

填空問題

學習日期	月	日	答對題數
目標 3分	實際花費	分	/20

以下□填入數字或運算符號（＋、－、×、÷）來回答。

① 24 □ 37＝61

② □ ×2＝136

③ □ ＋31＝89

④ 45＋ □ ＝59

⑤ 34－ □ ＝20

⑥ 47＋ □ ＝56

⑦ □ －47＝4

⑧ □ ×9＝198

⑨ 53＋ □ ＝82

⑩ 63× □ ＝189

⑪ □ ×3＝102

⑫ 35 □ 2＝37

⑬ □ ＋5＝73

⑭ 4× □ ＝224

⑮ □ －15＝30

⑯ 51－ □ ＝17

⑰ □ ×8＝72

⑱ 45÷ □ ＝15

⑲ □ ＋31＝97

⑳ □ ×3＝117

大腦挑戰！ 將 1～10 之間所有 3 的倍數全部相加。

前頁解答 ①64 ②252 ③2 ④165 ⑤22 ⑥78 ⑦19 ⑧396 ⑨22 ⑩13 ⑪85 ⑫5 ⑬92 ⑭69 ⑮33 ⑯7 ⑰34 ⑱93 ⑲2 ⑳9 大腦挑戰！…84、4、12

為了大腦的未來。

165天

四則運算

學習日期	答對題數
月　日	/20
目標 3分　實際花費　分	

算出下列答案。

① 45÷15＝

② 52×60＝

③ 9×32＝

④ 40÷2＝

⑤ 66×6＝

⑥ 26－21＝

⑦ 56÷8＝

⑧ 18＋2－7＝

⑨ 38－24＝

⑩ 11＋42＝

⑪ 11＋2×8＝

⑫ 4×22＝

⑬ 68×2＝

⑭ 55×7＝

⑮ 16÷8＝

⑯ 45×11＝

⑰ 3＋5×13＝

⑱ 26＋32＝

⑲ 31＋13＝

⑳ 40÷40＝

大腦挑戰！

甲 $\frac{5}{9}$ 和乙 2，哪個數比較大？

前頁解答　①＋ ②68 ③58 ④14 ⑤14 ⑥9 ⑦51 ⑧22 ⑨29 ⑩3 ⑪34 ⑫＋ ⑬68 ⑭56 ⑮45 ⑯34 ⑰9 ⑱3 ⑲66 ⑳39　大腦挑戰！…18

與時間的搏鬥。

166 天

四則運算

學習日期	月	日	答對題數
目標 3分	實際花費	分	/ 20

算出下列答案。

① $10 \times 22 =$ ☐

② $9 \div 3 =$ ☐

③ $4 \times 6 \times 5 =$ ☐

④ $16 \div 4 - 1 =$ ☐

⑤ $64 + 11 =$ ☐

⑥ $65 \times 20 =$ ☐

⑦ $35 \div 7 =$ ☐

⑧ $54 \div 6 =$ ☐

⑨ $64 \times 11 =$ ☐

⑩ $46 + 23 =$ ☐

⑪ $39 - 11 =$ ☐

⑫ $15 + 26 =$ ☐

⑬ $51 \div 17 =$ ☐

⑭ $50 + 15 =$ ☐

⑮ $65 - 48 =$ ☐

⑯ $41 - 12 =$ ☐

⑰ $5 \times 45 =$ ☐

⑱ $46 + 44 =$ ☐

⑲ $56 + 27 =$ ☐

⑳ $47 - 14 =$ ☐

大腦挑戰！ 現在時間的 90 分鐘前是幾時幾分呢？

前頁解答 ①3 ②3120 ③288 ④20 ⑤396 ⑥5 ⑦7 ⑧13 ⑨14 ⑩53 ⑪27 ⑫88 ⑬136 ⑭385 ⑮2 ⑯495 ⑰68 ⑱58 ⑲44 ⑳1 大腦挑戰!…乙

直覺也敏銳起來。

167天 文字問題

學習日期　　月　　日

答對題數　　/2

目標 2分　實際花費　　分

1 右邊表格內的數字，哪一個和左邊表格不一樣。請把這個數字寫出來。

找找看

7	7	3	8	1
4	1	4	4	8
9	2	0	3	8
0	7	8	4	8
0	3	1	0	2

7	7	3	8	1
4	1	4	4	8
9	2	0	3	8
0	7	8	9	8
0	3	1	0	2

答案

2 甲～戊之中，無法組成立方體的圖形，是哪一個？

圖形

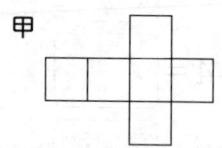

甲

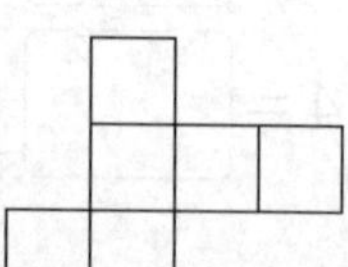

乙

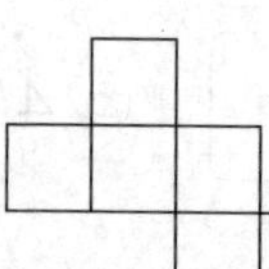

丙

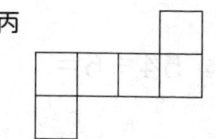

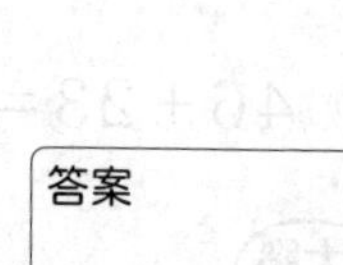

丁

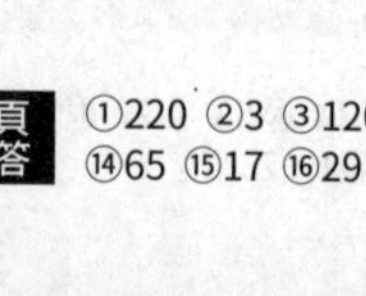

戊

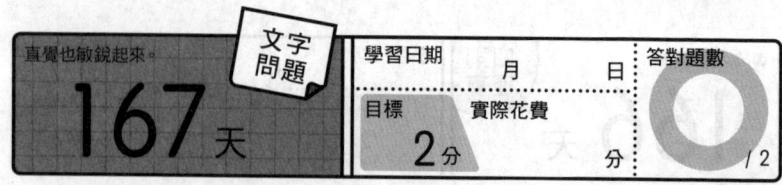

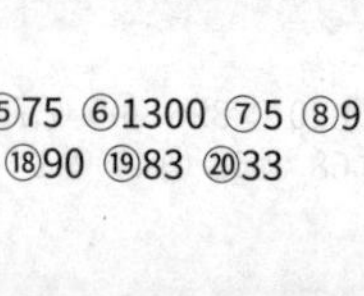

答案

前頁解答　①220 ②3 ③120 ④3 ⑤75 ⑥1300 ⑦5 ⑧9 ⑨704 ⑩69 ⑪28 ⑫41 ⑬3 ⑭65 ⑮17 ⑯29 ⑰225 ⑱90 ⑲83 ⑳33

對大腦好的食物有哪些呢？

168天

文字問題

學習日期　月　日

目標 3分　實際花費　分

答對題數　/4

1 答出符合空格甲和乙的人數。

計算

		機車 有	機車 無	合計
腳踏車	有		32人	43人
腳踏車	無	9人		
合計		甲	50人	乙

甲

乙

2 使用以下現金購買某件商品，找回50元。究竟拿了多少現金，買了甲～丁之中的哪件商品？請回答看看。

計算

現金

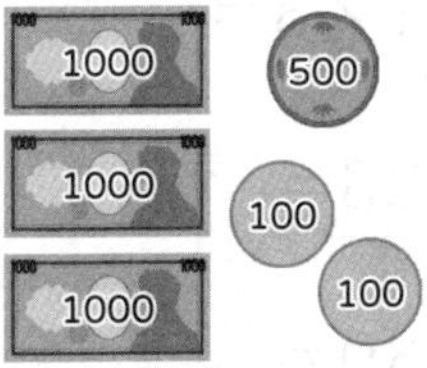

商品

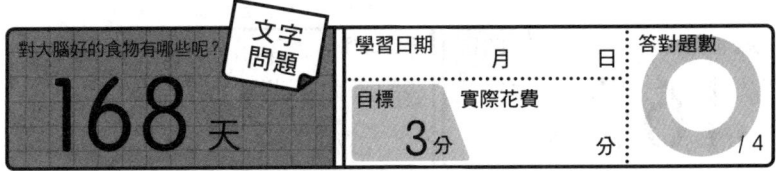

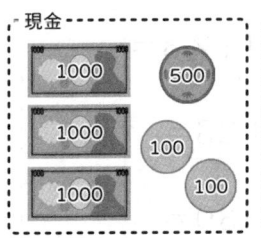

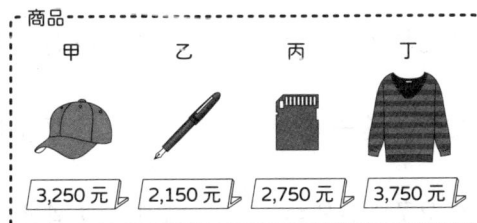

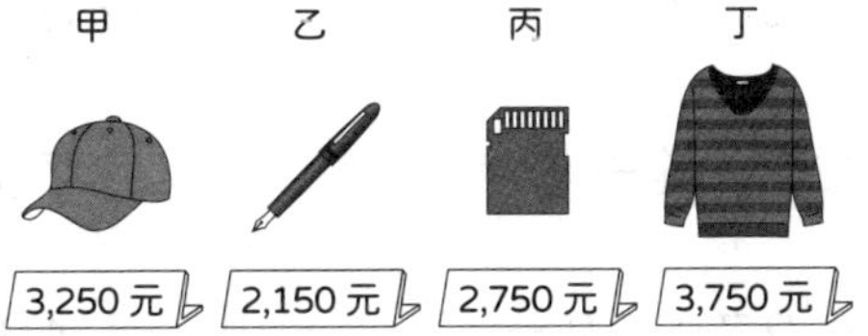

拿出的現金

商品

動手寫字很棒吧！

169天

四則運算

學習日期	月 日	答對題數
目標 3分	實際花費 分	/ 20

算出下列答案。

① $12 \div 2 - 4 =$	⑪ $45 - 14 =$
② $12 \times 4 \times 5 =$	⑫ $45 + 12 =$
③ $30 \div 2 =$	⑬ $46 \div 23 =$
④ $64 - 45 =$	⑭ $34 \times 70 =$
⑤ $54 \div 27 =$	⑮ $10 - 3 \times 3 =$
⑥ $4 \times 8 - 5 =$	⑯ $13 \times 3 \times 3 =$
⑦ $54 \div 1 =$	⑰ $12 - 8 =$
⑧ $28 \times 11 =$	⑱ $8 + 11 \times 3 =$
⑨ $2 + 4 \div 4 =$	⑲ $70 + 23 =$
⑩ $27 + 33 =$	⑳ $43 - 30 =$

大腦挑戰！ 心算出 11×33 的答案。

前頁解答 1 甲20人 乙70人 2（拿出的現金）2,200元 （商品）乙與時間的搏鬥。

170天

四則運算

學習日期	月	日	答對題數
目標 3分	實際花費	分	/ 20

算出下列答案。

① 52÷4=

② 18−4−8=

③ 20×49=

④ 51−43=

⑤ 70−42=

⑥ 6×8−12=

⑦ 64+37=

⑧ 60×22=

⑨ 40−17=

⑩ 46+14=

⑪ 35−16=

⑫ 12+2=

⑬ 55+30=

⑭ 50×80=

⑮ 64−9=

⑯ 66÷3=

⑰ 48÷16=

⑱ 54+36=

⑲ 52×8=

⑳ 38÷19=

大腦挑戰！ 從150往下重複減去42，減到沒有正整數的答案為止。（開口唸出來）

前頁解答 ①2 ②240 ③15 ④19 ⑤2 ⑥27 ⑦54 ⑧308 ⑨3 ⑩60 ⑪31 ⑫57 ⑬2 ⑭2380 ⑮1 ⑯117 ⑰4 ⑱41 ⑲93 ⑳13 大腦挑戰！…363

數字敏銳度一天比一天高。

171天 填空問題

學習日期	月 日	答對題數
目標 3分	實際花費 分	/ 20

以下□填入數字或運算符號（＋、－、×、÷）來回答。

① 8 □ 8＝1

② 36＋□＝49

③ □＋28＝54

④ 14×□＝42

⑤ 72÷□＝12

⑥ 39 □ 3＝13

⑦ 18＋□＝66

⑧ □÷1＝24

⑨ 52－□＝47

⑩ □＋42＝114

⑪ 55－□＝34

⑫ □－15＝24

⑬ 17 □ 1＝18

⑭ □＋10＝77

⑮ 43＋□＝67

⑯ □×3＝93

⑰ □÷8＝15

⑱ 70－□＝31

⑲ □＋29＝80

⑳ □÷3＝27

大腦挑戰！ 將1～10之間所有3的倍數全部相乘。

前頁解答 ①13 ②6 ③980 ④8 ⑤28 ⑥36 ⑦101 ⑧1320 ⑨23 ⑩60 ⑪19 ⑫14 ⑬85 ⑭4000 ⑮55 ⑯22 ⑰3 ⑱90 ⑲416 ⑳2 大腦挑戰！…108、66、24

試著拿練習本邊走邊寫。

172 天

四則運算

學習日期	月 日	答對題數
目標 3分	實際花費 分	/ 20

算出下列答案。

① $38+48=$ □

② $20+31=$ □

③ $47-16=$ □

④ $11\times38=$ □

⑤ $33-4=$ □

⑥ $6\times19=$ □

⑦ $10+3\times4=$ □

⑧ $51\times20=$ □

⑨ $6\times4\times10=$ □

⑩ $14+19=$ □

⑪ $38+11=$ □

⑫ $56-21=$ □

⑬ $71\times5=$ □

⑭ $52\div2=$ □

⑮ $64\times7=$ □

⑯ $72\div12=$ □

⑰ $8+27=$ □

⑱ $47-46=$ □

⑲ $75\div3=$ □

⑳ $7+1+11=$ □

大腦挑戰！ 甲 3 和乙 $\frac{13}{4}$，哪個數比較大？

前頁解答 ①÷ ②13 ③26 ④3 ⑤6 ⑥÷ ⑦48 ⑧24 ⑨5 ⑩72 ⑪21 ⑫39 ⑬＋ ⑭67 ⑮24 ⑯31 ⑰120 ⑱39 ⑲51 ⑳81 大腦挑戰！…162

不斷地計算下去。

173 天

四則運算

學習日期　　　　月　　　　日

目標　　實際花費

2分　　　　　　分

答對題數

/ 20

算出下列答案。

① $53 - 25 =$ ☐

② $40 - 16 =$ ☐

③ $70 \times 13 =$ ☐

④ $46 + 49 =$ ☐

⑤ $7 + 7 + 4 =$ ☐

⑥ $24 \times 9 =$ ☐

⑦ $57 \times 5 =$ ☐

⑧ $11 \times 36 =$ ☐

⑨ $21 + 45 =$ ☐

⑩ $63 \div 7 =$ ☐

⑪ $56 + 33 =$ ☐

⑫ $33 + 26 =$ ☐

⑬ $52 - 24 =$ ☐

⑭ $16 - 3 \times 4 =$ ☐

⑮ $50 - 18 =$ ☐

⑯ $63 \times 4 =$ ☐

⑰ $7 \times 13 - 8 =$ ☐

⑱ $58 + 24 =$ ☐

⑲ $62 \div 2 =$ ☐

⑳ $70 \times 19 =$ ☐

 大腦挑戰！

自己出 5 題計算。

180

◀前頁解答

①86 ②51 ③31 ④418 ⑤29 ⑥114 ⑦22 ⑧1020 ⑨240 ⑩33 ⑪49 ⑫35
⑬355 ⑭26 ⑮448 ⑯6 ⑰35 ⑱1 ⑲25 ⑳19 大腦挑戰！…乙

一步一步來思考。 174 天 圖形問題

學習日期 月 日 | 答對題數 /1

目標 2分 實際花費 分

將骰子一路滾到★的位置，看起來會是甲～丁之中的哪一個？骰子相對的兩面點數相加答案是 7。

解謎

答案

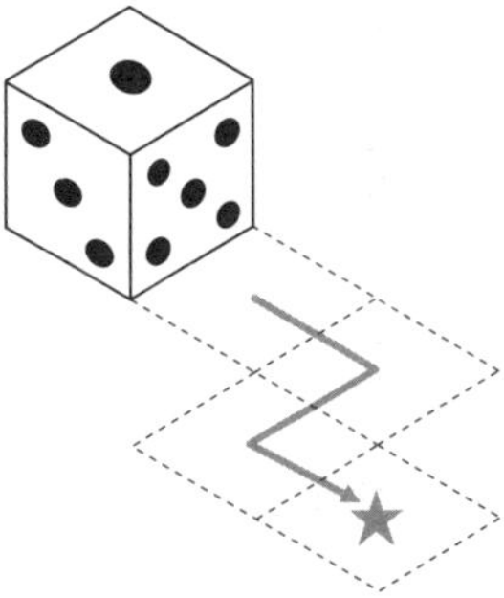

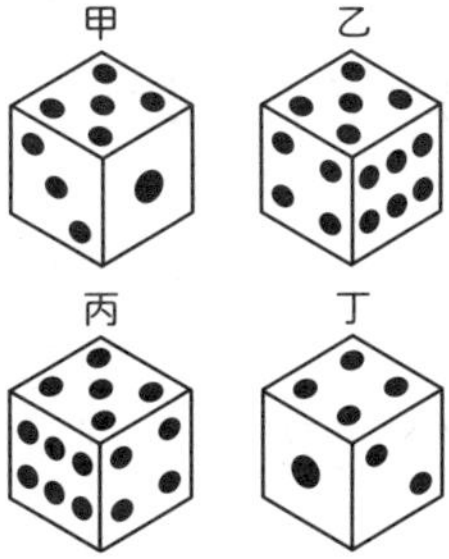

試著想想看。 175 天 圖形問題

學習日期 月 日 | 答對題數 /1

目標 1分 實際花費 分

下列展開圖組成的立方體，會是甲～丁之中的哪一個？

解謎

答案

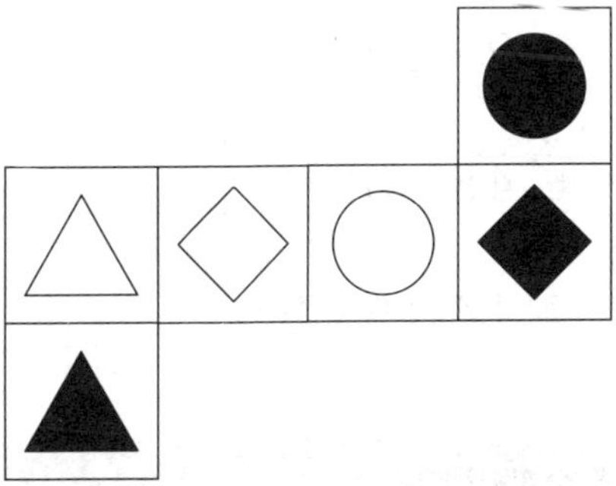

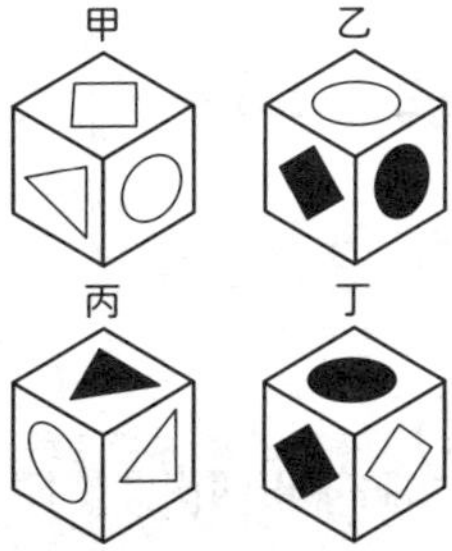

前頁解答 ①28 ②24 ③910 ④95 ⑤18 ⑥216 ⑦285 ⑧396 ⑨66 ⑩9 ⑪89 ⑫59 ⑬28 ⑭4 ⑮32 ⑯252 ⑰83 ⑱82 ⑲31 ⑳1330

集中精神，不要渙散。

176 天

四則運算

學習日期 月 日

目標 3分　實際花費 分

答對題數 / 20

算出下列答案。

① $42-17=$

② $3\times6+12=$

③ $27+13=$

④ $7\times42=$

⑤ $51+49=$

⑥ $62+19=$

⑦ $30\times16=$

⑧ $14\times3-4=$

⑨ $52\div13=$

⑩ $7-2\times2=$

⑪ $55-43=$

⑫ $49+16=$

⑬ $58-2=$

⑭ $51-42=$

⑮ $38+49=$

⑯ $60-39=$

⑰ $45\times20=$

⑱ $9\times35=$

⑲ $48+38=$

⑳ $14\times5-5=$

大腦挑戰！

將「東西南北」四字的筆劃全部相加。

前頁解答 第174天 丙　第175天 乙

持續下去就很有意義。

177 天

四則運算

學習日期 月 日	答對題數
目標 3分　實際花費 分	/20

算出下列答案。

① $56\times3=$ □

② $40\times26=$ □

③ $11\times49=$ □

④ $68\div4=$ □

⑤ $33-19=$ □

⑥ $42-28=$ □

⑦ $14+2+5=$ □

⑧ $70-36=$ □

⑨ $42-37=$ □

⑩ $43-19=$ □

⑪ $3\times31=$ □

⑫ $60+14=$ □

⑬ $8+4-1=$ □

⑭ $11\times55=$ □

⑮ $17+22=$ □

⑯ $49-12=$ □

⑰ $42\div6=$ □

⑱ $23\times30=$ □

⑲ $75\div25=$ □

⑳ $17-12=$ □

大腦挑戰！ 2000 元打 9 折是多少錢？

前頁解答 ①25 ②30 ③40 ④294 ⑤100 ⑥81 ⑦480 ⑧38 ⑨4 ⑩3 ⑪12 ⑫65 ⑬56 ⑭9 ⑮87 ⑯21 ⑰900 ⑱315 ⑲86 ⑳65　大腦挑戰！…28劃

只要輕鬆練習3分鐘。

178天

填空問題

學習日期	月　日	答對題數
目標 3分	實際花費　分	/20

以下□填入數字或運算符號（＋、－、×、÷）來回答。

① □×3＝141

② 5×□＝180

③ □＋7＝41

④ 37－□＝2

⑤ 6□3＝9

⑥ □×53＝106

⑦ 70－□＝42

⑧ □×43＝129

⑨ 27＋□＝38

⑩ 76÷□＝4

⑪ □×45＝90

⑫ 13×□＝65

⑬ □＋48＝121

⑭ 48□8＝40

⑮ 3×□＝57

⑯ 13＋□＝41

⑰ □＋14＝31

⑱ 81÷□＝3

⑲ 13＋□＝20

⑳ 30□5＝25

大腦挑戰！

2的3次方是多少？（$2^3=2\times2\times2$）

前頁解答　①168 ②1040 ③539 ④17 ⑤14 ⑥14 ⑦21 ⑧34 ⑨5 ⑩24 ⑪93 ⑫74 ⑬11 ⑭605 ⑮39 ⑯37 ⑰7 ⑱690 ⑲3 ⑳5 大腦挑戰!…1800元

錯了就再算一次！

179 天

四則運算

學習日期	月	日	答對題數
目標 3分	實際花費	分	/20

算出下列答案。

① 70÷5＝

② 46－8＝

③ 70×15＝

④ 56÷28＝

⑤ 67＋38＝

⑥ 4＋3－6＝

⑦ 36÷18＝

⑧ 69＋24＝

⑨ 74×6＝

⑩ 13＋16＝

⑪ 17－9－7＝

⑫ 48－17＝

⑬ 6×47＝

⑭ 26÷26＝

⑮ 56÷4＝

⑯ 56－23＝

⑰ 66÷11＝

⑱ 30＋74＝

⑲ 11×17＝

⑳ 73＋14＝

大腦挑戰！ 星期天的 2 天前是星期幾？

前頁解答 ①47 ②36 ③34 ④35 ⑤＋ ⑥2 ⑦28 ⑧3 ⑨11 ⑩19 ⑪2 ⑫5 ⑬73 ⑭－ ⑮19 ⑯28 ⑰17 ⑱27 ⑲7 ⑳－ 大腦挑戰！…8

日常的計算也會變得輕鬆。

180天

四則運算

學習日期	答對題數
月　日	
目標 2分　實際花費　分	/20

算出下列答案。

① 19×7＝

② 25－10＝

③ 6×11＋2＝

④ 56－8＝

⑤ 12÷3＋6＝

⑥ 54÷27＝

⑦ 11＋11＝

⑧ 43－1＝

⑨ 9－18÷9＝

⑩ 51×30＝

⑪ 32×9＝

⑫ 38÷1＝

⑬ 68－39＝

⑭ 64÷16＝

⑮ 72－28＝

⑯ 43＋24＝

⑰ 66－23＝

⑱ 12＋4×8＝

⑲ 6×48＝

⑳ 40÷8＝

大腦挑戰！ 現在時間的 20 分鐘後是幾時幾分呢？

前頁解答 ①14 ②38 ③1050 ④2 ⑤105 ⑥1 ⑦2 ⑧93 ⑨444 ⑩29 ⑪1 ⑫31 ⑬282 ⑭1 ⑮14 ⑯33 ⑰6 ⑱104 ⑲187 ⑳87　大腦挑戰！…星期五

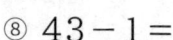

運用邏輯思考。

181 天

文字問題

學習日期　　月　　日

目標 4分　實際花費　　分

答對題數　　/4

1 以下用國字表示的數字，請用阿拉伯數字寫出來。　計算

① 四十五億五千萬零三十

①

② 三百零二億零一百零九萬四千零八

②

2 下列三角形中的數字，是按照某種規則排列。請回答「？」會是什麼數字。　解謎

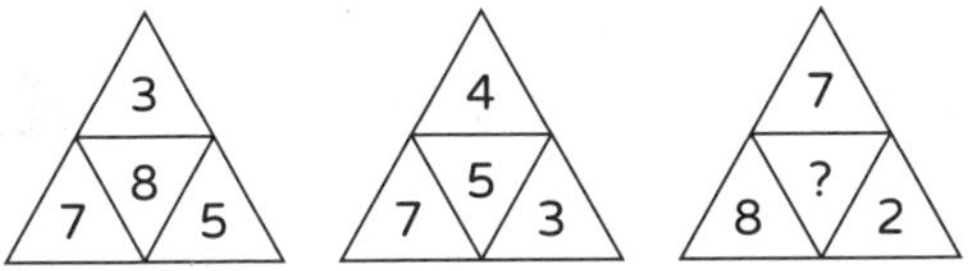

答案

3 參考左邊的骰子，回答出右邊骰子「？」會是幾點。骰子相對的兩面點數相加答案是 7。　解謎

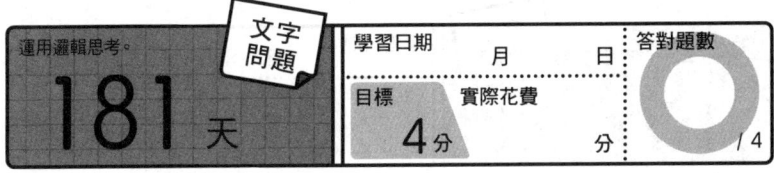

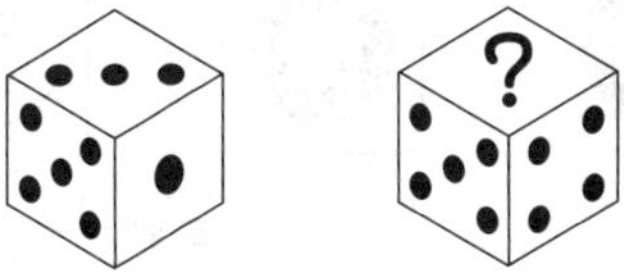

答案

前頁解答　①133 ②15 ③68 ④48 ⑤10 ⑥2 ⑦22 ⑧42 ⑨7 ⑩1530 ⑪288 ⑫38 ⑬29 ⑭4 ⑮44 ⑯67 ⑰43 ⑱44 ⑲288 ⑳5

2題有點不夠吧？

182天

文字問題

學習日期　月　日

目標 2分　實際花費　分

答對題數　/2

1 看了場電影，總共花了幾小時幾分鐘呢？

計算

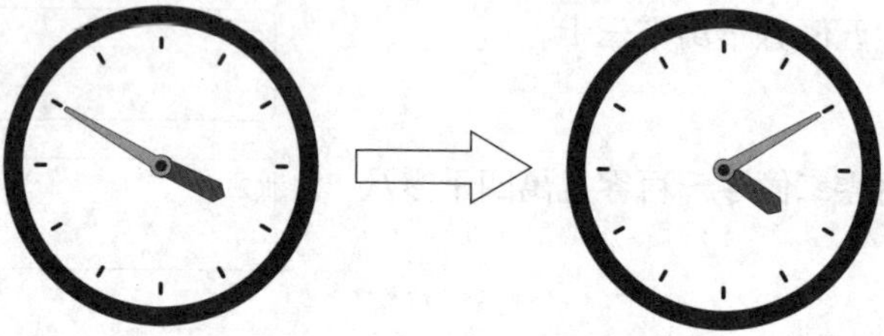

答案

2 □內會是哪個圖形？從甲～丁之中選出答案。

圖形

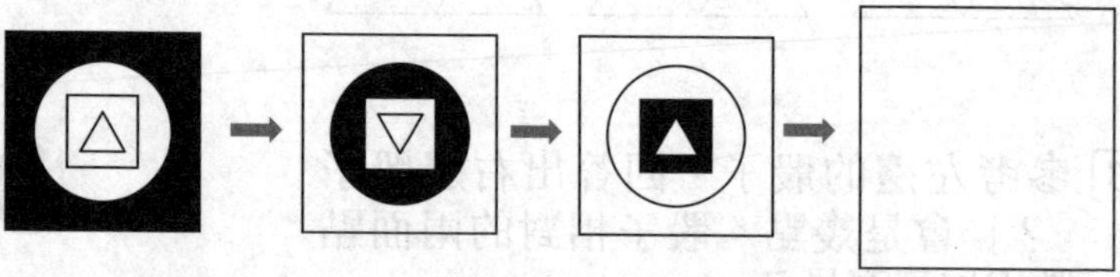

甲　乙　丙　丁

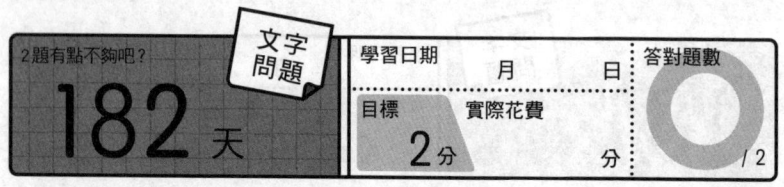

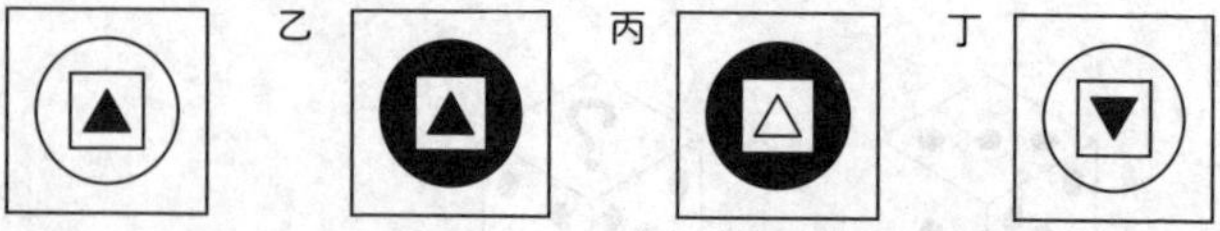

答案

前頁解答
1 ①4,550,000,030　②30,201,094,008
2 6【7×2 − 8 = 6】　3 1

終於來到折返點！

183 天

四則運算

學習日期　月　日

目標 3分　實際花費　分

答對題數 / 20

算出下列答案。

① $41-18=$ ☐

② $49-23=$ ☐

③ $22+31=$ ☐

④ $34-17=$ ☐

⑤ $3+2\times3=$ ☐

⑥ $9\times45=$ ☐

⑦ $69\div23=$ ☐

⑧ $50\times34=$ ☐

⑨ $37+30=$ ☐

⑩ $69-22=$ ☐

⑪ $62+9=$ ☐

⑫ $6-2+7=$ ☐

⑬ $41+12=$ ☐

⑭ $7\times3\times5=$ ☐

⑮ $6\div2-2=$ ☐

⑯ $34-1=$ ☐

⑰ $54\div9=$ ☐

⑱ $58-24=$ ☐

⑲ $7\times3\times3=$ ☐

⑳ $49\times40=$ ☐

大腦挑戰！心算出 11×34 的答案。

前頁解答　1 20 分鐘　2 丁

非常了不起。

184 天

四則運算

學習日期	月 日	答對題數
目標 3分	實際花費 分	/ 20

算出下列答案。

① $70 \div 7 =$		⑪ $19 - 3 - 4 =$	
② $72 + 29 =$		⑫ $56 - 16 =$	
③ $55 - 33 =$		⑬ $72 \div 18 =$	
④ $7 \times 34 =$		⑭ $15 + 40 =$	
⑤ $6 + 4 + 8 =$		⑮ $54 \div 3 =$	
⑥ $74 \times 20 =$		⑯ $69 - 40 =$	
⑦ $35 - 26 =$		⑰ $29 \times 11 =$	
⑧ $51 - 26 =$		⑱ $6 \times 2 + 1 =$	
⑨ $3 - 6 + 13 =$		⑲ $67 + 45 =$	
⑩ $9 + 37 =$		⑳ $55 - 47 =$	

大腦挑戰！

3000 元打 8 折是多少錢？

前頁解答

①23 ②26 ③53 ④17 ⑤9 ⑥405 ⑦3 ⑧1700 ⑨67 ⑩47 ⑪71 ⑫11 ⑬53
⑭105 ⑮1 ⑯33 ⑰6 ⑱34 ⑲63 ⑳1960 大腦挑戰！…374

購物也派得上用場。

185天

填空問題

學習日期	月	日	答對題數
目標 3分	實際花費	分	/20

以下□填入數字或運算符號（＋、－、×、÷）來回答。

① □ ÷7＝2

② 74＋□＝99

③ 6□6＝1

④ □－10＝47

⑤ 36□27＝9

⑥ □÷6＝21

⑦ 69÷□＝23

⑧ 52□1＝53

⑨ □×30＝1020

⑩ 41×□＝164

⑪ 68－□＝50

⑫ □＋45＝108

⑬ □＋22＝95

⑭ 62□10＝72

⑮ 49×□＝0

⑯ 3□2＝6

⑰ 32－□＝22

⑱ 71－□＝24

⑲ □＋19＝31

⑳ □×4＝176

大腦挑戰！

3的3次方是多少？（$3^3 = 3\times3\times3$）

前頁解答

①10 ②101 ③22 ④238 ⑤18 ⑥1480 ⑦9 ⑧25 ⑨10 ⑩46 ⑪12 ⑫40 ⑬4 ⑭55 ⑮18 ⑯29 ⑰319 ⑱13 ⑲112 ⑳8 大腦挑戰！…2400元

每天都要比賽！

186 天

四則運算

學習日期	月 日	答對題數
目標 3分	實際花費 分	/ 20

算出下列答案。

① 42÷6＝

② 32＋11＝

③ 63＋49＝

④ 66×4＝

⑤ 16＋13＝

⑥ 38＋42＝

⑦ 3＋3×17＝

⑧ 5＋2＋16＝

⑨ 53×6＝

⑩ 72＋7＝

⑪ 54÷18＝

⑫ 9－2＋3＝

⑬ 38＋25＝

⑭ 24＋30＝

⑮ 63÷9＝

⑯ 68－33＝

⑰ 1－6＋19＝

⑱ 50×27＝

⑲ 4÷4＋8＝

⑳ 29－26＝

大腦挑戰！ 星期一的 4 天前是星期幾？

前頁解答 ①14 ②25 ③÷ ④57 ⑤－ ⑥126 ⑦3 ⑧＋ ⑨34 ⑩4 ⑪18 ⑫63 ⑬73 ⑭＋ ⑮0 ⑯× ⑰10 ⑱47 ⑲12 ⑳44 大腦挑戰！…27

減少錯誤。

四則運算

187 天

學習日期	答對題數
月　日	/20
目標 2分　實際花費　分	

算出下列答案。

① 5×42＝

② 50×11＝

③ 75÷15＝

④ 66＋23＝

⑤ 0×2＋2＝

⑥ 4÷2＋9＝

⑦ 43－41＝

⑧ 32÷8＝

⑨ 6×37＝

⑩ 3×21＝

⑪ 4－5＋13＝

⑫ 49＋42＝

⑬ 45×7＝

⑭ 12＋2×2＝

⑮ 29＋48＝

⑯ 42＋16＝

⑰ 48×2＝

⑱ 4－9＋12＝

⑲ 44－12＝

⑳ 45－9＝

大腦挑戰！ 現在時間的 35 分鐘後是幾時幾分呢？

前頁解答 ①7 ②43 ③112 ④264 ⑤29 ⑥80 ⑦54 ⑧23 ⑨318 ⑩79 ⑪3 ⑫10 ⑬63 ⑭54 ⑮7 ⑯35 ⑰14 ⑱1350 ⑲9 ⑳3 大腦挑戰！…星期四

抓住訣竅後就很簡單。

188天 文字問題

學習日期	月 日	答對題數
目標 3分	實際花費 分	/3

1 從下列卡片中選出5張，組合成一個最接近「10000」的數。 解謎

9 2 7 8 6 4 1

6 4 9 5 3 7 1

答案 ＿＿＿＿＿

2 填入數字1～9，讓直、橫、斜每一條線相加答案都是15。請問空格甲和乙會是什麼數字？ 解謎

甲		
9		乙
2	7	6

甲 ＿＿＿

乙 ＿＿＿

前頁解答 ①210 ②550 ③5 ④89 ⑤2 ⑥11 ⑦2 ⑧4 ⑨222 ⑩63 ⑪12 ⑫91 ⑬315 ⑭16 ⑮77 ⑯58 ⑰96 ⑱7 ⑲32 ⑳36

試著改變觀點！

189天

文字問題

學習日期　　月　　日

目標 4分　實際花費　　分

答對題數　/3

1 如下圖，使用火柴棒組合出正方形。如果全部使用 36 支火柴棒，最多能組合出幾個正方形？

圖形

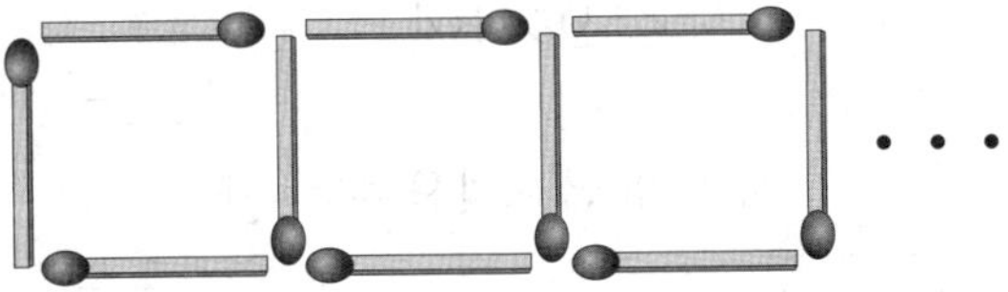

答案

2 參考左邊的骰子，回答出右邊骰子「？」會是幾點。骰子相對的兩面點數相加答案是 7。

解謎

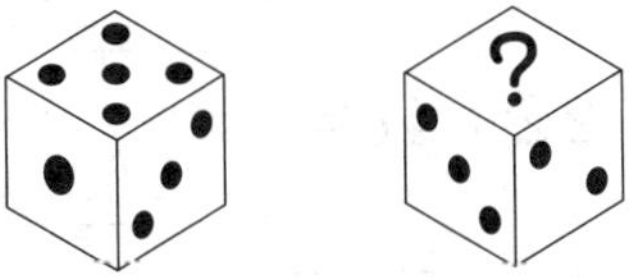

答案

3 下列三角形中的數字，是按照某種規則排列。請回答「？」會是什麼數字。

解謎

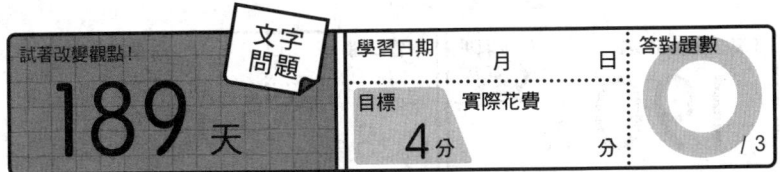

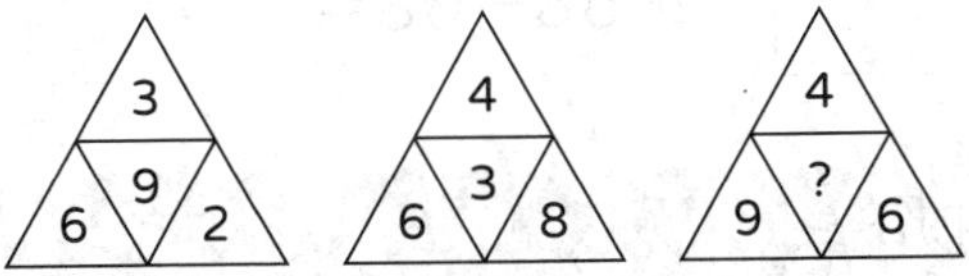

答案

不要忘記記錄達成表。

190 天

四則運算

學習日期	月 日	答對題數
目標 3分	實際花費 分	/20

算出下列答案。

① $11\times45=$		⑪ $2\times4-1=$	
② $40\times25=$		⑫ $9\times34=$	
③ $54+37=$		⑬ $3\times49=$	
④ $44\div2=$		⑭ $39-17=$	
⑤ $16\div2+5=$		⑮ $4\times0+2=$	
⑥ $9\times38=$		⑯ $40\times28=$	
⑦ $52\div13=$		⑰ $22+46=$	
⑧ $34-14=$		⑱ $15\div5+8=$	
⑨ $29-27=$		⑲ $22\div22=$	
⑩ $73-23=$		⑳ $58-38=$	

大腦挑戰！ 心算出 11×35 的答案。

前頁解答 1 11個　2 6　3 6【$4\times9\div6=6$】

大腦逐漸回春。

191 天

四則運算

學習日期	月 日	答對題數
目標 3分	實際花費 分	/ 20

算出下列答案。

① 69÷23＝	⑪ 32÷4＝
② 10－4＋5＝	⑫ 74×2＝
③ 26－14＝	⑬ 31＋16＝
④ 65＋19＝	⑭ 56÷7＝
⑤ 42÷3＝	⑮ 39＋38＝
⑥ 65÷13＝	⑯ 68－0＝
⑦ 10－10＝	⑰ 69＋42＝
⑧ 35－23＝	⑱ 40×24＝
⑨ 24－15＝	⑲ 2＋41＝
⑩ 17×60＝	⑳ 52×30＝

大腦挑戰！ 2400 元打五折是多少錢？

前頁解答 ①495 ②1000 ③91 ④22 ⑤13 ⑥342 ⑦4 ⑧20 ⑨2 ⑩50 ⑪7 ⑫306 ⑬147 ⑭22 ⑮2 ⑯1120 ⑰68 ⑱11 ⑲1 ⑳20 大腦挑戰！…385

大腦的維他命。

192 天

填空問題

學習日期	月	日	答對題數
目標 3分	實際花費	分	/20

以下□填入數字或運算符號（＋、－、×、÷）來回答。

① □ ＋30＝94

② □ ×11＝55

③ 2 □ 9＝18

④ □ －25＝45

⑤ 45× □ ＝90

⑥ 55× □ ＝220

⑦ 4＋ □ ＝72

⑧ □ ＋43＝117

⑨ □ －40＝24

⑩ □ ÷8＝13

⑪ 68÷ □ ＝4

⑫ 60÷ □ ＝15

⑬ □ ÷6＝17

⑭ 61× □ ＝122

⑮ □ －20＝28

⑯ 45－ □ ＝23

⑰ 43 □ 2＝45

⑱ 6× □ ＝186

⑲ □ ×4＝52

⑳ □ ×34＝68

大腦挑戰！

4 的 3 次方是多少？（$4^3 = 4\times4\times4$）

前頁解答 ①3 ②11 ③12 ④84 ⑤14 ⑥5 ⑦0 ⑧12 ⑨9 ⑩1020 ⑪8 ⑫148 ⑬47 ⑭8 ⑮77 ⑯68 ⑰111 ⑱960 ⑲43 ⑳1560 大腦挑戰！…1200元

今天也要面對。

193 天

四則運算

學習日期 月 日	答對題數
目標 3分 實際花費 分	/20

算出下列答案。

① 14＋23＝

② 53×2＝

③ 45÷9＝

④ 2×35＝

⑤ 1＋30＝

⑥ 14×30＝

⑦ 35＋49＝

⑧ 14＋3×5＝

⑨ 38＋22＝

⑩ 74×11＝

⑪ 2×33＝

⑫ 3＋4－0＝

⑬ 32＋35＝

⑭ 48－39＝

⑮ 51÷3＝

⑯ 20×28＝

⑰ 40＋18＝

⑱ 4＋3＋17＝

⑲ 30÷5＝

⑳ 62×3＝

大腦挑戰！ 星期三的 8 天前是星期幾？

前頁解答 ①64 ②5 ③× ④70 ⑤2 ⑥4 ⑦68 ⑧74 ⑨64 ⑩104 ⑪17 ⑫4 ⑬102 ⑭2 ⑮48 ⑯22 ⑰＋ ⑱31 ⑲13 ⑳2 大腦挑戰！…64

以最快速度為目標。

194天

四則運算

學習日期	月 日	答對題數
目標 2分	實際花費 分	/20

算出下列答案。

① $4\times47=$

② $63+35=$

③ $3\times7+18=$

④ $42+3=$

⑤ $74-2=$

⑥ $6\times5-13=$

⑦ $16+36=$

⑧ $65+31=$

⑨ $65\div5=$

⑩ $66\div3=$

⑪ $8\times15+1=$

⑫ $11+29=$

⑬ $11\times22=$

⑭ $45\div15=$

⑮ $50\times30=$

⑯ $64+47=$

⑰ $38+10=$

⑱ $56\div4=$

⑲ $3+39=$

⑳ $27\div9=$

大腦挑戰！

現在時間的 65 分鐘後是幾時幾分呢？

前頁解答 ①37 ②106 ③5 ④70 ⑤31 ⑥420 ⑦84 ⑧29 ⑨60 ⑩814 ⑪66 ⑫7 ⑬67 ⑭9 ⑮17 ⑯560 ⑰58 ⑱24 ⑲6 ⑳186 大腦挑戰！…星期二

放輕鬆。

195天

文字問題

學習日期 月 日	答對題數
目標 3分　實際花費 分	/7

1 下列國字，顏色與意思相符的有幾個？

找找看

答案

2 相鄰⬡中的數字相加，會變成上方⬡中的數字。請在甲～己的位置填入相對應的數字。

解謎

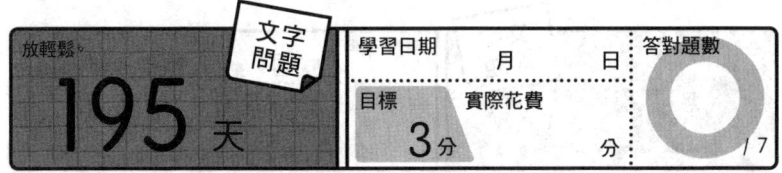

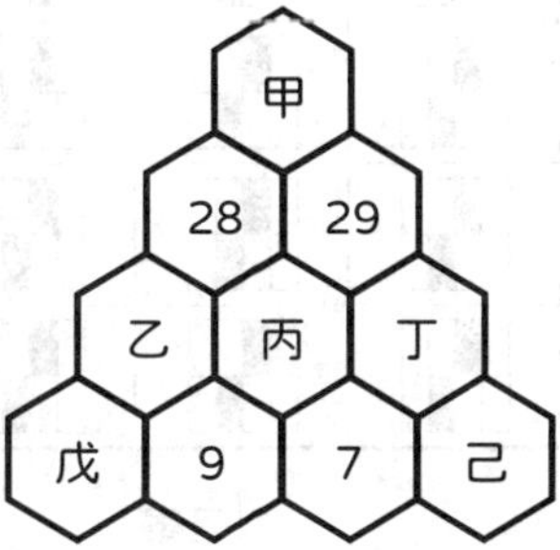

甲	乙
丙	丁
戊	己

前頁解答 ①188 ②98 ③39 ④45 ⑤72 ⑥17 ⑦52 ⑧96 ⑨13 ⑩22 ⑪121 ⑫40 ⑬242 ⑭3 ⑮1500 ⑯111 ⑰48 ⑱14 ⑲42 ⑳3

今天的功課。**196** 天

文字問題

學習日期 月 日

目標 2分 實際花費 分

答對題數 /4

1 以下的數字，在（）內標明的位數進行四捨五入。 計算

① 61096（十位） ①

② 89457（千位） ②

③ 388947（萬位） ③

2 以下只有一個圖形和其他不同。找找看，使用 A–1 這樣的座標來表示。 找找看

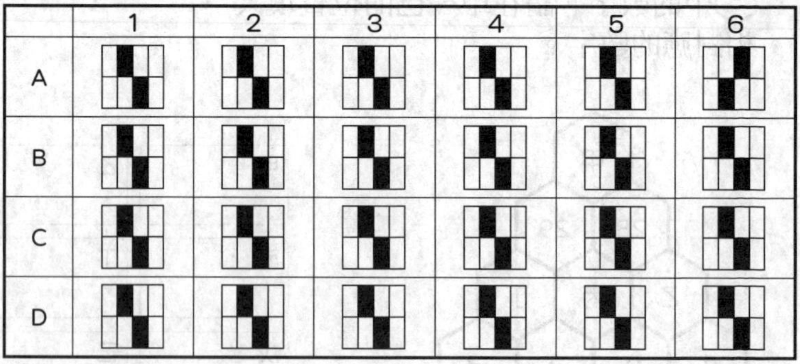

答案

不要被年紀打敗！

197 天

四則運算

學習日期　　月　　日	答對題數
目標 3分　實際花費　　分	/ 20

算出下列答案。

① 47＋11＝

② 3÷1＋5＝

③ 39÷3＝

④ 40÷8＝

⑤ 63＋12＝

⑥ 60÷15＝

⑦ 5＋25＝

⑧ 53×4＝

⑨ 45÷3＝

⑩ 18×60＝

⑪ 7×3＋13＝

⑫ 10－4－4＝

⑬ 4×42＝

⑭ 69＋20＝

⑮ 59＋12＝

⑯ 52×8＝

⑰ 3×8－17＝

⑱ 7－2－5＝

⑲ 41－26＝

⑳ 60÷12＝

大腦挑戰！ 心算出 11×36 的答案。

前頁解答 1 ①61100 ②90000 ③400000 2 A−6

還在成長途中。

198 天

四則運算

學習日期	月 日	答對題數
目標 3分	實際花費 分	/20

算出下列答案。

① $33+49=$	⑪ $11\times38=$
② $60\div2=$	⑫ $6\times4-10=$
③ $21+29=$	⑬ $42\div6=$
④ $50-23=$	⑭ $70+40=$
⑤ $6\times9+17=$	⑮ $46+15=$
⑥ $68-35=$	⑯ $73+35=$
⑦ $62-8=$	⑰ $40\times14=$
⑧ $3\times5-8=$	⑱ $51-13=$
⑨ $47\times40=$	⑲ $64-3=$
⑩ $36\div9=$	⑳ $50+15=$

大腦挑戰！

6100 元打 8 折是多少錢？

前頁解答 ①58 ②8 ③13 ④5 ⑤75 ⑥4 ⑦30 ⑧212 ⑨15 ⑩1080 ⑪34 ⑫2 ⑬168 ⑭89 ⑮71 ⑯416 ⑰7 ⑱0 ⑲15 ⑳5 大腦挑戰！…396

變成新的興趣了吧。 199 天	填空問題	學習日期 月 日	答對題數
		目標 3分　實際花費 分	/20

以下□填入數字或運算符號（＋、－、×、÷）來回答。

① 45＋□＝74

② 45×□＝180

③ □＋14＝19

④ □×11＝121

⑤ □×7＝161

⑥ □－35＝38

⑦ 49□2＝98

⑧ □－18＝2

⑨ □÷43＝3

⑩ □×3＝144

⑪ 44－□＝30

⑫ □＋37＝85

⑬ □÷4＝16

⑭ □÷12＝9

⑮ 68□2＝70

⑯ □×35＝70

⑰ □÷18＝4

⑱ □×41＝369

⑲ 64－□＝30

⑳ 27－□＝24

大腦挑戰！ 2的4次方是多少？（$2^4 = 2\times2\times2\times2$）

前頁解答 ①82 ②30 ③50 ④27 ⑤71 ⑥33 ⑦54 ⑧7 ⑨1880 ⑩4 ⑪418 ⑫14 ⑬7 ⑭110 ⑮61 ⑯108 ⑰560 ⑱38 ⑲61 ⑳65 大腦挑戰！…4880元

完成200天！

200天

四則運算

學習日期	月 日	答對題數
目標 3分	實際花費 天 分	/ 20

算出下列答案。

① 62－30＝

② 59－5＝

③ 9＋20＝

④ 70÷2＝

⑤ 58＋37＝

⑥ 66÷6＝

⑦ 28＋47＝

⑧ 7×26＝

⑨ 1×2＋14＝

⑩ 13＋32＝

⑪ 2－3＋10＝

⑫ 67×3＝

⑬ 4×3－9＝

⑭ 4＋45＝

⑮ 72÷24＝

⑯ 56＋46＝

⑰ 35＋48＝

⑱ 72÷8＝

⑲ 9×26＝

⑳ 3×44＝

大腦挑戰！ 星期四的 10 天前是星期幾？

前頁解答 ①29 ②4 ③5 ④11 ⑤23 ⑥73 ⑦× ⑧20 ⑨129 ⑩48 ⑪14 ⑫48 ⑬64 ⑭108 ⑮＋ ⑯2 ⑰72 ⑱9 ⑲34 ⑳3 大腦挑戰！…16

注意速度。

四則運算

201 天

學習日期	月	日	答對題數
目標 2分	實際花費	分	/ 20

算出下列答案。

① $16-2\times7=$ □

② $42+15=$ □

③ $63\times30=$ □

④ $3-7+12=$ □

⑤ $25+31=$ □

⑥ $53-29=$ □

⑦ $68+10=$ □

⑧ $3\times6+18=$ □

⑨ $28+23=$ □

⑩ $37-20=$ □

⑪ $73\times8=$ □

⑫ $6\times32=$ □

⑬ $4\times7-18=$ □

⑭ $3\times3+17=$ □

⑮ $24\div8=$ □

⑯ $5-2+14=$ □

⑰ $74-19=$ □

⑱ $56-23=$ □

⑲ $20\div4=$ □

⑳ $3\times2\times8=$ □

大腦挑戰！ 現在時間的 17 分鐘後是幾時幾分呢？

前頁解答 ①32 ②54 ③29 ④35 ⑤95 ⑥11 ⑦75 ⑧182 ⑨16 ⑩45 ⑪9 ⑫201 ⑬3 ⑭49 ⑮3 ⑯102 ⑰83 ⑱9 ⑲234 ⑳132 大腦挑戰！…星期一

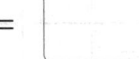

持續努力到這裡。

202天

文字問題

學習日期　月　日

目標 2分　實際花費　分

答對題數　/3

1 甲～己之中的水果，數目最少的是哪一種？

找找看

甲　乙　丙　丁　戊　己

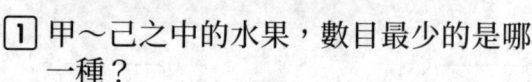

答案

2 遵照下列規則，填入符合的數字。請問空格甲和乙會是什麼數字？

解謎

《規則》（1）粗框內的4格，一定要包含1、2、3、4。
（2）每一直行與橫列，一定要包含1、2、3、4。

		4	
	2		甲
乙		3	4
3		2	1

甲

乙

前頁解答　①2 ②57 ③1890 ④8 ⑤56 ⑥24 ⑦78 ⑧36 ⑨51 ⑩17 ⑪584 ⑫192 ⑬10 ⑭26 ⑮3 ⑯17 ⑰55 ⑱33 ⑲5 ⑳48

仔細閱讀題目。

203天

文字問題

學習日期	月 日	答對題數
目標 3分	實際花費 分	/4

1 回答下列問題。　計算

① 每天健走 30 分鐘，連續健走 12 天。請問全部健走的時間合計起來是幾小時？

①

② 體重 78 公斤的 A，開始挑戰第 3 次減肥，5 個月後體重變成 62 公斤。請問 A 成功減了幾公斤？

②

③ 伴手禮的甜點，一個人可以拿 8 個，分給 20 個人，還剩下 7 個甜點。請問全部有幾個甜點？

③

2 甲～戊之中，無法組成立方體的圖形，是哪一個？　圖形

甲

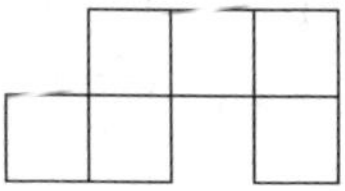

乙

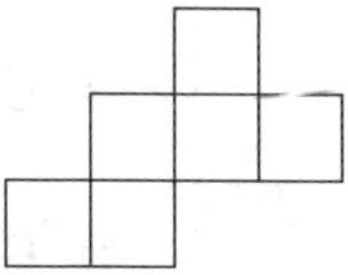

丙

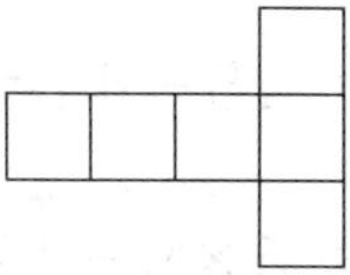

丁

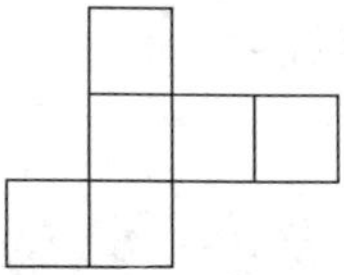

戊

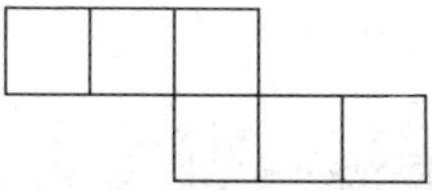

答案

前頁解答 1 己　2 甲3　乙2

今天做這樣的練習剛剛好！

204天

四則運算

學習日期　　月　　日

目標 3分　實際花費　　分

答對題數　/20

算出下列答案。

① $43-4=$

② $35+26=$

③ $60\div1=$

④ $19\times3-7=$

⑤ $16+6\div6=$

⑥ $54+6=$

⑦ $3+8\times9=$

⑧ $45-41=$

⑨ $5\times9-12=$

⑩ $72\div12=$

⑪ $46+41=$

⑫ $49\div7=$

⑬ $35\div5=$

⑭ $14+2\times2=$

⑮ $42\times50=$

⑯ $17\div17=$

⑰ $2\times5\times3=$

⑱ $68\times11=$

⑲ $5\times34=$

⑳ $72+46=$

大腦挑戰！ 心算出 11×37 的答案。

前頁解答　1 ①6小時　②16公斤　③167個　2 甲

努力會有回報。

205天

四則運算

學習日期	月	日	答對題數
目標 3分	實際花費	分	/ 20

算出下列答案。

① $60+13=$

② $8\times33=$

③ $62-36=$

④ $56+37=$

⑤ $10+7+4=$

⑥ $45\div3=$

⑦ $17+9-6=$

⑧ $36\times50=$

⑨ $9\times22=$

⑩ $14\div7-2=$

⑪ $72-29=$

⑫ $7\times44=$

⑬ $64\div32=$

⑭ $11\times29=$

⑮ $7\times4+18=$

⑯ $6\times34=$

⑰ $73\times20=$

⑱ $66\div33=$

⑲ $23-18=$

⑳ $27+26=$

大腦挑戰！

7200 元打 7 折是多少錢？

前頁解答 ①39 ②61 ③60 ④50 ⑤17 ⑥60 ⑦75 ⑧4 ⑨33 ⑩6 ⑪87 ⑫7 ⑬7 ⑭18 ⑮2100 ⑯1 ⑰30 ⑱748 ⑲170 ⑳118 大腦挑戰!…407

也要嘗試驗算。

206 天

填空問題

學習日期 月 日

目標 3分 實際花費 分

答對題數 /20

以下□填入數字或運算符號（＋、－、×、÷）來回答。

① □×61＝366

② 72＋□＝73

③ □÷19＝4

④ □－1＝21

⑤ 76÷□＝38

⑥ 45□5＝9

⑦ 78÷□＝3

⑧ □＋22＝96

⑨ 9＋□＝47

⑩ 3□1＝2

⑪ 75÷□＝25

⑫ □＋43＝66

⑬ □＋28＝70

⑭ □－4＝44

⑮ 31－□＝31

⑯ 18＋□＝64

⑰ 26□2＝24

⑱ 35÷□＝7

⑲ □×6＝360

⑳ □×8＝304

大腦挑戰！

2 的 5 次方是多少？（$2^5 = 2\times2\times2\times2\times2$）

前頁解答 ①73 ②264 ③26 ④93 ⑤21 ⑥15 ⑦20 ⑧1800 ⑨198 ⑩0 ⑪43 ⑫308 ⑬2 ⑭319 ⑮46 ⑯204 ⑰1460 ⑱2 ⑲5 ⑳53 大腦挑戰！…5040元

人生現在才開始。 207 天	四則運算	學習日期 月 日	答對題數
		目標 3分 實際花費 分	/ 20

算出下列答案。

① $18 \div 6 + 9 =$ ☐

② $73 - 12 =$ ☐

③ $11 \times 16 =$ ☐

④ $24 \div 4 =$ ☐

⑤ $7 \times 4 + 11 =$ ☐

⑥ $56 \div 4 =$ ☐

⑦ $11 + 41 =$ ☐

⑧ $52 - 41 =$ ☐

⑨ $70 + 36 =$ ☐

⑩ $57 \times 6 =$ ☐

⑪ $32 \times 9 =$ ☐

⑫ $60 \div 15 =$ ☐

⑬ $38 - 20 =$ ☐

⑭ $3 \times 7 - 13 =$ ☐

⑮ $12 + 49 =$ ☐

⑯ $4 \times 2 + 15 =$ ☐

⑰ $25 \div 5 =$ ☐

⑱ $32 + 21 =$ ☐

⑲ $13 \times 5 - 2 =$ ☐

⑳ $70 + 0 =$ ☐

大腦挑戰！ 星期六的 12 天前是星期幾？

← 前頁解答 ①6 ②1 ③76 ④22 ⑤2 ⑥÷ ⑦26 ⑧74 ⑨38 ⑩－ ⑪3 ⑫23 ⑬42 ⑭48 ⑮0 ⑯46 ⑰－ ⑱5 ⑲60 ⑳38 大腦挑戰！…32

要開始發揮本領了嗎？

208 天

四則運算

學習日期	月 日	答對題數
目標 3分	實際花費 分	/ 20

算出下列答案。

① 55 − 33 =

② 63 ÷ 9 =

③ 57 + 16 =

④ 66 + 10 =

⑤ 52 ÷ 4 =

⑥ 20 × 35 =

⑦ 73 + 24 =

⑧ 36 ÷ 3 =

⑨ 11 × 20 =

⑩ 64 ÷ 16 =

⑪ 30 × 24 =

⑫ 38 − 28 =

⑬ 4 × 2 + 17 =

⑭ 24 ÷ 3 =

⑮ 67 + 38 =

⑯ 5 − 3 ÷ 1 =

⑰ 39 ÷ 3 =

⑱ 7 × 9 + 11 =

⑲ 71 × 11 =

⑳ 27 − 25 =

大腦挑戰！自己出 2 題像是第 201 頁第 2 題那樣的六角蜂巢計算解謎。

前頁解答 ①12 ②61 ③176 ④6 ⑤39 ⑥14 ⑦52 ⑧11 ⑨106 ⑩342 ⑪288 ⑫4 ⑬18 ⑭8 ⑮61 ⑯23 ⑰5 ⑱53 ⑲63 ⑳70 大腦挑戰！…星期一

一步一步來思考。

209天

圖形問題

學習日期	月 日	答對題數
目標 1分	實際花費 分	/1

最重的是哪一個？

計算

答案

換算成同樣重量。

210天

圖形問題

學習日期	月 日	答對題數
目標 2分	實際花費 分	/1

重量關係如下圖，請問問號處應該要放上什麼？

計算

答案

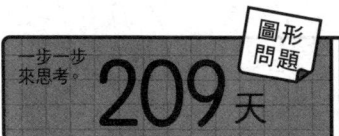

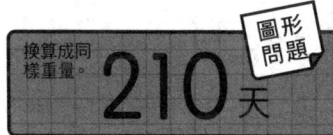

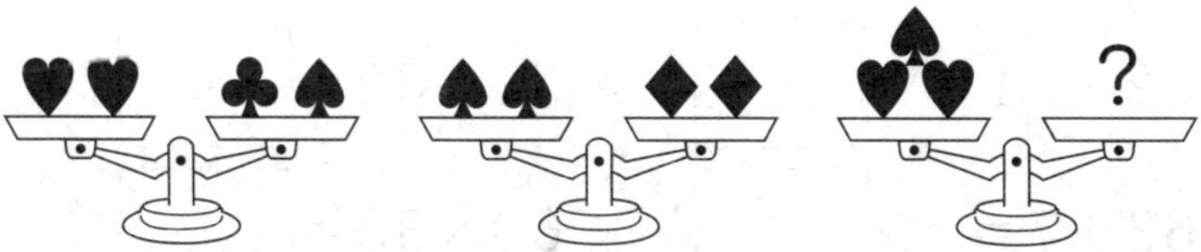

←前頁解答 ①22 ②7 ③73 ④76 ⑤13 ⑥700 ⑦97 ⑧12 ⑨220 ⑩4 ⑪720 ⑫10 ⑬25 ⑭8 ⑮105 ⑯2 ⑰13 ⑱74 ⑲781 ⑳2

好好犒賞自己。

211 天

四則運算

學習日期	月 日	答對題數
目標 3分	實際花費 分	/20

算出下列答案。

① $3\times38=$ □

② $61-48=$ □

③ $34-26=$ □

④ $3\times2+12=$ □

⑤ $15+37=$ □

⑥ $51-43=$ □

⑦ $32+48=$ □

⑧ $38\times5=$ □

⑨ $62\div31=$ □

⑩ $63\div7=$ □

⑪ $3\times34=$ □

⑫ $56-17=$ □

⑬ $22\times60=$ □

⑭ $53-9=$ □

⑮ $54-43=$ □

⑯ $60\div20=$ □

⑰ $75\div25=$ □

⑱ $54\times11=$ □

⑲ $51+62=$ □

⑳ $60\times33=$ □

大腦挑戰！ 一個人玩詞語接龍，每個詞限定 2 個字，挑戰接龍 10 個詞。

前頁解答 第209天 丁　第210天 丙

要比昨天更好！

212 天

四則運算

學習日期	月 日	答對題數
目標 3分	實際花費 分	/20

算出下列答案。

① 25＋29＝

② 57－34＝

③ 59×4＝

④ 38＋47＝

⑤ 56÷14＝

⑥ 37－3＝

⑦ 18＋49＝

⑧ 45×40＝

⑨ 11×39＝

⑩ 38－27＝

⑪ 32＋18＝

⑫ 27－26＝

⑬ 28＋34＝

⑭ 75÷5＝

⑮ 12＋41＝

⑯ 17＋20＝

⑰ 41－17＝

⑱ 32×20＝

⑲ 70÷14＝

⑳ 43－30＝

大腦挑戰！ 10000 人的 25% 是多少人？

前頁解答 ①114 ②13 ③8 ④18 ⑤52 ⑥8 ⑦80 ⑧190 ⑨2 ⑩9 ⑪102 ⑫39 ⑬1320 ⑭44 ⑮11 ⑯3 ⑰3 ⑱594 ⑲113 ⑳1980

生活起起落落。

213天

填空問題

學習日期	月 日	答對題數
目標 3分	實際花費 分	/20

以下□填入數字或運算符號（＋、－、×、÷）來回答。

① □ ÷37＝2

② □ －32＝3

③ 21× □ ＝84

④ □ －6＝30

⑤ 3× □ ＝162

⑥ □ －31＝31

⑦ 65 □ 6＝71

⑧ 16＋ □ ＝29

⑨ □ ÷5＝19

⑩ □ －5＝14

⑪ □ ÷22＝6

⑫ 26 □ 3＝23

⑬ □ ×31＝93

⑭ 44－ □ ＝38

⑮ 59× □ ＝177

⑯ □ －10＝8

⑰ 6× □ ＝150

⑱ 52－ □ ＝39

⑲ □ ÷6＝6

⑳ 6 □ 3＝3

大腦挑戰！

10的3次方是多少？（$10^3 = 10\times10\times10$）

前頁解答 ①54 ②23 ③236 ④85 ⑤4 ⑥34 ⑦67 ⑧1800 ⑨429 ⑩11 ⑪50 ⑫1 ⑬62 ⑭15 ⑮53 ⑯37 ⑰24 ⑱640 ⑲5 ⑳13 大腦挑戰！…2500人

回想起來，這段路真漫長。

214天

四則運算

學習日期	月 日	答對題數
目標 3分	實際花費 分	/ 20

算出下列答案。

① $48 \div 8 =$	⑪ $11 \times 47 =$
② $13 - 2 + 3 =$	⑫ $42 + 41 =$
③ $49 + 43 =$	⑬ $66 \div 2 =$
④ $69 - 16 =$	⑭ $45 \div 15 =$
⑤ $68 \times 6 =$	⑮ $2 + 2 \times 12 =$
⑥ $35 + 27 =$	⑯ $42 \div 6 =$
⑦ $42 - 29 =$	⑰ $60 \times 26 =$
⑧ $7 - 2 - 2 =$	⑱ $67 - 44 =$
⑨ $2 + 4 + 15 =$	⑲ $18 - 5 =$
⑩ $71 - 9 =$	⑳ $50 \times 6 =$

大腦挑戰！ 甲 $\frac{7}{4}$ 和乙 $\frac{8}{5}$，哪個數比較大？

前頁解答 ①74 ②35 ③4 ④36 ⑤54 ⑥62 ⑦＋ ⑧13 ⑨95 ⑩19 ⑪132 ⑫－ ⑬3 ⑭6 ⑮3 ⑯18 ⑰25 ⑱13 ⑲36 ⑳－ 大腦挑戰!…1000

應該不是這樣！

215 天

四則運算

學習日期	月 日	答對題數
目標 2分	實際花費 分	/ 20

算出下列答案。

① 36－2＝

② 31＋19＝

③ 3×49＝

④ 14＋44＝

⑤ 55－7＝

⑥ 61×40＝

⑦ 35＋27＝

⑧ 55－20＝

⑨ 55＋35＝

⑩ 3×3＋16＝

⑪ 28－15＝

⑫ 48÷16＝

⑬ 17＋3×9＝

⑭ 21＋46＝

⑮ 46－17＝

⑯ 60－32＝

⑰ 63－63＝

⑱ 59＋16＝

⑲ 73×11＝

⑳ 19＋27＝

大腦挑戰！ 現在時間的 12 分鐘前是幾時幾分呢？

前頁解答 ①6 ②14 ③92 ④53 ⑤408 ⑥62 ⑦13 ⑧3 ⑨21 ⑩62 ⑪517 ⑫83 ⑬33 ⑭3 ⑮26 ⑯7 ⑰1560 ⑱23 ⑲13 ⑳300 大腦挑戰！…甲

慎重而大膽。

216天

文字問題

學習日期　月　日

答對題數　/4

目標 3分　實際花費　分

1 右邊表格內的數字，哪一個和左邊表格不一樣。請把這個數字寫出來。

找找看

0	3	1	7	4
6	2	2	8	4
1	9	7	6	7
3	0	7	1	6
0	6	5	4	5

0	3	1	7	4
6	2	2	8	4
1	9	7	6	7
3	0	7	1	9
0	6	5	4	5

答案

2 以下用國字表示的數字，請用阿拉伯數字寫出來。

計算

① 六十八億零八十九萬七千零一　①

② 八百二十八億零七十萬零三百　②

③ 八千三百億八千三百零七萬　③

前頁解答 ①34 ②50 ③147 ④58 ⑤48 ⑥2440 ⑦62 ⑧35 ⑨90 ⑩25 ⑪13 ⑫3 ⑬44 ⑭67 ⑮29 ⑯28 ⑰0 ⑱75 ⑲803 ⑳46

大腦完全活用。

217 天

文字問題

學習日期　　月　　日

目標 2分　實際花費　　分

答對題數　　/4

1 數數看下列圖形的個數，填入與空格甲～丙相對應的數字。　計算

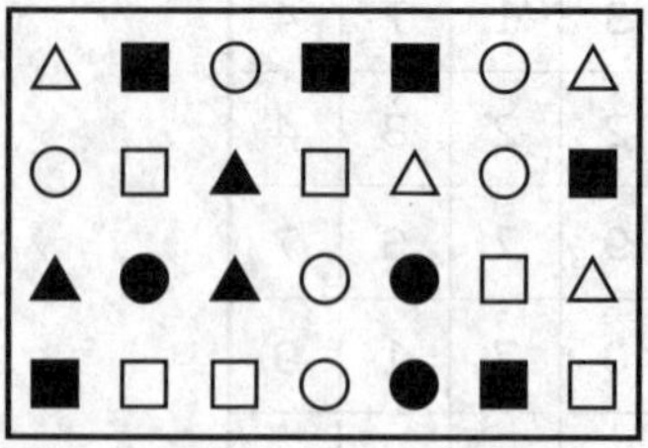

	三角形	圓形	方形	合計
黑		甲		
白				乙
合計	丙			28

甲　　　乙　　　丙

2 將下圖上下翻轉後會變成哪一個圖？寫出代號作答。　圖形

答案

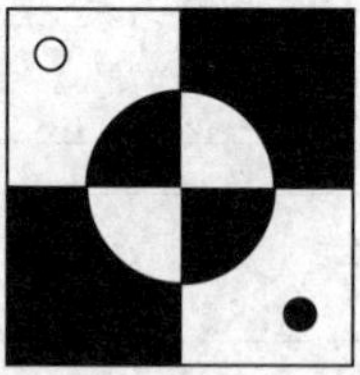

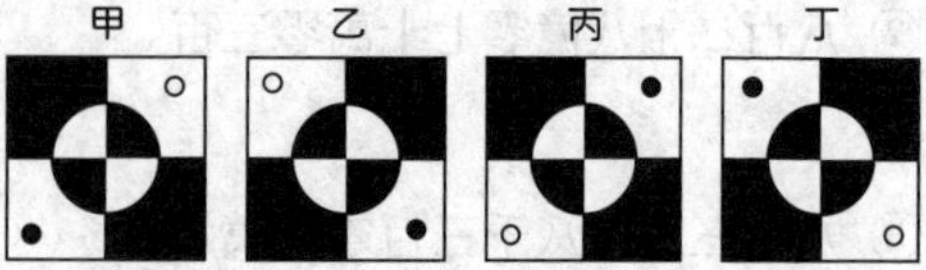

前頁解答　1 9　2 ①6,800,897,001　②82,800,700,300　③830,083,070,000

不開始就永遠做不完。

218天

四則運算

學習日期	月 日	答對題數
目標 3分	實際花費 分	/20

算出下列答案。

① 43+22=

② 42÷14=

③ 72+73=

④ 83×4=

⑤ 84÷7=

⑥ 3×6−4=

⑦ 7+33=

⑧ 4+2×9=

⑨ 78−40=

⑩ 10+70=

⑪ 82−5=

⑫ 74×6=

⑬ 19+26=

⑭ 61−4=

⑮ 50÷5=

⑯ 95÷5=

⑰ 50−28=

⑱ 38+65=

⑲ 50×30=

⑳ 48÷2=

大腦挑戰！ 心算出 11×38 的答案。

前頁解答 1 甲3 乙16 丙7 2 丙

集中精神解題。

四則運算

219 天

學習日期	月	日	答對題數
目標 3分	實際花費	分	/20

算出下列答案。

① 8×62＝

② 50－21＝

③ 61－20＝

④ 7÷7＋3＝

⑤ 98＋43＝

⑥ 47＋34＝

⑦ 20＋64＝

⑧ 27×9＝

⑨ 93÷3＝

⑩ 95－39＝

⑪ 62－44＝

⑫ 5＋16＋8＝

⑬ 57＋45＝

⑭ 7×32＝

⑮ 10＋2－4＝

⑯ 11×12＝

⑰ 3×49＝

⑱ 71－36＝

⑲ 72÷6＝

⑳ 40÷5＝

大腦挑戰！ 8000 人的 40% 是多少人？

前頁解答 ①65 ②3 ③145 ④332 ⑤12 ⑥14 ⑦40 ⑧22 ⑨38 ⑩80 ⑪77 ⑫444 ⑬45 ⑭57 ⑮10 ⑯19 ⑰22 ⑱103 ⑲1500 ⑳24 大腦挑戰！…418

眼睛疲勞的話，就看看遠方。

220天

填空問題

學習日期	月 日	答對題數
目標 3分	實際花費 分	/ 20

以下□填入數字或運算符號（＋、－、×、÷）來回答。

① □÷2＝43	⑪ 70－□＝51
② 6×□＝222	⑫ 99÷□＝3
③ 95＋□＝165	⑬ 89×□＝178
④ □＋38＝73	⑭ □－25＝13
⑤ 32×□＝640	⑮ 74÷□＝2
⑥ 6×□＝96	⑯ □＋23＝105
⑦ 59□7＝66	⑰ 2＋□＝54
⑧ 47＋□＝80	⑱ □×3＝234
⑨ □＋6＝55	⑲ 10□10＝0
⑩ □－5＝21	⑳ □×8＝656

大腦挑戰！

20 的 3 次方是多少？（$20^3 = 20\times20\times20$）

前頁解答 ①496 ②20 ③41 ④4 ⑤141 ⑥81 ⑦84 ⑧243 ⑨31 ⑩56 ⑪18 ⑫29 ⑬102 ⑭224 ⑮8 ⑯132 ⑰147 ⑱35 ⑲12 ⑳8 大腦挑戰！…3200人

用大腦體操鬆開你的大腦。

221天

四則運算

學習日期	月 日	答對題數
目標 3分	實際花費 分	/20

算出下列答案。

① $80+38=$ ☐

② $26\times5=$ ☐

③ $57-41=$ ☐

④ $5\times65=$ ☐

⑤ $64\div2=$ ☐

⑥ $51\div3=$ ☐

⑦ $98\div49=$ ☐

⑧ $80-54=$ ☐

⑨ $79+74=$ ☐

⑩ $72\times7=$ ☐

⑪ $25+60=$ ☐

⑫ $31+69=$ ☐

⑬ $37\times6=$ ☐

⑭ $5\times11-9=$ ☐

⑮ $18-2\times6=$ ☐

⑯ $40\div8=$ ☐

⑰ $83-60=$ ☐

⑱ $88\div2=$ ☐

⑲ $3\times61=$ ☐

⑳ $76-29=$ ☐

大腦挑戰！ 甲 $\frac{5}{12}$ 和乙 $\frac{5}{11}$，哪個數比較大？

前頁解答
①86 ②37 ③70 ④35 ⑤20 ⑥16 ⑦＋ ⑧33 ⑨49 ⑩26 ⑪19 ⑫33 ⑬2 ⑭38 ⑮37 ⑯82 ⑰52 ⑱78 ⑲－ ⑳82 大腦挑戰！…8000

都是2！

222天

四則運算

學習日期	月 日	答對題數
目標 2分	實際花費 分	/20

算出下列答案。

① $3\times28=$

② $2+4\times4=$

③ $88\div22=$

④ $77+73=$

⑤ $94-6=$

⑥ $57-16=$

⑦ $2+12\times5=$

⑧ $41\times40=$

⑨ $70\times17=$

⑩ $69\div3=$

⑪ $84+63=$

⑫ $85\div5=$

⑬ $26+44=$

⑭ $55-29=$

⑮ $82\times9=$

⑯ $13-0+6=$

⑰ $8\times42=$

⑱ $9\times5-6=$

⑲ $3\times19-2=$

⑳ $91+25=$

大腦挑戰！ 現在時間的33分鐘前是幾時幾分呢？

←前頁解答
①118 ②130 ③16 ④325 ⑤32 ⑥17 ⑦2 ⑧26 ⑨153 ⑩504 ⑪85 ⑫100 ⑬222 ⑭46 ⑮6 ⑯5 ⑰23 ⑱44 ⑲183 ⑳47 大腦挑戰！…乙

思考會成為大腦的養分。

223天

文字問題

學習日期 月 日

目標 3分 實際花費 分

答對題數 /3

1 使用以下現金購買某件商品，找回20元。究竟拿了多少現金，買了甲～丁之中的哪件商品？請回答看看。

計算

拿出的現金

商品

2 □內會是哪個圖形？從甲～丁之中選出答案。

圖形

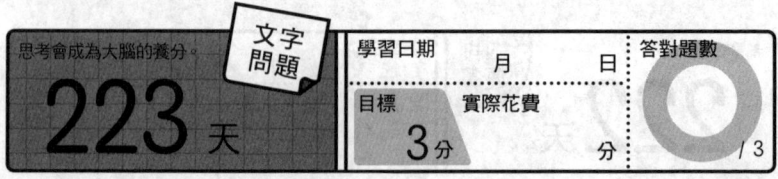

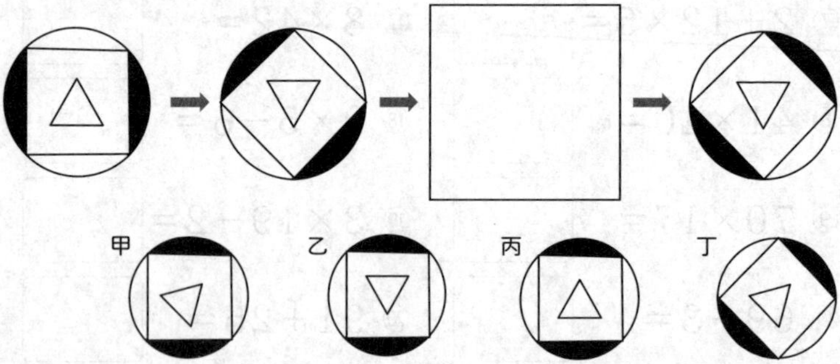

答案

前頁解答 ①84 ②18 ③4 ④150 ⑤88 ⑥41 ⑦62 ⑧1640 ⑨1190 ⑩23 ⑪147 ⑫17 ⑬70 ⑭26 ⑮738 ⑯19 ⑰336 ⑱39 ⑲55 ⑳116

228

抱持著培育大腦的心情。

224天

文字問題

學習日期	月	日	答對題數
目標 2分	實際花費	分	/3

1 吃了午飯，總共花了幾分鐘呢？

計算

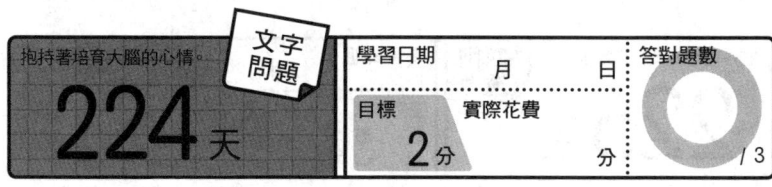

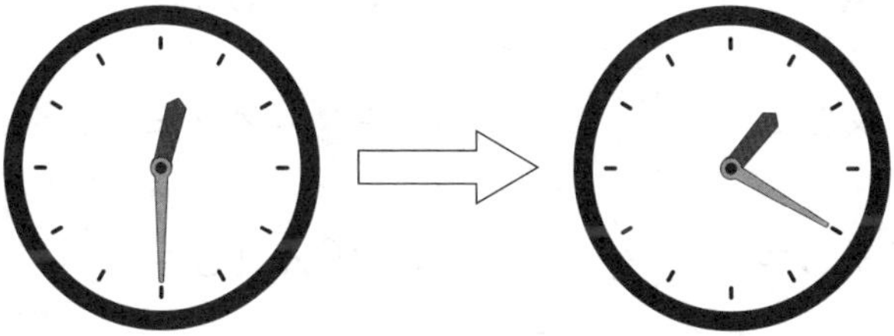

答案

2 填入數字1～9，讓直、橫、斜每一條線相加答案都是15。請問空格甲和乙會是什麼數字？

解謎

	7	乙
甲	5	
	3	4

甲

乙

前頁解答 1（拿出的現金）13,000元 （商品）丁 2 丙

在家裡以外的地方寫題目如何？	四則運算	學習日期 月 日	答對題數
225 天		目標 3分 實際花費 分	/20

算出下列答案。

① $7+49=$

② $77\times7=$

③ $72\div3=$

④ $54+42=$

⑤ $90+68=$

⑥ $7\times7-10=$

⑦ $60\div4=$

⑧ $37\times4=$

⑨ $26+32=$

⑩ $70\div5=$

⑪ $55-39=$

⑫ $63-43=$

⑬ $96+13=$

⑭ $3\times9-12=$

⑮ $52\times60=$

⑯ $43+34=$

⑰ $6+4\times10=$

⑱ $54\div2=$

⑲ $90\div18=$

⑳ $8\times51=$

大腦挑戰！ 心算出 11×39 的答案。

前頁解答 1 50分鐘 2 甲1 乙2

盡力做到最好！ 226 天	四則運算	學習日期 月 日	答對題數
		目標 3分 實際花費 分	/ 20

算出下列答案。

① $88 \div 8 =$

② $74 - 45 =$

③ $80 \div 5 =$

④ $2 \times 55 =$

⑤ $59 + 34 =$

⑥ $68 \times 6 =$

⑦ $74 - 29 =$

⑧ $42 \div 7 =$

⑨ $7 + 4 \times 6 =$

⑩ $6 \times 6 + 3 =$

⑪ $27 \times 90 =$

⑫ $60 - 24 =$

⑬ $40 \times 18 =$

⑭ $85 - 24 =$

⑮ $4 \times 4 + 18 =$

⑯ $35 + 70 =$

⑰ $91 \div 7 =$

⑱ $61 + 41 =$

⑲ $4 \times 23 =$

⑳ $11 \times 35 =$

大腦挑戰！ 5000 人的 $\frac{2}{5}$ 是多少人？

前頁解答 ①56 ②539 ③24 ④96 ⑤158 ⑥39 ⑦15 ⑧148 ⑨58 ⑩14 ⑪16 ⑫20 ⑬109 ⑭15 ⑮3120 ⑯77 ⑰46 ⑱27 ⑲5 ⑳408 大腦挑戰！…429

喜歡填空題嗎?

227 天

填空問題

學習日期	月 日	答對題數
目標 3分	實際花費 分	/ 20

以下□填入數字或運算符號（＋、－、×、÷）來回答。

① 60÷□=3

② 5×□=370

③ 97＋□=142

④ □－47=50

⑤ 81×□=162

⑥ □×5=195

⑦ 60□5=55

⑧ □－74=10

⑨ □×7=217

⑩ 31＋□=89

⑪ □－25=3

⑫ 80－□=9

⑬ □÷8=22

⑭ □＋57=109

⑮ 82□41=2

⑯ 4×□=212

⑰ □÷13=9

⑱ 11×□=187

⑲ □＋21=84

⑳ 57□3=19

大腦挑戰！ 40的平方是多少？（$40^2 = 40\times40$）

前頁解答 ①11 ②29 ③16 ④110 ⑤93 ⑥408 ⑦45 ⑧6 ⑨31 ⑩39 ⑪2430 ⑫36 ⑬720 ⑭61 ⑮34 ⑯105 ⑰13 ⑱102 ⑲92 ⑳385 大腦挑戰！…2000人

告訴別人你的成就感。

228天

四則運算

學習日期	月 日	答對題數
目標 3分	實際花費 分	/ 20

算出下列答案。

① 48＋69＝

② 60×24＝

③ 40÷4＝

④ 60＋65＝

⑤ 74÷2＝

⑥ 4＋4×9＝

⑦ 39＋53＝

⑧ 0×3＋2＝

⑨ 6×64＝

⑩ 53－29＝

⑪ 64÷4＝

⑫ 61＋47＝

⑬ 88－67＝

⑭ 37＋39＝

⑮ 6＋6×14＝

⑯ 51＋53＝

⑰ 86÷2＝

⑱ 53＋44＝

⑲ 8×3－13＝

⑳ 90÷2＝

大腦挑戰！ 甲 $\frac{3}{5}$ 和乙 $\frac{4}{7}$，哪個數比較大？

前頁解答 ①20 ②74 ③45 ④97 ⑤2 ⑥39 ⑦－ ⑧84 ⑨31 ⑩58 ⑪28 ⑫71 ⑬176 ⑭52 ⑮÷ ⑯53 ⑰117 ⑱17 ⑲63 ⑳÷ 大腦挑戰！…1600

刺激大腦！

229 天

四則運算

學習日期 月 日

目標 2分 實際花費 分

答對題數 /20

算出下列答案。

① $98-55=$

② $30\times50=$

③ $77\div7=$

④ $8\times66=$

⑤ $81\div9=$

⑥ $80\times27=$

⑦ $90-49=$

⑧ $6\times6\times6=$

⑨ $91\div7=$

⑩ $36+47=$

⑪ $51-37=$

⑫ $32\times7=$

⑬ $52\div13=$

⑭ $15+6\times7=$

⑮ $93-71=$

⑯ $90+25=$

⑰ $45+32=$

⑱ $11\times8+4=$

⑲ $46+74=$

⑳ $63-25=$

大腦挑戰！ 現在時間的 51 分鐘前是幾時幾分呢？

前頁解答
①117 ②1440 ③10 ④125 ⑤37 ⑥40 ⑦92 ⑧2 ⑨384 ⑩24 ⑪16 ⑫108
⑬21 ⑭76 ⑮90 ⑯104 ⑰43 ⑱97 ⑲11 ⑳45 大腦挑戰！…甲

算分真快樂！

230天

文字問題

學習日期	月	日	答對題數
目標 3分	實際花費	分	/2

1 從下列卡片中選出 5 張，組合成一個最接近「20000」的數。

解謎

0　4　7　0　8　1　6

9　2　5　2　1　8　5

答案

2 如下圖，使用火柴棒組合出正五邊形。如果要組合出 14 個正五邊形，全部需要幾支火柴棒？

圖形

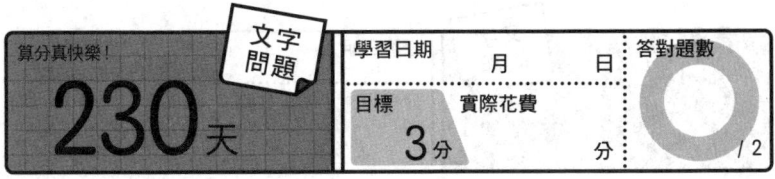

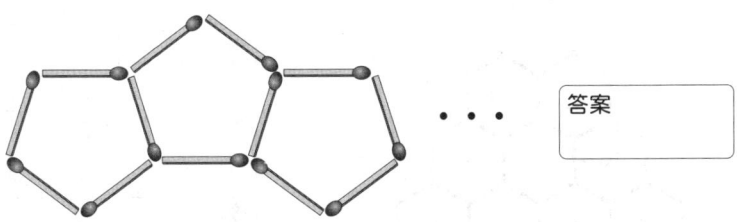

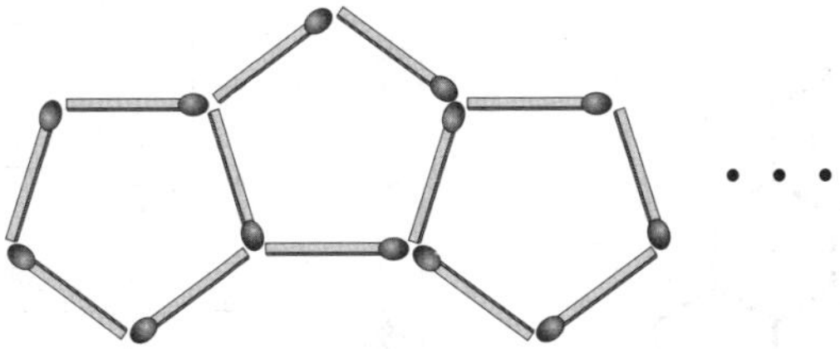

答案

前頁解答 ①43 ②1500 ③11 ④528 ⑤9 ⑥2160 ⑦41 ⑧216 ⑨13 ⑩83 ⑪14 ⑫224 ⑬4 ⑭57 ⑮22 ⑯115 ⑰77 ⑱92 ⑲120 ⑳38

就是這樣，繼續保持。

231 天

文字問題

學習日期　　月　　日

目標 2分　實際花費　　分

答對題數　　/7

1 洗了澡，總共花了幾分鐘呢？

計算

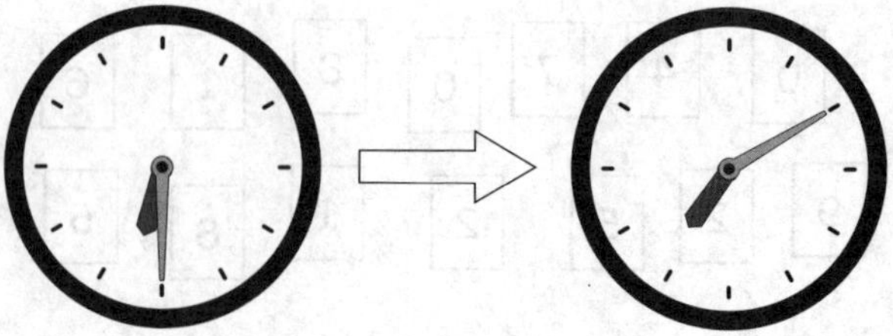

答案

2 相鄰⬡中的數字相加，會變成上方⬡中的數字。請在甲～己的位置填入相對應的數字。

解謎

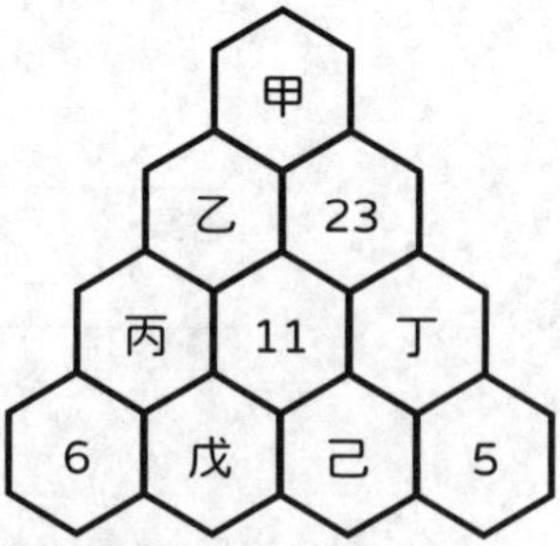

甲	乙
丙	丁
戊	己

成就感讓人上癮。

232 天

四則運算

學習日期	月 日	答對題數
目標 3分	實際花費 分	/ 20

算出下列答案。

① $29-10=$ ☐

② $26\times9=$ ☐

③ $90\div45=$ ☐

④ $77-41=$ ☐

⑤ $30\times54=$ ☐

⑥ $12\div3=$ ☐

⑦ $4\div4+13=$ ☐

⑧ $14+8\times2=$ ☐

⑨ $60+49=$ ☐

⑩ $99-24=$ ☐

⑪ $56\div7=$ ☐

⑫ $91-8=$ ☐

⑬ $8\times53=$ ☐

⑭ $63+11=$ ☐

⑮ $52\times30=$ ☐

⑯ $45+45=$ ☐

⑰ $85-11=$ ☐

⑱ $92+22=$ ☐

⑲ $85\div17=$ ☐

⑳ $47-18=$ ☐

大腦挑戰！ 心算出 11×41 的答案。

前頁解答 1 40分鐘 2 甲44 乙21 丙10 丁12 戊4 己7

大腦抗老。

233天

四則運算

學習日期		答對題數
月 日		
目標 3分	實際花費 分	/20

算出下列答案。

① 84－55＝

② 98×7＝

③ 84÷7＝

④ 87＋39＝

⑤ 71×20＝

⑥ 82÷41＝

⑦ 81÷3＝

⑧ 62×6＝

⑨ 64÷8＝

⑩ 22×60＝

⑪ 13＋47＝

⑫ 4＋8×12＝

⑬ 70÷5＝

⑭ 66－38＝

⑮ 34＋49＝

⑯ 15×6－4＝

⑰ 7×93＝

⑱ 11×34＝

⑲ 67×7＝

⑳ 98＋28＝

大腦挑戰！

4000 人的 $\frac{3}{8}$ 是多少人？

前頁解答 ①19 ②234 ③2 ④36 ⑤1620 ⑥4 ⑦14 ⑧30 ⑨109 ⑩75 ⑪8 ⑫83 ⑬424 ⑭74 ⑮1560 ⑯90 ⑰74 ⑱114 ⑲5 ⑳29 大腦挑戰！…451

幹得好！

234天

填空問題

學習日期	月 日	答對題數
目標 3分	實際花費 分	/20

以下□填入數字或運算符號（＋、－、×、÷）來回答。

① 74÷□＝37

② □＋70＝135

③ 7×□＝266

④ 8□3＝24

⑤ 98－□＝80

⑥ 84－□＝70

⑦ 53－□＝22

⑧ 65×□＝130

⑨ □－24＝15

⑩ □－53＝36

⑪ 55□11＝66

⑫ 45＋□＝64

⑬ □×6＝216

⑭ 85×□＝255

⑮ 61÷□＝61

⑯ 45＋□＝79

⑰ □＋53＝130

⑱ □－69＝18

⑲ 54÷□＝9

⑳ 93＋□＝119

大腦挑戰！

3的4次方是多少？（$3^4 = 3\times3\times3\times3$）

前頁解答

①29 ②686 ③12 ④126 ⑤1420 ⑥2 ⑦27 ⑧372 ⑨8 ⑩1320 ⑪60 ⑫100 ⑬14 ⑭28 ⑮83 ⑯86 ⑰651 ⑱374 ⑲469 ⑳126 大腦挑戰！…1500人

疏忽是大敵。

235 天

四則運算

學習日期 月 日

目標 3分 實際花費 分

答對題數 / 20

算出下列答案。

① 17＋64＝		⑪ 2＋10－7＝	
② 73－54＝		⑫ 69÷3＝	
③ 19＋44＝		⑬ 90×16＝	
④ 70×61＝		⑭ 80＋25＝	
⑤ 24÷6＝		⑮ 6×49＝	
⑥ 64－45＝		⑯ 92－8＝	
⑦ 7×4－14＝		⑰ 82＋33＝	
⑧ 61－13＝		⑱ 6－5＋14＝	
⑨ 91÷13＝		⑲ 23×11＝	
⑩ 92×5＝		⑳ 68÷17＝	

大腦挑戰！ 甲 $\frac{9}{10}$ 和乙 $\frac{10}{11}$，哪個數比較大？

前頁解答 ①2 ②65 ③38 ④× ⑤18 ⑥14 ⑦31 ⑧2 ⑨39 ⑩89 ⑪＋ ⑫19 ⑬36 ⑭3 ⑮1 ⑯34 ⑰77 ⑱87 ⑲6 ⑳26 大腦挑戰！…81

快點、快點！

236天

四則運算

學習日期	月 日	答對題數
目標 2分	實際花費 分	/20

算出下列答案。

① $28 \times 51 =$ □

② $72 \div 8 =$ □

③ $71 - 2 =$ □

④ $15 + 57 =$ □

⑤ $56 - 34 =$ □

⑥ $39 + 71 =$ □

⑦ $10 + 7 \times 8 =$ □

⑧ $90 + 30 =$ □

⑨ $88 - 47 =$ □

⑩ $70 \times 33 =$ □

⑪ $85 \div 17 =$ □

⑫ $6 \times 64 =$ □

⑬ $91 - 64 =$ □

⑭ $20 \times 23 =$ □

⑮ $28 + 53 =$ □

⑯ $12 + 5 \times 9 =$ □

⑰ $81 - 53 =$ □

⑱ $47 - 29 =$ □

⑲ $15 \times 70 =$ □

⑳ $84 \div 6 =$ □

大腦挑戰！

現在時間的47分鐘前是幾時幾分呢？

前頁解答 ①81 ②19 ③63 ④4270 ⑤4 ⑥19 ⑦14 ⑧48 ⑨7 ⑩460 ⑪5 ⑫23 ⑬1440 ⑭105 ⑮294 ⑯84 ⑰115 ⑱15 ⑲253 ⑳4 大腦挑戰！…乙

瞬間做出判斷。

237 天 文字問題

學習日期　月　日
目標 2分　實際花費　分
答對題數　/2

1 下列國字，顏色與意思相符的有幾個？　找找看

答案

2 以下只有一個圖形和其他不同。找找看，使用 A-1 這樣的座標來表示。　找找看

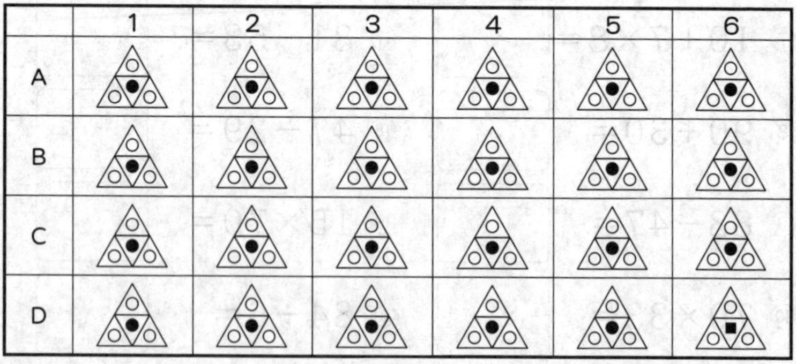

答案

←前頁解答 ①1428 ②9 ③69 ④72 ⑤22 ⑥110 ⑦66 ⑧120 ⑨41 ⑩2310 ⑪5 ⑫384 ⑬27 ⑭460 ⑮81 ⑯57 ⑰28 ⑱18 ⑲1050 ⑳14

大腦雀躍期待！

238天

文字問題

學習日期	月	日	答對題數
目標 2分	實際花費	分	/5

1 以下的數字，在（ ）內標明的位數進行四捨五入。 計算

① 78506（十位） ①

② 42835（千位） ②

③ 593721（萬位） ③

2 遵照下列規則，填入符合的數字。請問空格甲和乙會是什麼數字？ 解謎

《規則》（1）粗框內的 4 格，一定要包含 1、2、3、4。
（2）每一直行與橫列，一定要包含 1、2、3、4。

		1	
4			甲
3		4	1
乙		2	3

甲

乙

前頁解答 1 2個 2 D-6

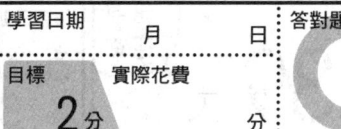

突破障礙!

239 天

四則運算

學習日期 月 日

目標 3分 實際花費 分

答對題數 / 20

算出下列答案。

① $15+61=$	⑪ $51\div3=$
② $72\div6=$	⑫ $22\times70=$
③ $4+4\times3=$	⑬ $98\div7=$
④ $92\div4=$	⑭ $89-73=$
⑤ $73+74=$	⑮ $89-28=$
⑥ $76-32=$	⑯ $15\div3+6=$
⑦ $62\times70=$	⑰ $7\times54=$
⑧ $78-3=$	⑱ $66\div33=$
⑨ $85\div17=$	⑲ $70\times19=$
⑩ $7\times57=$	⑳ $93+62=$

大腦挑戰！ 心算出 11×42 的答案。

前頁解答 1 ①78500 ②40000 ③600000 2 甲2 乙1

帶著淡然的表情來解題。

240天

四則運算

學習日期	月 日	答對題數
目標 3分	實際花費 分	/ 20

算出下列答案。

①	$98+13=$	⑪	$41+12=$
②	$72+11=$	⑫	$67-14=$
③	$25\times11=$	⑬	$30\times35=$
④	$83+59=$	⑭	$50\times20=$
⑤	$82-64=$	⑮	$37+53=$
⑥	$71-41=$	⑯	$3\times4-6=$
⑦	$78\div6=$	⑰	$40\times38=$
⑧	$11+1+2=$	⑱	$56-13=$
⑨	$58\div29=$	⑲	$72-41=$
⑩	$4\times11-9=$	⑳	$6\times49=$

大腦挑戰！ 7000 人的 $\frac{2}{5}$ 是多少人？

前頁解答 ①76 ②12 ③16 ④23 ⑤147 ⑥44 ⑦4340 ⑧75 ⑨5 ⑩399 ⑪17 ⑫1540 ⑬14 ⑭16 ⑮61 ⑯11 ⑰378 ⑱2 ⑲1330 ⑳155 大腦挑戰!…462

把空格都填滿！

241 天

填空問題

學習日期	月 日	答對題數
目標 3分	實際花費 分	/20

以下□填入數字或運算符號（＋、－、×、÷）來回答。

① 50－□＝6

② □×11＝880

③ 52□3＝156

④ □－50＝43

⑤ 90＋□＝151

⑥ □×20＝780

⑦ □－18＝1

⑧ 23÷□＝1

⑨ 4×□＝380

⑩ 10＋□＝82

⑪ 50÷□＝5

⑫ □÷8＝16

⑬ 6×□＝456

⑭ 81÷□＝27

⑮ □－36＝19

⑯ □×9＝216

⑰ □÷20＝5

⑱ 65÷□＝13

⑲ 25＋□＝69

⑳ 47÷□＝1

大腦挑戰！

5 的 3 次方是多少？（$5^3 = 5\times5\times5$）

前頁解答 ①111 ②83 ③275 ④142 ⑤18 ⑥30 ⑦13 ⑧14 ⑨2 ⑩35 ⑪53 ⑫53 ⑬1050 ⑭1000 ⑮90 ⑯6 ⑰1520 ⑱43 ⑲31 ⑳294 大腦挑戰！…2800人

還記得剛開始時的樣子嗎？ 242 天	四則運算	學習日期 月 日	答對題數
		目標 3分 實際花費 分	/20

算出下列答案。

① 28＋18＝

② 50×56＝

③ 90÷5＝

④ 48＋69＝

⑤ 20×49＝

⑥ 33＋15＝

⑦ 6×5－12＝

⑧ 64÷16＝

⑨ 78×5＝

⑩ 60－46＝

⑪ 16×11＝

⑫ 92÷2＝

⑬ 9＋57＝

⑭ 28×20＝

⑮ 90－21＝

⑯ 80×18＝

⑰ 89＋73＝

⑱ 68－63＝

⑲ 15＋7×4＝

⑳ 19×5－7＝

大腦挑戰！ 甲 $\frac{17}{3}$ 和乙 6，哪個數比較大？

前頁解答 ①44 ②80 ③④93 ⑤61 ⑥39 ⑦19 ⑧23 ⑨95 ⑩72 ⑪10 ⑫128 ⑬76 ⑭3 ⑮55 ⑯24 ⑰100 ⑱5 ⑲44 ⑳47 大腦挑戰！…125

真了不起！

243天

四則運算

學習日期	月 日	答對題數
目標 2分	實際花費 分	/20

算出下列答案。

① $31+63=$ □

② $15+5\times3=$ □

③ $16+27=$ □

④ $67\times6=$ □

⑤ $91-55=$ □

⑥ $31+67=$ □

⑦ $62-13=$ □

⑧ $11+5\times5=$ □

⑨ $35\div7=$ □

⑩ $83-45=$ □

⑪ $60\times10=$ □

⑫ $52\div4=$ □

⑬ $40\times19=$ □

⑭ $42\div6=$ □

⑮ $8\times9-16=$ □

⑯ $72-54=$ □

⑰ $57\div3=$ □

⑱ $30\times33=$ □

⑲ $66-15=$ □

⑳ $8\times26=$ □

大腦挑戰！ 自己出5題填空的計算！

前頁解答 ①46 ②2800 ③18 ④117 ⑤980 ⑥48 ⑦18 ⑧4 ⑨390 ⑩14 ⑪176 ⑫46 ⑬66 ⑭560 ⑮69 ⑯1440 ⑰162 ⑱5 ⑲43 ⑳88 大腦挑戰！…乙

試著想想看。

244天

圖形問題

學習日期　月　日

目標 30秒　實際花費　秒

答對題數 /1

以下立方體從「側面」看，會是哪個圖形？從甲～丁之中選出答案。

圖形

答案

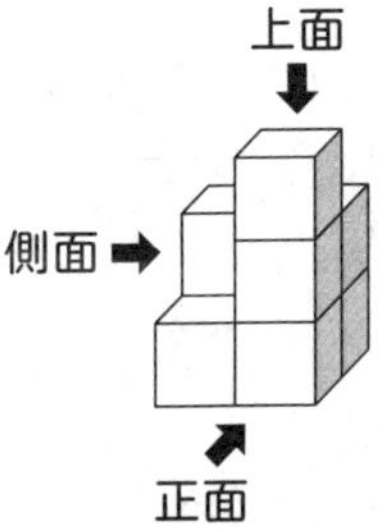

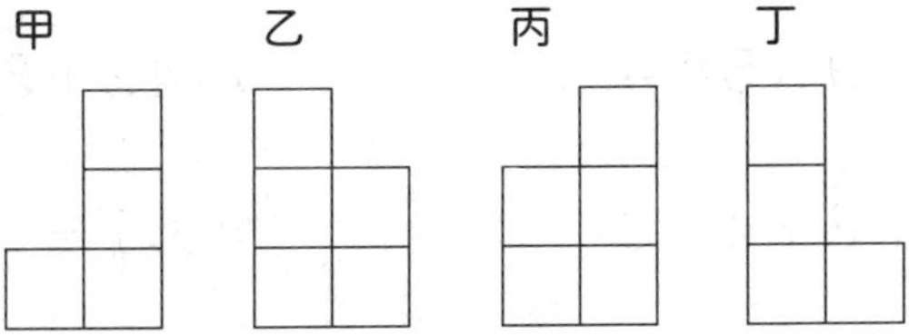

參考上方題目。

245天

圖形問題

學習日期　月　日

目標 2分　實際花費　分

答對題數 /1

有一個立方體，從上面、正面、側面看，圖形如下。這個立方體會是甲～丁之中的哪一個？

圖形

答案

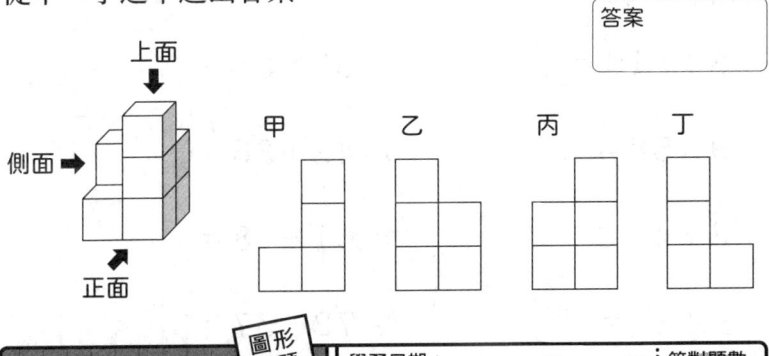

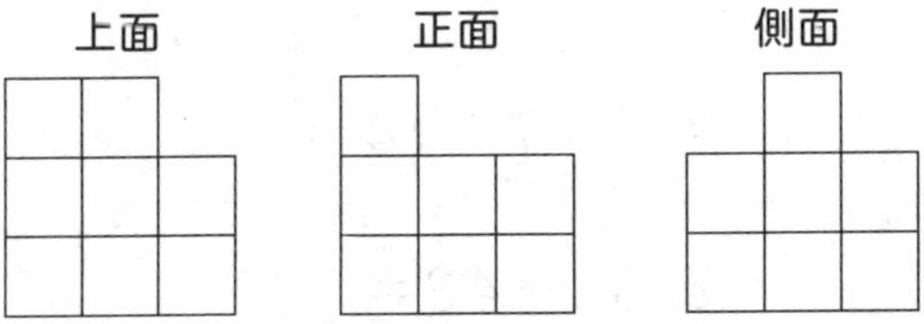

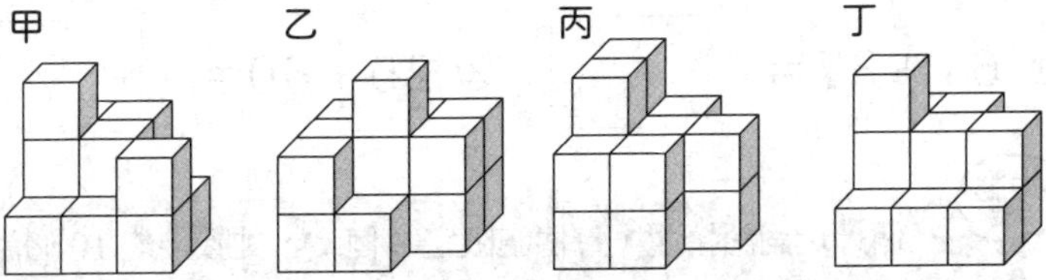

前頁解答
①94 ②30 ③43 ④402 ⑤36 ⑥98 ⑦49 ⑧36 ⑨5 ⑩38 ⑪600 ⑫13 ⑬760 ⑭7 ⑮56 ⑯18 ⑰19 ⑱990 ⑲51 ⑳208

剩下三分之一！

246 天

四則運算

學習日期	月 日	答對題數
目標 3分	實際花費 分	/ 20

算出下列答案。

① 80÷16＝

② 9×58＝

③ 3＋4－3＝

④ 92÷4＝

⑤ 95－28＝

⑥ 36÷2＝

⑦ 72－64＝

⑧ 42×90＝

⑨ 13－3×3＝

⑩ 61＋37＝

⑪ 53×8＝

⑫ 42＋36＝

⑬ 61－18＝

⑭ 72－57＝

⑮ 85×2＝

⑯ 21×50＝

⑰ 51－32＝

⑱ 4×7＋14＝

⑲ 53－43＝

⑳ 25＋60＝

大腦挑戰！ 一個人玩詞語接龍，每個詞限定 3 個字，挑戰接龍 10 個詞！

前頁解答 第244天 丙 第245天 甲

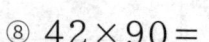

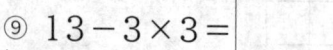

完成後給自己獎勵！

247天

四則運算

學習日期	月 日	答對題數
目標 3分	實際花費 分	/20

算出下列答案。

① $30\times42=$

② $56\div14=$

③ $66-29=$

④ $26+4+3=$

⑤ $45\div9=$

⑥ $89+26=$

⑦ $2+23+9=$

⑧ $37\div37=$

⑨ $75-28=$

⑩ $30+24=$

⑪ $62+56=$

⑫ $50-32=$

⑬ $9\times46=$

⑭ $97+42=$

⑮ $34+74=$

⑯ $81\div1=$

⑰ $25-6-3=$

⑱ $7+4+29=$

⑲ $99+63=$

⑳ $40\times32=$

大腦挑戰！ 100人是占1000人的百分之幾？

前頁解答 ①5 ②522 ③4 ④23 ⑤67 ⑥18 ⑦8 ⑧3780 ⑨4 ⑩98 ⑪424 ⑫78 ⑬43 ⑭15 ⑮170 ⑯1050 ⑰19 ⑱42 ⑲10 ⑳85

為自己拍拍手。

248天

填空問題

學習日期	月 日	答對題數
目標 3分	實際花費 分	/20

以下□填入數字或運算符號（+、−、×、÷）來回答。

① 85 □ 16＝69

② 90－□＝79

③ □÷31＝4

④ □÷2＝19

⑤ □－20＝53

⑥ 76＋□＝118

⑦ 39＋□＝54

⑧ □÷19＝3

⑨ 34＋□＝75

⑩ □×7＝231

⑪ 1 □ 2＝2

⑫ 48－□＝4

⑬ 96－□＝62

⑭ □－22＝53

⑮ □－34＝50

⑯ □÷6＝3

⑰ 44＋□＝77

⑱ 65＋□＝75

⑲ □－55＝14

⑳ □×3＝132

大腦挑戰！

1小時走了60公里。請問時速是幾公里？

前頁解答 ①1260 ②4 ③37 ④33 ⑤5 ⑥115 ⑦34 ⑧1 ⑨47 ⑩54 ⑪118 ⑫18 ⑬414 ⑭139 ⑮108 ⑯81 ⑰16 ⑱40 ⑲162 ⑳1280 大腦挑戰!…10%

有時休息也很必要。

249 天

四則運算

學習日期	月 日	答對題數
目標 3分	實際花費 分	/ 20

算出下列答案。

① $38\times70=$ □

② $64+54=$ □

③ $95\div5=$ □

④ $3+7\times11=$ □

⑤ $3\times4+20=$ □

⑥ $69\div23=$ □

⑦ $67+14=$ □

⑧ $8\times6-22=$ □

⑨ $32\times30=$ □

⑩ $70-27=$ □

⑪ $54\div2=$ □

⑫ $3+24-9=$ □

⑬ $95\times4=$ □

⑭ $96\div8=$ □

⑮ $74+50=$ □

⑯ $6+24\div6=$ □

⑰ $54\times30=$ □

⑱ $73-45=$ □

⑲ $43\times11=$ □

⑳ $73-48=$ □

大腦挑戰！ 將 $\frac{1}{2}$ 寫成小數。

前頁解答 ①－ ②11 ③124 ④38 ⑤73 ⑥42 ⑦15 ⑧57 ⑨41 ⑩33 ⑪× ⑫44 ⑬34 ⑭75 ⑮84 ⑯18 ⑰33 ⑱10 ⑲69 ⑳44 大腦挑戰！…時速60公里

今天練習滿250天！

250天

四則運算

學習日期	月	日	答對題數
目標 3分	實際花費	分	/20

算出下列答案。

① 11×29＝

② 58－41＝

③ 94×4＝

④ 4＋38＝

⑤ 25＋6－8＝

⑥ 71－37＝

⑦ 84÷12＝

⑧ 71＋50＝

⑨ 52×60＝

⑩ 9×36＝

⑪ 65×9＝

⑫ 38÷2＝

⑬ 9＋27＋5＝

⑭ 6×5－22＝

⑮ 10×41＝

⑯ 87－16＝

⑰ 47＋66＝

⑱ 3×9－25＝

⑲ 40×34＝

⑳ 61＋33＝

大腦挑戰！ 將自家電話（或是手機）號碼的所有數字全部相加。

前頁解答 ①2660 ②118 ③19 ④80 ⑤32 ⑥3 ⑦81 ⑧26 ⑨960 ⑩43 ⑪27 ⑫18 ⑬380 ⑭12 ⑮124 ⑯10 ⑰1620 ⑱28 ⑲473 ⑳25 大腦挑戰！…0.5

賦有彈性的大腦！

251天

文字問題

學習日期　　月　　日

目標 2分　實際花費　　分

答對題數　　/2

1 甲～己之中的水果，數目最少的是哪一種？

找找看

甲　乙　丙　丁　戊　己

答案

2 甲～戊之中，能夠組成立方體的圖形，是哪一個？

圖形

甲

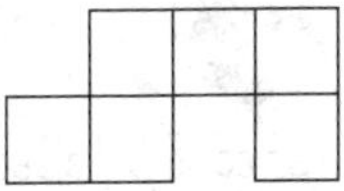

乙

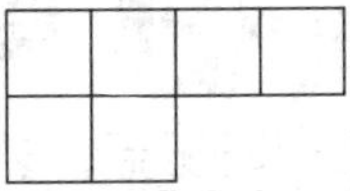

丙

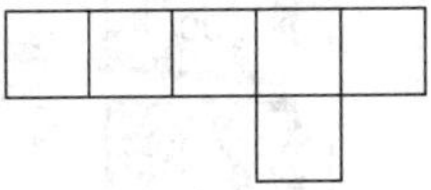

丁

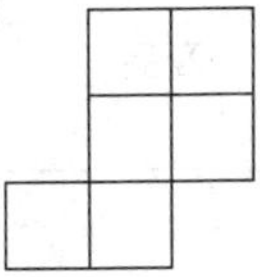

戊

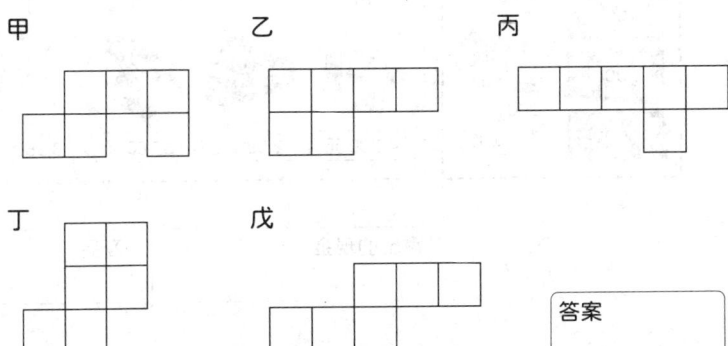

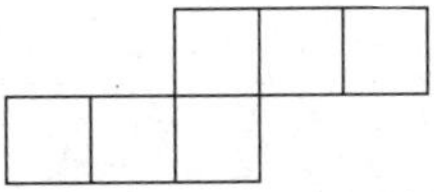

答案

前頁解答
①319 ②17 ③376 ④42 ⑤23 ⑥34 ⑦7 ⑧121 ⑨3120 ⑩324 ⑪585 ⑫19 ⑬41 ⑭8 ⑮410 ⑯71 ⑰113 ⑱2 ⑲1360 ⑳94

要比平常更細心。

252 天

文字問題

學習日期　月　日

目標 3分　實際花費　分

答對題數　/4

1 回答下列問題。　計算

① 某個星期日看了 180 分鐘的電視，大概是平日平均看電視時間的 6 倍。請問平日平均看多久的電視？

①

② 有 12 顆巧克力，3 個人一起吃掉 8 顆，又從 A 手上拿到 2 顆，B 手上拿到 4 顆。請問現在有幾顆巧克力？

②

2 使用以下現金購買某件商品，找回 20 元。究竟拿了多少現金，買了甲～丁之中的哪件商品？請回答看看。　計算

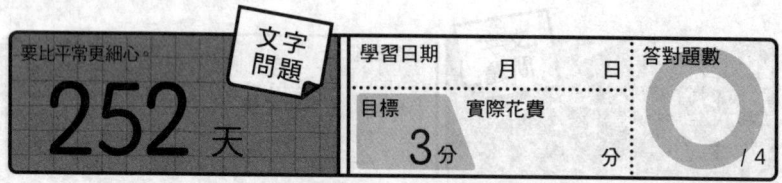

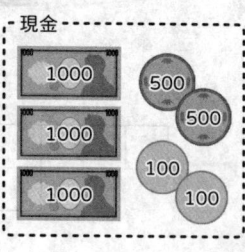

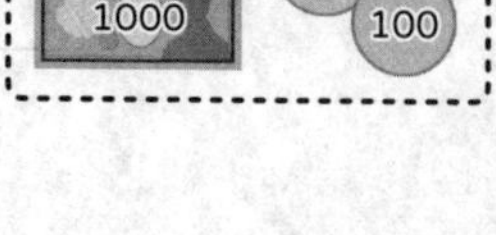

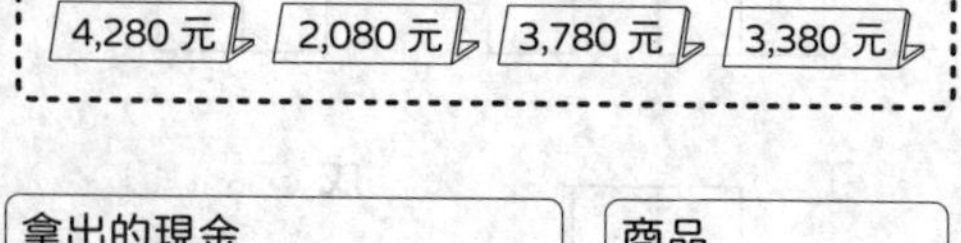

拿出的現金

商品

前頁解答　1 甲　2 戊

絕對要寫完。

253天

四則運算

學習日期 月 日

目標 3分 實際花費 分

答對題數 / 20

算出下列答案。

① $99-62=$ ☐

② $7\times72=$ ☐

③ $36\div3=$ ☐

④ $23+56=$ ☐

⑤ $84\div14=$ ☐

⑥ $45-34=$ ☐

⑦ $61-43=$ ☐

⑧ $42+49=$ ☐

⑨ $7+5+27=$ ☐

⑩ $97-46=$ ☐

⑪ $80\times32=$ ☐

⑫ $11+67=$ ☐

⑬ $61-22=$ ☐

⑭ $14\times50=$ ☐

⑮ $8\times62=$ ☐

⑯ $48+45=$ ☐

⑰ $60-59=$ ☐

⑱ $31-14=$ ☐

⑲ $95+60=$ ☐

⑳ $9\times65=$ ☐

大腦挑戰！ 心算出 11×43 的答案。

前頁解答 1 ①30分鐘 ②10顆 2（拿出的現金）2,100元 （商品）乙大腦和身體都要動一動！

四則運算

254天

學習日期　月　日

答對題數　/20

目標 3分　實際花費　分

算出下列答案。

① 7×7＋22＝

② 50×47＝

③ 81×4＝

④ 98×3＝

⑤ 99＋17＝

⑥ 22－7－6＝

⑦ 7＋36＝

⑧ 23－3×7＝

⑨ 59＋16＝

⑩ 65×40＝

⑪ 96÷6＝

⑫ 45－25＝

⑬ 46＋54＝

⑭ 4×66＝

⑮ 6×13－7＝

⑯ 38＋67＝

⑰ 52÷13＝

⑱ 9＋5×16＝

⑲ 40×25＝

⑳ 68÷4＝

大腦挑戰！

1000 人是占 4000 人的百分之幾？

前頁解答
①37 ②504 ③12 ④79 ⑤6 ⑥11 ⑦18 ⑧91 ⑨39 ⑩51 ⑪2560 ⑫78 ⑬39 ⑭700 ⑮496 ⑯93 ⑰1 ⑱17 ⑲155 ⑳585 大腦挑戰！…473

錯了其實也沒關係。

255天

填空問題

學習日期	月 日	答對題數
目標 3分	實際花費 分	/ 20

以下□填入數字或運算符號（＋、－、×、÷）來回答。

① 4÷□＝2

② 99＋□＝162

③ 4□4＝1

④ □－11＝10

⑤ □×4＝352

⑥ 45－□＝5

⑦ □－10＝96

⑧ □＋27＝27

⑨ □＋9＝103

⑩ □×3＝231

⑪ 45÷□＝3

⑫ 17＋□＝84

⑬ 72×□＝144

⑭ □÷3＝29

⑮ □÷28＝4

⑯ □＋55＝72

⑰ 10□5＝2

⑱ 63÷□＝21

⑲ □－27＝21

⑳ 92÷□＝23

大腦挑戰！ 30分鐘前進了30公里。請問時速是幾公里？

前頁解答
①71 ②2350 ③324 ④294 ⑤116 ⑥9 ⑦43 ⑧2 ⑨75 ⑩2600 ⑪16 ⑫20 ⑬100 ⑭264 ⑮71 ⑯105 ⑰4 ⑱89 ⑲1000 ⑳17 大腦挑戰！…25%

盡量在早上完成。

256 天

四則運算

學習日期		
	月	日
目標	實際花費	
3分		分

答對題數

/ 20

算出下列答案。

① 32−28＝☐

② 26＋2−6＝☐

③ 81−70＝☐

④ 98−78＝☐

⑤ 27×8＝☐

⑥ 30×58＝☐

⑦ 21＋5×3＝☐

⑧ 68＋45＝☐

⑨ 80−66＝☐

⑩ 42×40＝☐

⑪ 79＋59＝☐

⑫ 22×4×5＝☐

⑬ 77＋51＝☐

⑭ 80÷16＝☐

⑮ 87＋39＝☐

⑯ 83−38＝☐

⑰ 26＋3＋2＝☐

⑱ 70×37＝☐

⑲ 26＋30＝☐

⑳ 24÷8＝☐

大腦挑戰！ 將 $\frac{1}{4}$ 寫成小數。

◀前頁解答 ①2 ②63 ③÷ ④21 ⑤88 ⑥40 ⑦106 ⑧0 ⑨94 ⑩77 ⑪15 ⑫67 ⑬2 ⑭87 ⑮112 ⑯17 ⑰÷ ⑱3 ⑲48 ⑳4　大腦挑戰！…時速60公里

用練習來預測今天的狀態。	四則運算	學習日期 月 日	答對題數
257 天		目標 2分 實際花費 分	/20

算出下列答案。

① $6 \times 7 + 20 =$

② $5 + 25 \div 5 =$

③ $91 \div 13 =$

④ $71 + 33 =$

⑤ $68 - 48 =$

⑥ $27 + 7 - 3 =$

⑦ $27 \times 70 =$

⑧ $97 - 15 =$

⑨ $58 \div 2 =$

⑩ $64 \div 16 =$

⑪ $61 + 67 =$

⑫ $1 + 6 + 23 =$

⑬ $81 + 39 =$

⑭ $9 \times 68 =$

⑮ $46 \div 2 =$

⑯ $93 \times 3 =$

⑰ $20 \times 6 \times 5 =$

⑱ $73 - 54 =$

⑲ $89 + 31 =$

⑳ $59 + 66 =$

大腦挑戰！ 將今天日期的數字全部相加。

前頁解答 ①4 ②22 ③11 ④20 ⑤216 ⑥1740 ⑦36 ⑧113 ⑨14 ⑩1680 ⑪138 ⑫440 ⑬128 ⑭5 ⑮126 ⑯45 ⑰31 ⑱2590 ⑲56 ⑳3 大腦挑戰！…0.25

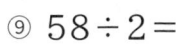

年輕的祕訣就是計算練習。

258天

文字問題

學習日期 月 日

目標 2分 實際花費 分

答對題數 /2

1 右邊表格內的數字，哪一個和左邊表格不一樣。請把這個數字寫出來。

找找看

0	6	5	4	4
4	4	3	0	7
4	7	9	6	8
7	5	3	7	8
4	5	0	8	2

0	6	5	4	4
4	4	3	0	1
4	7	9	6	8
7	5	3	7	8
4	5	0	8	2

答案

2 將下圖上下翻轉後會變成哪一個圖？寫出代號作答。

圖形

答案

甲 乙 丙 丁

前頁解答 ①62 ②10 ③7 ④104 ⑤20 ⑥31 ⑦1890 ⑧82 ⑨29 ⑩4 ⑪128 ⑫30
⑬120 ⑭612 ⑮23 ⑯279 ⑰600 ⑱19 ⑲120 ⑳125

雖然每天都有很多狀況…

259天

文字問題

學習日期　月　日

目標 3分　實際花費　分

答對題數　/4

1 數數看下列圖形的個數，填入與空格甲～丙相對應的數字。

計算

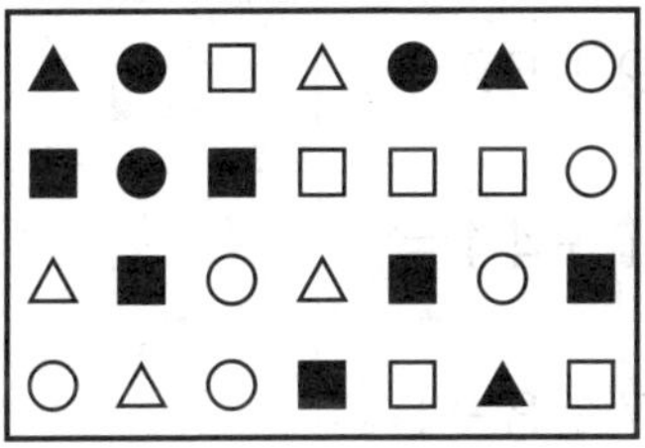

	三角形	圓形	方形	合計
黑				甲
白			乙	
合計		丙		28

甲　　乙　　丙

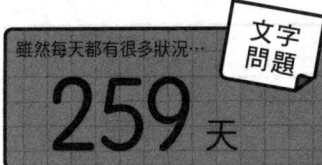

2 下列三角形中的數字，是按照某種規則排列。請回答「?」會是什麼數字。

解謎

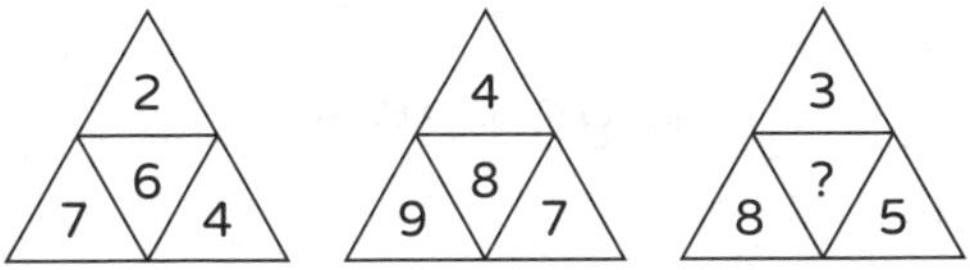

答案

前頁解答 1 1　2 乙

只要手上有一支鉛筆。

260 天

四則運算

學習日期	月 日	答對題數
目標 3分	實際花費 分	/20

算出下列答案。

① $48\div1=$ ☐

② $77+38=$ ☐

③ $96-22=$ ☐

④ $5+6+25=$ ☐

⑤ $94\times5=$ ☐

⑥ $84\div28=$ ☐

⑦ $60+49=$ ☐

⑧ $95+23=$ ☐

⑨ $91\div13=$ ☐

⑩ $53+67=$ ☐

⑪ $6\times59=$ ☐

⑫ $19+59=$ ☐

⑬ $91+44=$ ☐

⑭ $27\div3-5=$ ☐

⑮ $81\div27=$ ☐

⑯ $51-45=$ ☐

⑰ $6\times74=$ ☐

⑱ $24-4\times4=$ ☐

⑲ $96+39=$ ☐

⑳ $90\div6=$ ☐

大腦挑戰！ 心算出 11×44 的答案。

前頁解答 1 甲 12　乙 6　丙 9　2 9【(8 − 5)×3 = 9】

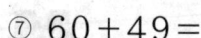

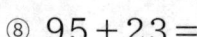

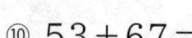

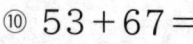

唸出聲來有益大腦。	四則運算	學習日期　月　日	答對題數
261 天		目標 3分　實際花費　分	/20

算出下列答案。

① 54＋51＝

② 59－31＝

③ 40÷8＝

④ 3＋3×21＝

⑤ 94＋33＝

⑥ 24÷8＝

⑦ 68÷34＝

⑧ 33＋35＝

⑨ 72－48＝

⑩ 76÷19＝

⑪ 59×4＝

⑫ 87＋58＝

⑬ 21－1×9＝

⑭ 90÷45＝

⑮ 74÷2＝

⑯ 87＋37＝

⑰ 37×9＝

⑱ 90＋38＝

⑲ 24－3×8＝

⑳ 12×6－5＝

大腦挑戰！ 10人是占500人的百分之幾？

前頁解答 ①48 ②115 ③74 ④36 ⑤470 ⑥3 ⑦109 ⑧118 ⑨7 ⑩120 ⑪354 ⑫78 ⑬135 ⑭4 ⑮3 ⑯6 ⑰444 ⑱8 ⑲135 ⑳15　大腦挑戰！…484

效果顯著！ 262 天	填空問題	學習日期 月 日	答對題數 /20
		目標 3分 實際花費 分	

以下□填入數字或運算符號（＋、－、×、÷）來回答。

① □÷2＝20

② 33－□＝22

③ □＋3＝94

④ 8×□＝208

⑤ □＋57＝106

⑥ □÷43＝3

⑦ 23□20＝3

⑧ □÷31＝4

⑨ 64÷□＝2

⑩ □×4＝92

⑪ 17＋□＝80

⑫ 85－□＝15

⑬ □＋65＝129

⑭ □－30＝58

⑮ □－14＝75

⑯ 36－□＝5

⑰ □÷3＝26

⑱ □＋21＝114

⑲ 19＋□＝62

⑳ 9□3＝3

大腦挑戰！

20 分鐘前進了 10 公里。請問時速是幾公里？

前頁解答 ①105 ②28 ③5 ④66 ⑤127 ⑥3 ⑦2 ⑧68 ⑨24 ⑩4 ⑪236 ⑫145 ⑬12 ⑭2 ⑮37 ⑯124 ⑰333 ⑱128 ⑲0 ⑳67 大腦挑戰！…2%

每天辛苦了。	四則運算	學習日期 月 日	答對題數
263天		目標 3分 實際花費 分	/20

算出下列答案。

① $31+13=$ ☐

② $68-16=$ ☐

③ $74-46=$ ☐

④ $4\times7+20=$ ☐

⑤ $10+61=$ ☐

⑥ $43-19=$ ☐

⑦ $85\div17=$ ☐

⑧ $60\div20=$ ☐

⑨ $52+22=$ ☐

⑩ $69-30=$ ☐

⑪ $41+36=$ ☐

⑫ $48\div16=$ ☐

⑬ $53-38=$ ☐

⑭ $28\div4-3=$ ☐

⑮ $49+57=$ ☐

⑯ $21-2\times8=$ ☐

⑰ $25+68=$ ☐

⑱ $19\times60=$ ☐

⑲ $6\times69=$ ☐

⑳ $34\times11=$ ☐

大腦挑戰！ 將$\frac{1}{5}$寫成小數。

前頁解答 ①40 ②11 ③91 ④26 ⑤49 ⑥129 ⑦－ ⑧124 ⑨32 ⑩23 ⑪63 ⑫70 ⑬64 ⑭88 ⑮89 ⑯31 ⑰78 ⑱93 ⑲43 ⑳÷ 大腦挑戰！…時速30公里

也可以和朋友比賽。

264 天

四則運算

學習日期	月	日	答對題數
目標 2分	實際花費	分	/20

算出下列答案。

① $24-2\div2=$

② $36+43=$

③ $56+59=$

④ $73\times50=$

⑤ $67-46=$

⑥ $7\times53=$

⑦ $96\div32=$

⑧ $96+11=$

⑨ $21-4+3=$

⑩ $57+66=$

⑪ $47+48=$

⑫ $76+67=$

⑬ $20\times2-6=$

⑭ $33\times30=$

⑮ $24\div4=$

⑯ $42-38=$

⑰ $42\div6=$

⑱ $3\times15\times2=$

⑲ $79-22=$

⑳ $26\div2-6=$

大腦挑戰！

將現在時間的所有數字全部相加。（例：12 時 34 分…1＋2＋3＋4）

前頁解答

①44 ②52 ③28 ④48 ⑤71 ⑥24 ⑦5 ⑧3 ⑨74 ⑩39 ⑪77 ⑫3 ⑬15 ⑭4 ⑮106 ⑯5 ⑰93 ⑱1140 ⑲414 ⑳374 大腦挑戰！…0.2

冷靜沉著地解題。

265天

文字問題

學習日期	月 日	答對題數
目標 3分	實際花費 分	/5

1 參考左邊的骰子，回答出右邊骰子「？」會是幾點。骰子相對的兩面點數相加答案是 7。

解謎

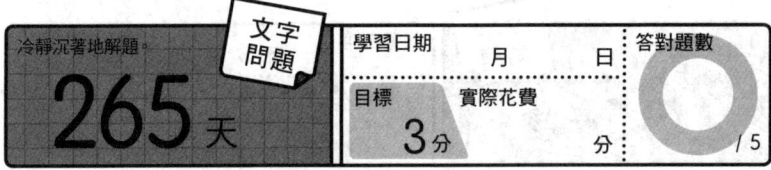

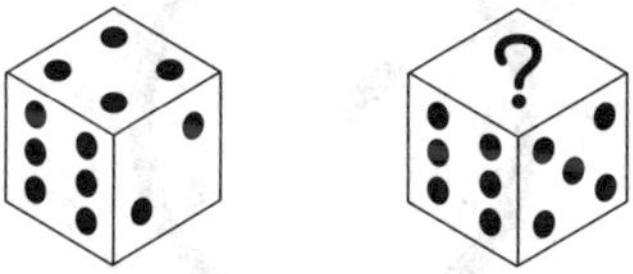

答案

2 填入數字 1～9，讓直、橫、斜每一條線相加答案都是 15。請問空格甲和乙會是什麼數字？

解謎

8	3	4
	乙	9
甲		

甲

乙

3 以下用國字表示的數字，請用阿拉伯數字寫出來。

計算

① 十八億零二千八百

①

② 二百四十三億零三十萬三千

②

前頁解答 ①23 ②79 ③115 ④3650 ⑤21 ⑥371 ⑦3 ⑧107 ⑨20 ⑩123 ⑪95 ⑫143 ⑬34 ⑭990 ⑮6 ⑯4 ⑰7 ⑱90 ⑲57 ⑳7

挑戰仍要繼續。

266 天

文字問題

學習日期	月 日	答對題數
目標 2分	實際花費 分	/4

1 讀了書，總共花了幾分鐘呢？ 計算

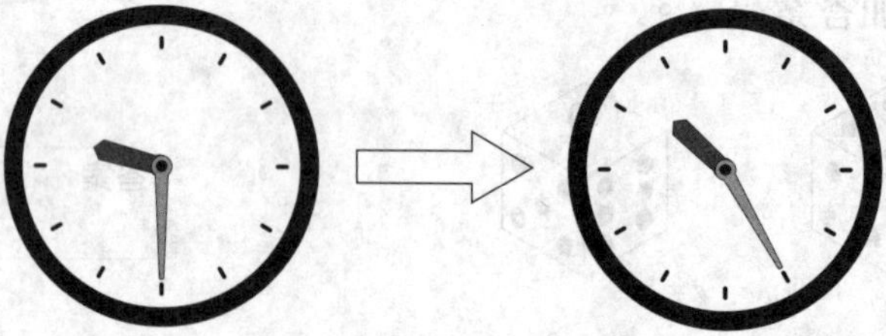

答案

2 以下的數字，在（）內標明的位數進行四捨五入。 計算

① 53107（千位）

② 452005（千位）

③ 749680（百位）

①

②

③

前頁解答 1 3 2 甲6 乙5 3 ①1,800,002,800 ②24,300,303,000

深呼吸後開始

267 天

四則運算

學習日期 月 日	答對題數
目標 3分 實際花費 分	/20

算出下列答案。

① 40×50=

② 3×93=

③ 91−74=

④ 26×6=

⑤ 90÷45=

⑥ 64+70=

⑦ 55+17=

⑧ 95÷5=

⑨ 88×20=

⑩ 65−41=

⑪ 24−4−5=

⑫ 36÷4=

⑬ 3×85=

⑭ 74−63=

⑮ 48÷6=

⑯ 30+43=

⑰ 7×5+25=

⑱ 87−49=

⑲ 74+2=

⑳ 5×15−5=

大腦挑戰！ 心算出 11×45 的答案。

前頁解答 [1] 55 分鐘 [2] ①50000 ②450000 ③750000

目標訂得更高。	四則運算	學習日期 月 日	答對題數
268 天		目標 3分 實際花費 分	/ 20

算出下列答案。

① 11×39＝	⑪ 26÷2＝
② 56－16＝	⑫ 75÷15＝
③ 92×5＝	⑬ 50×31＝
④ 95＋33＝	⑭ 72＋63＝
⑤ 30×41＝	⑮ 76×70＝
⑥ 83－62＝	⑯ 54÷9＝
⑦ 23－3×4＝	⑰ 90＋18＝
⑧ 77＋47＝	⑱ 64÷8＝
⑨ 30×25＝	⑲ 25－10÷5＝
⑩ 62＋49＝	⑳ 18＋69＝

大腦挑戰！ 1800 人是占 2400 人的百分之幾？

前頁解答 ①2000 ②279 ③17 ④156 ⑤2 ⑥134 ⑦72 ⑧19 ⑨1760 ⑩24 ⑪15 ⑫9 ⑬255 ⑭11 ⑮8 ⑯73 ⑰60 ⑱38 ⑲76 ⑳70 大腦挑戰！…495

注意運算符號。

269 天

填空問題

學習日期	月 日	答對題數
目標 3分	實際花費 分	/ 20

以下□填入數字或運算符號（＋、－、×、÷）來回答。

① □－46＝22

② 22－□＝7

③ 81＋□＝88

④ 39＋□＝83

⑤ □×4＝276

⑥ 34÷□＝1

⑦ 8□1＝9

⑧ 66－□＝60

⑨ □÷49＝3

⑩ □－4＝58

⑪ 37－□＝24

⑫ □×21＝63

⑬ 61＋□＝115

⑭ 7×□＝434

⑮ □÷18＝5

⑯ 45－□＝27

⑰ □－51＝47

⑱ 7×□＝602

⑲ □÷8＝17

⑳ 41□67＝108

大腦挑戰！ 1分鐘前進了1公里。請問時速是幾公里？

前頁解答 ①429 ②40 ③460 ④128 ⑤1230 ⑥21 ⑦11 ⑧124 ⑨750 ⑩111 ⑪13 ⑫5 ⑬1550 ⑭135 ⑮5320 ⑯6 ⑰108 ⑱8 ⑲23 ⑳87 大腦挑戰！…75%

不要急，不要慌。

270 天

四則運算

學習日期	月 日	答對題數
目標 3分	實際花費 分	/20

算出下列答案。

① 45＋38＝

② 5×69＝

③ 84÷28＝

④ 94÷2＝

⑤ 14＋67＝

⑥ 38＋16＝

⑦ 46×11＝

⑧ 82＋22＝

⑨ 96÷16＝

⑩ 93×7＝

⑪ 27×70＝

⑫ 23－10＋3＝

⑬ 80÷4＝

⑭ 77＋67＝

⑮ 28－6×3＝

⑯ 68－66＝

⑰ 6×7－27＝

⑱ 42－31＝

⑲ 8×42＝

⑳ 2×95＝

大腦挑戰！ 將 $\frac{3}{4}$ 寫成小數。

前頁解答 ①68 ②15 ③7 ④44 ⑤69 ⑥34 ⑦＋ ⑧6 ⑨147 ⑩62 ⑪13 ⑫3 ⑬54 ⑭62 ⑮90 ⑯18 ⑰98 ⑱86 ⑲136 ⑳＋ 大腦挑戰！…時速60公里

逼出大腦潛力！

271 天

四則運算

學習日期	月 日	答對題數
目標 2分	實際花費 分	/ 20

算出下列答案。

① $71+53=$ ☐

② $95\times5=$ ☐

③ $96\div24=$ ☐

④ $93-60=$ ☐

⑤ $73-35=$ ☐

⑥ $7\times36=$ ☐

⑦ $79+62=$ ☐

⑧ $88-11=$ ☐

⑨ $83-61=$ ☐

⑩ $21+6\times8=$ ☐

⑪ $2\times8\times11=$ ☐

⑫ $6+45=$ ☐

⑬ $2\times12\times5=$ ☐

⑭ $24\times60=$ ☐

⑮ $43-29=$ ☐

⑯ $7\times48=$ ☐

⑰ $35+26=$ ☐

⑱ $60-18=$ ☐

⑲ $58+63=$ ☐

⑳ $99\div11=$ ☐

大腦挑戰！ 將現在時間的所有數字全部相乘。（例：12時34分…1×2×3×4）

前頁解答 ①83 ②345 ③3 ④47 ⑤81 ⑥54 ⑦506 ⑧104 ⑨6 ⑩651 ⑪1890 ⑫16 ⑬20 ⑭144 ⑮10 ⑯2 ⑰15 ⑱11 ⑲336 ⑳190 大腦挑戰！…0.75

年輕的祕訣就是計算練習

272 天

文字問題

學習日期	月 日	答對題數
目標 2分	實際花費 分	/7

1 從下列卡片中選出 5 張，組合成一個最接近「20000」的數。 解謎

6　4　9　0　8　1　3

9　2　4　2　3　8　5

答案 □□□□□

2 相鄰⬡中的數字相加，會變成上方⬡中的數字。請在甲～己的位置填入相對應的數字。 解謎

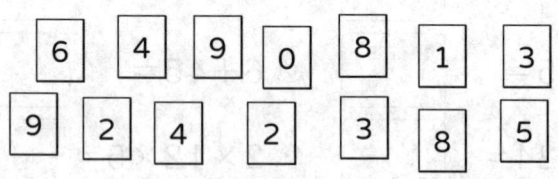

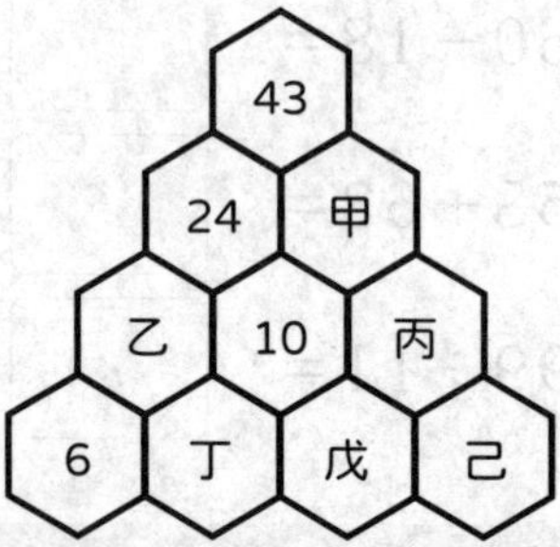

甲	乙
丙	丁
戊	己

前頁解答 ①124 ②475 ③4 ④33 ⑤38 ⑥252 ⑦141 ⑧77 ⑨22 ⑩69 ⑪176 ⑫51 ⑬120 ⑭1440 ⑮14 ⑯336 ⑰61 ⑱42 ⑲121 ⑳9

擅長找出錯誤嗎？

273天

文字問題

學習日期　月　日

目標 2分　實際花費　分

答對題數　/2

1 如下圖，使用火柴棒組合出正五邊形。如果全部使用 69 支火柴棒，會是組合出幾個正五邊形？

圖形

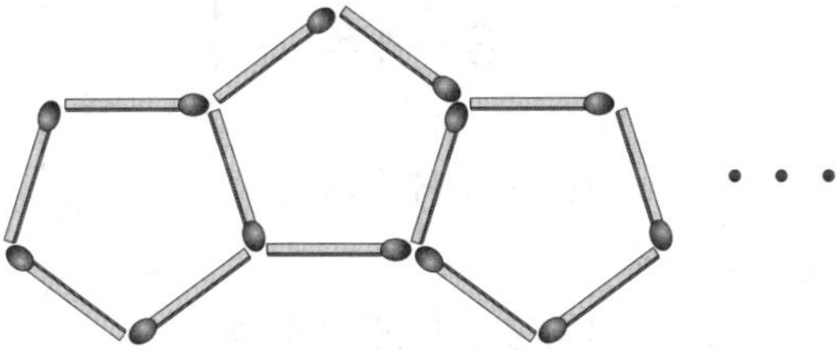

答案

2 以下只有一個圖形和其他不同。找找看，使用 A–1 這樣的座標來表示。

找找看

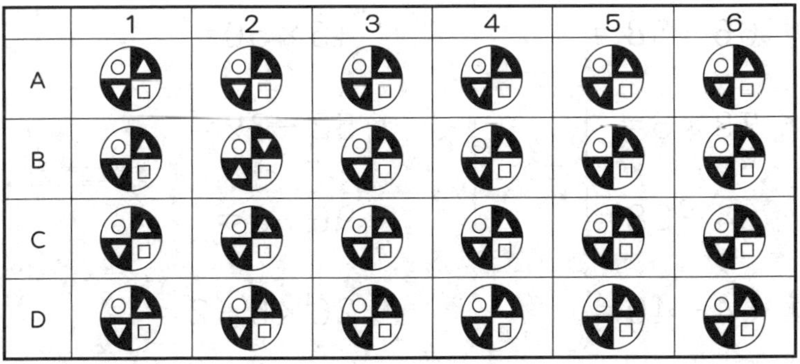

答案

前頁解答　1 19988　2 甲19　乙14　丙9　丁8　戊2　己7

不要用力過度。 274 天	四則運算	學習日期 月 日	答對題數
		目標 3分 實際花費 分	/ 20

算出下列答案。

① $5 \times 52 =$

② $85 - 61 =$

③ $88 \times 50 =$

④ $83 + 21 =$

⑤ $89 + 59 =$

⑥ $71 - 64 =$

⑦ $66 - 58 =$

⑧ $73 \times 5 =$

⑨ $84 \div 28 =$

⑩ $64 - 40 =$

⑪ $3 \times 66 =$

⑫ $88 \div 4 =$

⑬ $6 \times 66 =$

⑭ $24 \div 8 + 4 =$

⑮ $38 + 57 =$

⑯ $33 - 7 =$

⑰ $45 \times 50 =$

⑱ $52 - 39 =$

⑲ $96 \div 8 =$

⑳ $20 \times 5 - 2 =$

大腦挑戰！ 心算出 11×46 的答案。

前頁解答 1 17 個 2 B−2

大腦想要計算。

四則運算

275 天

學習日期　　　月　　　日

目標　　　實際花費

3分　　　　　　分

答對題數

◯

/ 20

算出下列答案。

① $57-41=$ ☐

② $20\times23=$ ☐

③ $90\div15=$ ☐

④ $99+51=$ ☐

⑤ $59\times11=$ ☐

⑥ $50\times46=$ ☐

⑦ $2\times15\times4=$ ☐

⑧ $29+36=$ ☐

⑨ $11\times55=$ ☐

⑩ $48\div24=$ ☐

⑪ $92-42=$ ☐

⑫ $95\div19=$ ☐

⑬ $84\div21=$ ☐

⑭ $62+49=$ ☐

⑮ $36+19=$ ☐

⑯ $75\div5=$ ☐

⑰ $9\times66=$ ☐

⑱ $27+58=$ ☐

⑲ $21+4+8=$ ☐

⑳ $3\times57=$ ☐

大腦挑戰！

2500 人是占 50000 人的百分之幾？

◆前頁解答 ①260 ②24 ③4400 ④104 ⑤148 ⑥7 ⑦8 ⑧365 ⑨3 ⑩24 ⑪198 ⑫22 ⑬396 ⑭7 ⑮95 ⑯26 ⑰2250 ⑱13 ⑲12 ⑳98　大腦挑戰！…506

每一題都要確實練習。

276 天

填空問題

學習日期	月 日	答對題數
目標 3分	實際花費 分	/20

以下□填入數字或運算符號（＋、－、×、÷）來回答。

① □－9＝12

② 88÷□＝22

③ 15□2＝30

④ □－5＝17

⑤ 54÷□＝27

⑥ □÷3＝43

⑦ □×10＝470

⑧ 7×□＝161

⑨ 61×□＝122

⑩ □×5＝680

⑪ 56＋□＝84

⑫ 90÷□＝18

⑬ □÷57＝1

⑭ □－30＝43

⑮ □－23＝10

⑯ 51＋□＝70

⑰ 82－□＝28

⑱ 11×□＝495

⑲ □×40＝720

⑳ 3×□＝267

大腦挑戰！ 40 分鐘前進了 50 公里。請問時速是幾公里？

前頁解答 ①16 ②460 ③6 ④150 ⑤649 ⑥2300 ⑦120 ⑧65 ⑨605 ⑩2 ⑪50 ⑫5 ⑬4 ⑭111 ⑮55 ⑯15 ⑰594 ⑱85 ⑲33 ⑳171 大腦挑戰！…5%

練習會防止老化。

277 天

四則運算

學習日期　月　日

答對題數　/20

目標 3分　實際花費　分

算出下列答案。

① $8 \times 56 =$

② $74 + 24 =$

③ $87 - 71 =$

④ $26 + 7 \times 3 =$

⑤ $51 + 50 =$

⑥ $70 - 39 =$

⑦ $80 \div 5 =$

⑧ $83 + 28 =$

⑨ $82 \times 9 =$

⑩ $16 + 57 =$

⑪ $84 \div 3 =$

⑫ $69 \times 11 =$

⑬ $22 \times 2 - 8 =$

⑭ $82 - 55 =$

⑮ $27 \div 3 =$

⑯ $72 - 28 =$

⑰ $40 \times 46 =$

⑱ $73 - 22 =$

⑲ $72 \div 12 =$

⑳ $7 \times 93 =$

大腦挑戰！ 將 $\frac{3}{5}$ 寫成小數。

前頁解答 ①21 ②4 ③× ④22 ⑤2 ⑥129 ⑦47 ⑧23 ⑨2 ⑩136 ⑪28 ⑫5 ⑬57 ⑭73 ⑮33 ⑯19 ⑰54 ⑱45 ⑲18 ⑳89　大腦挑戰！…時速75公里

不斷地計算下去。

278 天

四則運算

學習日期	月 日	答對題數
目標 2分	實際花費 分	/ 20

算出下列答案。

① $81 \div 27 =$

② $69 + 63 =$

③ $60 + 54 =$

④ $74 - 57 =$

⑤ $61 + 38 =$

⑥ $69 \times 20 =$

⑦ $76 + 18 =$

⑧ $75 \div 25 =$

⑨ $7 \times 73 =$

⑩ $68 + 54 =$

⑪ $1 + 6 + 25 =$

⑫ $44 - 17 =$

⑬ $71 + 50 =$

⑭ $80 \times 30 =$

⑮ $4 \times 68 =$

⑯ $99 - 67 =$

⑰ $25 \times 2 - 5 =$

⑱ $22 + 27 =$

⑲ $78 \div 13 =$

⑳ $44 + 29 =$

大腦挑戰！ 自己出像是第 249 頁那樣的圖形問題，每一種各出 1 題。

前頁解答 ①448 ②98 ③16 ④47 ⑤101 ⑥31 ⑦16 ⑧111 ⑨738 ⑩73 ⑪28 ⑫759 ⑬36 ⑭27 ⑮9 ⑯44 ⑰1840 ⑱51 ⑲6 ⑳651 大腦挑戰！…0.6

一步一步來思考。

279天

圖形問題

學習日期	月 日	答對題數
目標 2分	實際花費 分	/1

將骰子一路滾到★的位置，看起來會是甲～丁之中的哪一個？骰子相對的兩面點數相加答案是 7。

解謎

答案

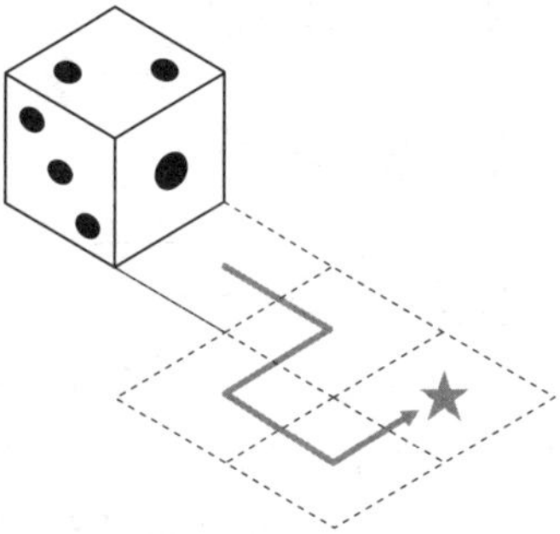

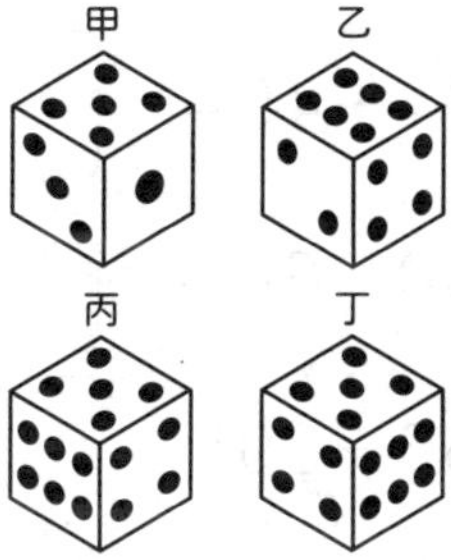

試著想想看。

280天

圖形問題

學習日期	月 日	答對題數
目標 1分	實際花費 分	/1

下列展開圖組成的立方體，會是甲～丁之中的哪一個？

解謎

答案

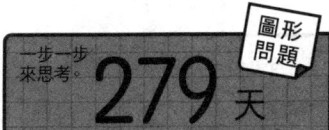

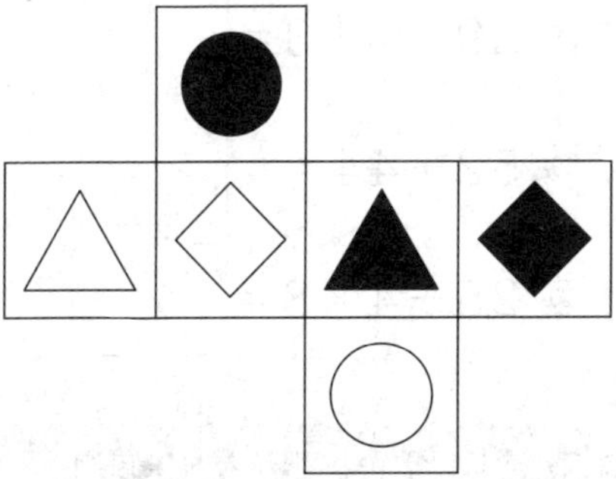

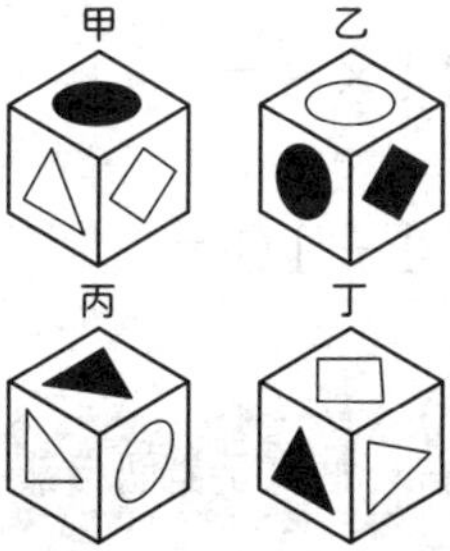

前頁解答
①3 ②132 ③114 ④17 ⑤99 ⑥1380 ⑦94 ⑧3 ⑨511 ⑩122 ⑪32 ⑫27 ⑬121 ⑭2400 ⑮272 ⑯32 ⑰45 ⑱49 ⑲6 ⑳73

如同精密的機械一般。

281 天

四則運算

學習日期	月 日	答對題數
目標 3分	實際花費 分	/ 20

算出下列答案。

① 82×4＝

② 71＋49＝

③ 30×68＝

④ 56－39＝

⑤ 20÷5＝

⑥ 51×20＝

⑦ 5＋9×19＝

⑧ 93－8＝

⑨ 84×8＝

⑩ 74－16＝

⑪ 46÷23＝

⑫ 7×54＝

⑬ 93÷3＝

⑭ 12＋74＝

⑮ 89×8＝

⑯ 53－48＝

⑰ 18×60＝

⑱ 29＋4＋3＝

⑲ 52＋44＝

⑳ 25＋4×8＝

大腦挑戰！ 一個人玩詞語接龍，每個詞限定 4 個字，挑戰接龍 10 個詞。

前頁解答 第279天 丙　第280天 甲

到跟平常不一樣的地方寫題目。 **282** 天	四則運算	學習日期　　月　　日	答對題數
		目標 3分　實際花費　　分	/ 20

算出下列答案。

① $85 \div 5 =$

② $74 - 31 =$

③ $88 \div 22 =$

④ $94 - 74 =$

⑤ $87 + 13 =$

⑥ $27 \div 3 + 6 =$

⑦ $32 - 9 =$

⑧ $64 \div 4 =$

⑨ $8 \times 49 =$

⑩ $71 + 58 =$

⑪ $11 \times 37 =$

⑫ $72 \div 9 =$

⑬ $37 - 6 =$

⑭ $15 + 72 =$

⑮ $72 - 6 =$

⑯ $49 \div 7 =$

⑰ $1 + 23 - 7 =$

⑱ $5 \times 18 - 3 =$

⑲ $79 - 27 =$

⑳ $47 + 56 =$

大腦挑戰！ 6000 元打 6 折是多少錢？

前頁解答 ①328 ②120 ③2040 ④17 ⑤4 ⑥1020 ⑦176 ⑧85 ⑨672 ⑩58 ⑪2 ⑫378 ⑬31 ⑭86 ⑮712 ⑯5 ⑰1080 ⑱36 ⑲96 ⑳57

目標全對！

283天

填空問題

學習日期	月　日	答對題數
目標 3分	實際花費　分	/20

以下□填入數字或運算符號（＋、－、×、÷）來回答。

① 78÷□＝13

② □－55＝14

③ □÷4＝21

④ □－43＝54

⑤ □－13＝21

⑥ 93□30＝123

⑦ □＋20＝117

⑧ 56－□＝10

⑨ 8×□＝272

⑩ 68÷□＝4

⑪ □＋65＝91

⑫ □÷24＝5

⑬ 36－□＝35

⑭ 61－□＝54

⑮ 5□2＝3

⑯ □－45＝6

⑰ □＋51＝71

⑱ □×58＝58

⑲ 77＋□＝132

⑳ 30×□＝1200

大腦挑戰！ 3小時前進了60公里。請問時速是幾公里？

前頁解答 ①17 ②43 ③4 ④20 ⑤100 ⑥15 ⑦23 ⑧16 ⑨392 ⑩129 ⑪407 ⑫8 ⑬31 ⑭87 ⑮66 ⑯7 ⑰17 ⑱87 ⑲52 ⑳103 大腦挑戰！…3600元

要比平常更謹慎。

284天

四則運算

學習日期　月　日

目標 3分　實際花費　分

答對題數 /20

算出下列答案。

① $46-14=$

② $60\times54=$

③ $23-10-5=$

④ $48-26=$

⑤ $11\times38=$

⑥ $99\div33=$

⑦ $86-21=$

⑧ $80\div40=$

⑨ $33\times11=$

⑩ $37+53=$

⑪ $99-37=$

⑫ $65-17=$

⑬ $73-11=$

⑭ $8\times5\times7=$

⑮ $57-31=$

⑯ $52\div13=$

⑰ $59+41=$

⑱ $73+26=$

⑲ $30\times45=$

⑳ $5\times9-25=$

大腦挑戰！ 將 $\frac{2}{5}$ 寫成小數。

前頁解答 ①6 ②69 ③84 ④97 ⑤34 ⑥＋ ⑦97 ⑧46 ⑨34 ⑩17 ⑪36 ⑫120 ⑬1 ⑭7 ⑮− ⑯51 ⑰20 ⑱1 ⑲55 ⑳40 大腦挑戰!…時速20公里

運用培養出來的計算能力！

285天

四則運算

學習日期　月　日

目標 2分　實際花費　分

答對題數　/20

算出下列答案。

① $11\times28=$

② $45-19=$

③ $84\div28=$

④ $23\times3-2=$

⑤ $89-35=$

⑥ $79\times8=$

⑦ $50\times52=$

⑧ $97-29=$

⑨ $89+50=$

⑩ $45\div5=$

⑪ $83\times4=$

⑫ $61-53=$

⑬ $39+56=$

⑭ $94-8=$

⑮ $88\div8=$

⑯ $23-5\times3=$

⑰ $25\times7=$

⑱ $96\div12=$

⑲ $7\times43=$

⑳ $83\times5=$

大腦挑戰！ 算出下個月的同一天（如果沒有同一天，就用下個月的最後一天）是星期幾。

前頁解答 ①32 ②3240 ③8 ④22 ⑤418 ⑥3 ⑦65 ⑧2 ⑨363 ⑩90 ⑪62 ⑫48 ⑬62 ⑭280 ⑮26 ⑯4 ⑰100 ⑱99 ⑲1350 ⑳20 大腦挑戰！…0.4

訓練想像力。

286 天

文字問題

學習日期	答對題數
月 日	/3
目標 2分 實際花費 分	

1 下列國字，顏色與意思相符的有幾個？

找找看

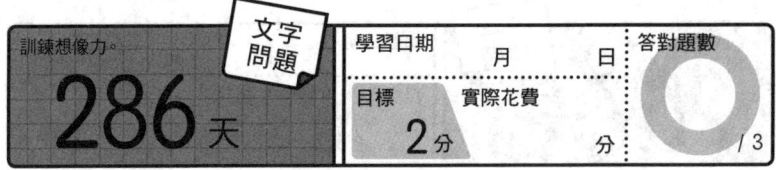

答案

2 遵照下列規則，填入符合的數字。請問空格甲和乙會是什麼數字？

解謎

《規則》(1) 粗框內的 4 格，一定要包含 1、2、3、4。
(2) 每一直行與橫列，一定要包含 1、2、3、4。

3	1		2
4	2	甲	
乙			
	4	1	

甲

乙

前頁解答 ①308 ②26 ③3 ④67 ⑤54 ⑥632 ⑦2600 ⑧68 ⑨139 ⑩9 ⑪332 ⑫8 ⑬95 ⑭86 ⑮11 ⑯8 ⑰175 ⑱8 ⑲301 ⑳415

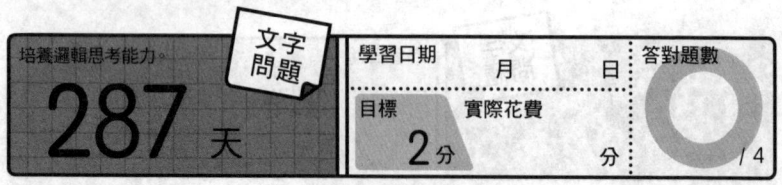

培養邏輯思考能力。

287天

文字問題

學習日期　　月　　日

目標 2分　實際花費　　分

答對題數　　/4

1 以下的數字，在（）內標明的位數進行四捨五入。　計算

① 73506（百位）

② 44835（千位）

③ 296510（千位）

①

②

③

2 圖甲到戊之中，哪一個無法組成立方體？　圖形

甲

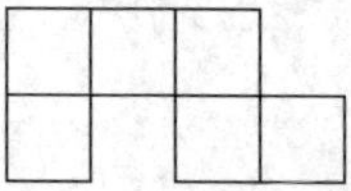

乙

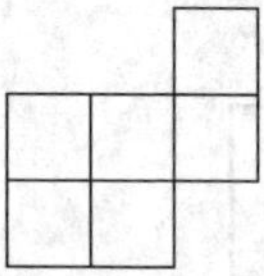

丙

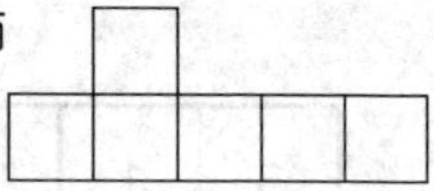

丁

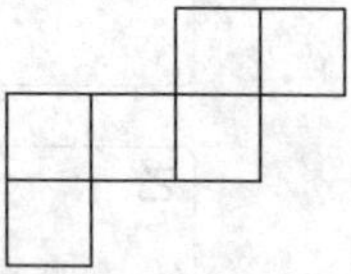

戊

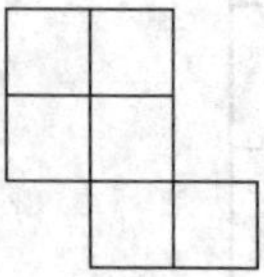

答案

前頁解答　1 5個　2 甲3　乙1

變得更聰明！

288天

四則運算

學習日期	月	日	答對題數
目標 3分	實際花費	分	/20

算出下列答案。

① 47＋69＝

② 60×65＝

③ 44－8＝

④ 42÷6＝

⑤ 65＋18＝

⑥ 9＋4×14＝

⑦ 26÷2－1＝

⑧ 71＋30＝

⑨ 87－65＝

⑩ 7×4－21＝

⑪ 84－63＝

⑫ 92×8＝

⑬ 52－29＝

⑭ 6×11＋6＝

⑮ 60÷12＝

⑯ 67－18＝

⑰ 84÷21＝

⑱ 85÷17＝

⑲ 16＋68＝

⑳ 35＋44＝

大腦挑戰！ 心算出 11×47 的答案。

前頁解答 1 ①74000 ②40000 ③300000 2 丁

一階一階爬上去。 289 天	四則運算	學習日期 月 日	答對題數
		目標 3分 實際花費 分	/20

算出下列答案。

① $47\times6=$

② $47+52=$

③ $71-29=$

④ $6\times68=$

⑤ $25+13=$

⑥ $15+8+5=$

⑦ $6\times73=$

⑧ $36-13=$

⑨ $30\times70=$

⑩ $84\div4=$

⑪ $95-33=$

⑫ $7\times55=$

⑬ $81+52=$

⑭ $9\times19=$

⑮ $40\times60=$

⑯ $28-4\times3=$

⑰ $11\times2+3=$

⑱ $42+51=$

⑲ $29-2\times9=$

⑳ $94\div2=$

大腦挑戰！ 1200 元打 7 折是多少錢？

前頁解答 ①116 ②3900 ③36 ④7 ⑤83 ⑥65 ⑦12 ⑧101 ⑨22 ⑩7 ⑪21 ⑫736 ⑬23 ⑭72 ⑮5 ⑯49 ⑰4 ⑱5 ⑲84 ⑳79 大腦挑戰！…517

還差一點就300天了。

290天

填空問題

學習日期　月　日

目標 3分　實際花費　分

答對題數　/20

以下□填入數字或運算符號（＋、－、×、÷）來回答。

① 50×□＝250

② 5□5＝1

③ □×4＝88

④ □＋52＝78

⑤ 61－□＝9

⑥ □－61＝37

⑦ 6×□＝138

⑧ □＋65＝159

⑨ 87＋□＝125

⑩ 48×□＝480

⑪ □×61＝488

⑫ □－31＝20

⑬ 10□5＝50

⑭ 67＋□＝97

⑮ 46－□＝30

⑯ □＋58＝69

⑰ 82－□＝9

⑱ 42÷□＝6

⑲ □＋17＝81

⑳ □÷46＝2

大腦挑戰！ 2分鐘前進了6公里。請問時速是幾公里？

前頁解答 ①282 ②99 ③42 ④408 ⑤38 ⑥28 ⑦438 ⑧23 ⑨2100 ⑩21 ⑪62 ⑫385 ⑬133 ⑭171 ⑮2400 ⑯16 ⑰25 ⑱93 ⑲11 ⑳47　大腦挑戰！…840元

努力會有回報。

291 天

四則運算

學習日期	月 日	答對題數
目標 3分	實際花費 分	/20

算出下列答案。

① 98÷2＝

② 85－50＝

③ 49＋28＝

④ 14×3－5＝

⑤ 59×7＝

⑥ 44－37＝

⑦ 85×20＝

⑧ 34－15＝

⑨ 33＋67＝

⑩ 8＋63＝

⑪ 70＋64＝

⑫ 5×5＋7＝

⑬ 81－20＝

⑭ 20×73＝

⑮ 18÷6＝

⑯ 56×4＝

⑰ 8×7－13＝

⑱ 4×64＝

⑲ 82÷41＝

⑳ 6×4－15＝

大腦挑戰！ 將 $\frac{1}{8}$ 寫成小數。

前頁解答 ①5 ②÷ ③22 ④26 ⑤52 ⑥98 ⑦23 ⑧94 ⑨38 ⑩10 ⑪8 ⑫51 ⑬⑭30 ⑮16 ⑯11 ⑰73 ⑱7 ⑲64 ⑳92 大腦挑戰！…時速180公里

高速計算。

292天

四則運算

學習日期	月 日	答對題數
目標 2分	實際花費 分	/20

算出下列答案。

① $85-2=$

② $39\div3=$

③ $8\times8-26=$

④ $63\times6=$

⑤ $51-13=$

⑥ $70+48=$

⑦ $72\div24=$

⑧ $8\times4\times5=$

⑨ $75+41=$

⑩ $8\times46=$

⑪ $84\div12=$

⑫ $92+69=$

⑬ $75\div25=$

⑭ $44\div4=$

⑮ $25+3+6=$

⑯ $55\times11=$

⑰ $95\div5=$

⑱ $28\times6=$

⑲ $78+63=$

⑳ $90-71=$

大腦挑戰！ 算出今年的元旦是星期幾。

前頁解答 ①49 ②35 ③77 ④37 ⑤413 ⑥7 ⑦1700 ⑧19 ⑨100 ⑩71 ⑪134 ⑫32 ⑬61 ⑭1460 ⑮3 ⑯224 ⑰43 ⑱256 ⑲2 ⑳9 大腦挑戰！…0.125

意識到日常生活中的計算。

文字問題

293 天

學習日期	月	日	答對題數
目標 2分	實際花費	分	/2

1 甲～己之中的水果，哪兩種的數目一樣？

找找看

甲 乙 丙 丁 戊 己

答案

□和□

2 使用以下現金恰好可購買甲～丁之中某2件商品，請問是買哪2件？

計算

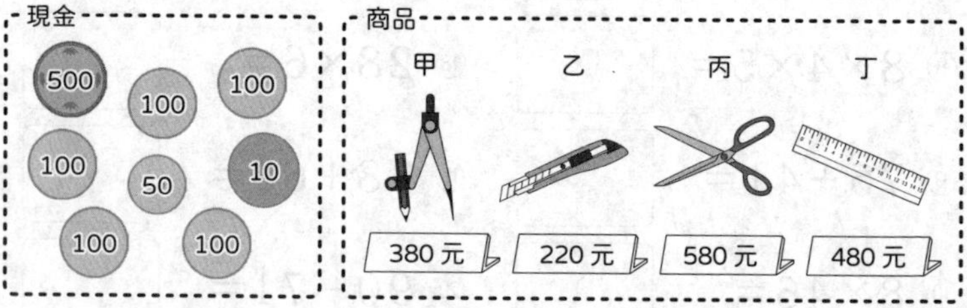

答案

□和□

←前頁解答 ①83 ②13 ③38 ④378 ⑤38 ⑥118 ⑦3 ⑧160 ⑨116 ⑩368 ⑪7 ⑫161 ⑬3 ⑭11 ⑮34 ⑯605 ⑰19 ⑱168 ⑲141 ⑳19

不要被不相干的數字迷惑。

294天

文字問題

學習日期 月 日

目標 2分　實際花費 分

答對題數 /4

1 回答下列問題。

計算

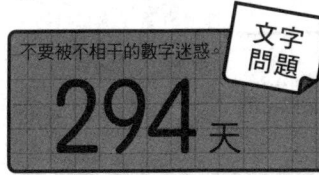

① 將醬油 50 毫升、醋 50 毫升、沙拉油 100 毫升混合起來，製作出油醋醬。請問做出的油醋醬總共是幾毫升？

② 每天花 15 分鐘寫 12 題計算練習，有些日子可能只花 10 分鐘。每天都寫 12 題，連續寫 30 天，請問全部總共寫了幾題計算練習？

③ 1 瓶 2 公升的咖啡買了 3 瓶，1 瓶 1.5 公升的茶買了 4 瓶。請問買了總共幾公升的飲料？

①

②

③

2 將下圖黑白顏色反過來後會變成哪一個圖？寫出代號作答。

圖形

答案

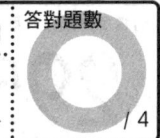

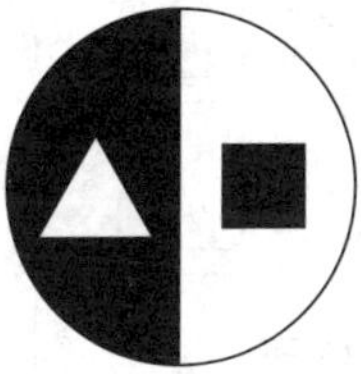

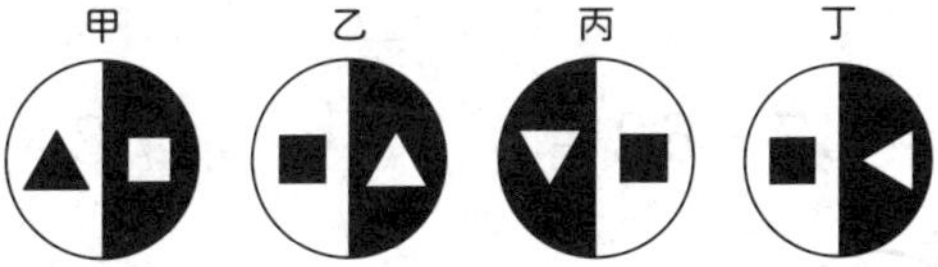

前頁解答　1 甲和己　2 丙和丁

297

確實掌握自己的速度。 295 天	四則運算	學習日期 月 日	答對題數 /20
		目標 3分 實際花費 分	

算出下列答案。

① $64-37=$

② $90-71=$

③ $79+51=$

④ $56\times4=$

⑤ $48\div6=$

⑥ $65-31=$

⑦ $5\times69=$

⑧ $40\times39=$

⑨ $35+71=$

⑩ $67-62=$

⑪ $70\div5=$

⑫ $2\times23-2=$

⑬ $28-9-9=$

⑭ $76\div4=$

⑮ $6\times67=$

⑯ $55+36=$

⑰ $66+2=$

⑱ $29-8\times3=$

⑲ $65-7=$

⑳ $8\times4+26=$

大腦挑戰！ 心算出 11×48 的答案。

前頁解答 1 ①200 毫升 ②360 題 ③12 公升 2 甲

持續努力所帶來的禮物。

296 天

四則運算

學習日期	月 日	答對題數
目標 3分	實際花費 分	/ 20

算出下列答案。

① $73-9=$ □

② $47\times 6=$ □

③ $96\div 32=$ □

④ $52\div 4=$ □

⑤ $89-19=$ □

⑥ $9\times 49=$ □

⑦ $85\times 3=$ □

⑧ $24+61=$ □

⑨ $60\div 6=$ □

⑩ $74-20=$ □

⑪ $21\times 7+7=$ □

⑫ $88+74=$ □

⑬ $43-36=$ □

⑭ $68-26=$ □

⑮ $15\times 60=$ □

⑯ $74-53=$ □

⑰ $79+69=$ □

⑱ $57-2=$ □

⑲ $11\times 29=$ □

⑳ $22\div 2-1=$ □

大腦挑戰！ 15000 元打 7 折是多少錢？

←前頁解答 ①27 ②19 ③130 ④224 ⑤8 ⑥34 ⑦345 ⑧1560 ⑨106 ⑩5 ⑪14 ⑫44 ⑬10 ⑭19 ⑮402 ⑯91 ⑰68 ⑱5 ⑲58 ⑳58 大腦挑戰！…528

從不厭倦挑戰。

297 天

填空問題

學習日期	月	日	答對題數
目標 3分	實際花費	分	/20

以下□填入數字或運算符號（＋、－、×、÷）來回答。

① □÷29＝4	⑪ 78÷□＝13
② □÷7＝1	⑫ 6×□＝474
③ 30÷□＝5	⑬ □÷2＝70
④ 80－□＝20	⑭ □－16＝2
⑤ 58□47＝105	⑮ 58×□＝174
⑥ □÷10＝36	⑯ 4×□＝268
⑦ 85÷□＝17	⑰ 0＋□＝48
⑧ □÷7＝80	⑱ 27□3＝24
⑨ □＋62＝71	⑲ 20÷□＝10
⑩ □＋21＝109	⑳ □÷27＝6

大腦挑戰！ 3 分鐘前進了 500 公尺。請問時速是幾公里？

前頁解答 ①64 ②282 ③3 ④13 ⑤70 ⑥441 ⑦255 ⑧85 ⑨10 ⑩54 ⑪154 ⑫162 ⑬7 ⑭42 ⑮900 ⑯21 ⑰148 ⑱55 ⑲319 ⑳10 大腦挑戰！…10500元

已經成為計算專家。 **298** 天 四則運算	學習日期　月　日 目標 3分　實際花費　分	答對題數 / 20

算出下列答案。

① $7\times56=$

② $67+55=$

③ $10+6\times3=$

④ $26+68=$

⑤ $56-43=$

⑥ $58\times9=$

⑦ $72\div18=$

⑧ $25+62=$

⑨ $33\times40=$

⑩ $60-54=$

⑪ $42-8=$

⑫ $84\div28=$

⑬ $49+72=$

⑭ $53-29=$

⑮ $27\times30=$

⑯ $96\times6=$

⑰ $44\times4=$

⑱ $25-14-7=$

⑲ $6+1+26=$

⑳ $5+4\times14=$

大腦挑戰！ 將 $\frac{3}{2}$ 寫成小數。

←前頁解答 ①116 ②7 ③6 ④60 ⑤＋ ⑥360 ⑦5 ⑧560 ⑨9 ⑩88 ⑪6 ⑫79 ⑬140 ⑭18 ⑮3 ⑯67 ⑰48 ⑱－ ⑲2 ⑳162　大腦挑戰！…時速10公里

挑戰速度的極限。 四則運算	學習日期 月 日	答對題數
299 天	目標 2分　實際花費 分	/ 20

算出下列答案。

① 99×9=

② 5−4+28=

③ 45−24=

④ 48×4=

⑤ 28+3×8=

⑥ 50×32=

⑦ 91÷13=

⑧ 97−64=

⑨ 2×24×5=

⑩ 45−43=

⑪ 51−8=

⑫ 89−14=

⑬ 84÷14=

⑭ 42÷42=

⑮ 13×8−4=

⑯ 66+17=

⑰ 99÷3=

⑱ 1+7+29=

⑲ 28×50=

⑳ 34−22=

大腦挑戰！ 算出1年前的今天是星期幾。

前頁解答 ①392 ②122 ③28 ④94 ⑤13 ⑥522 ⑦4 ⑧87 ⑨1320 ⑩6 ⑪34 ⑫3 ⑬121 ⑭24 ⑮810 ⑯576 ⑰176 ⑱4 ⑲33 ⑳61 大腦挑戰！…1.5

今天完成300天～！

300天

文字問題

學習日期　月　日

目標 2分　實際花費　分

答對題數 /2

1 右邊表格內的英文字母，哪一個和左邊表格不一樣。請把這個英文字母寫出來。

找找看

C	w	y	F	G
l	e	Z	z	j
J	O	S	g	n
e	x	b	B	r
x	W	S	l	B

C	w	y	F	G
i	e	Z	z	j
J	O	S	g	n
e	x	b	B	r
x	W	S	l	B

答案

2 下列三角形中的數字，是按照某種規則排列。請回答「？」會是什麼數字。

解謎

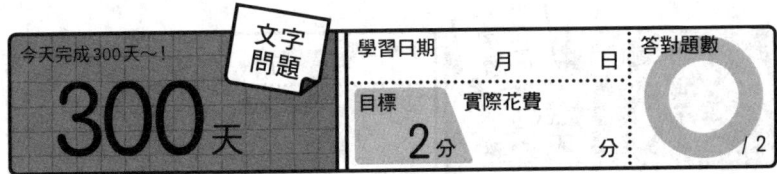

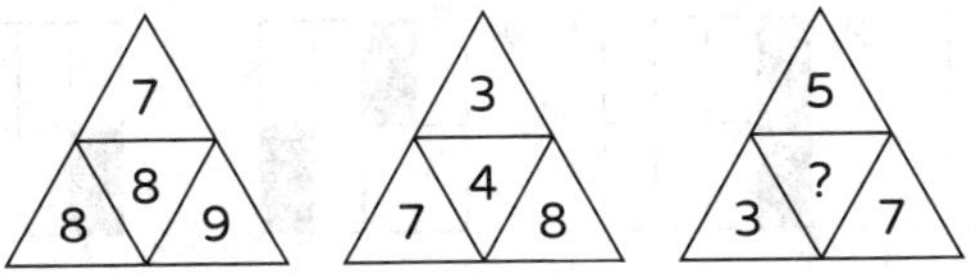

答案

熟悉柔軟有彈性的思考方式。

301天 文字問題

學習日期　　月　　日

目標 2分　實際花費　　分

答對題數　　/4

1 數數看下列圖形的個數，填入與空格甲～丙相對應的數字。

計算

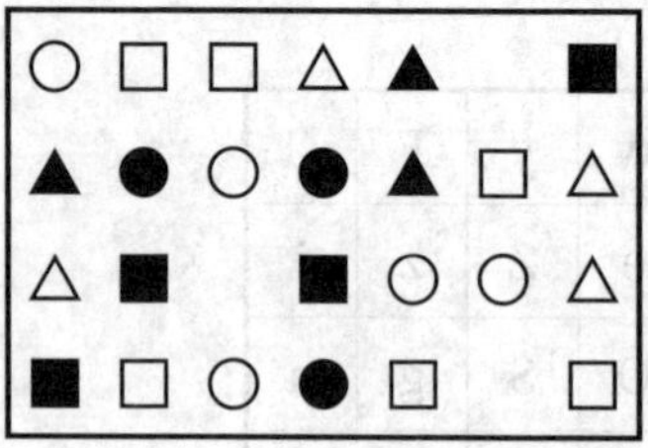

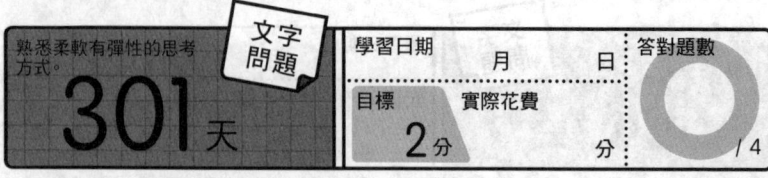

	三角形	圓形	方形	合計
黑			甲	
白	乙			
合計				丙

甲

乙

丙

2 □內會是哪個圖形？從甲～丁之中選出答案。

圖形

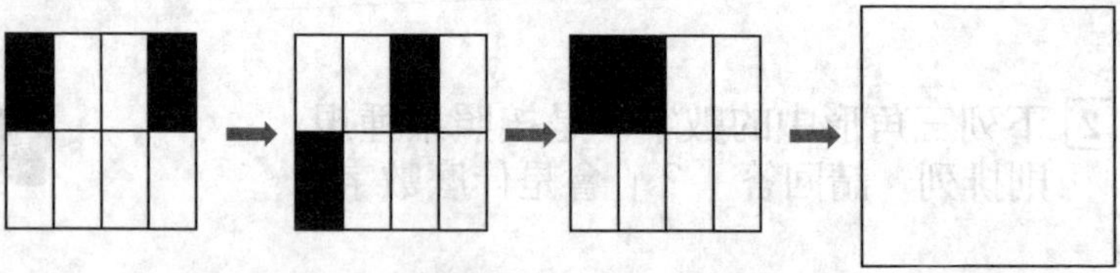

甲

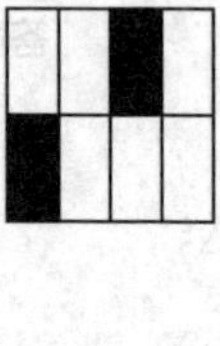

乙

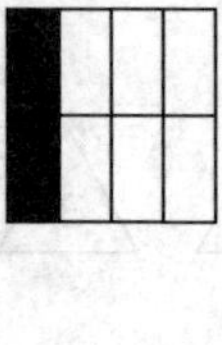

丙

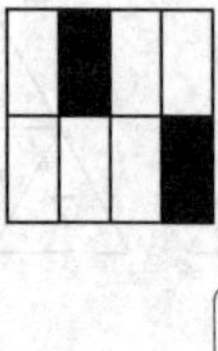

丁

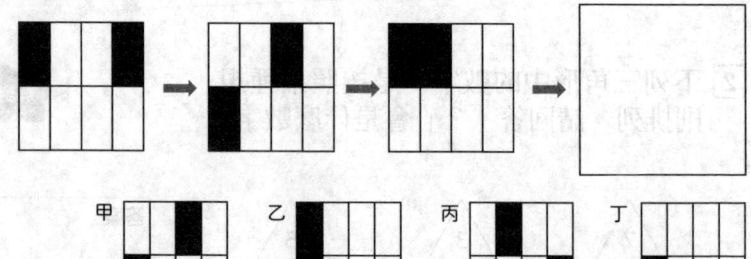

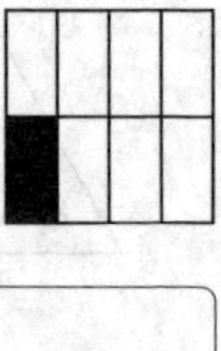

答案

有時候從⑳倒著寫回來。

302天

四則運算

學習日期	月	日	答對題數
目標 3分	實際花費	分	/ 20

算出下列答案。

① $69 \times 7 =$

② $60 + 60 =$

③ $32 - 9 - 3 =$

④ $54 \div 2 =$

⑤ $42 \times 60 =$

⑥ $8 + 39 + 5 =$

⑦ $30 \div 6 - 1 =$

⑧ $8 \times 54 =$

⑨ $28 \times 4 - 2 =$

⑩ $7 \times 8 + 33 =$

⑪ $9 \times 4 - 27 =$

⑫ $11 \times 22 =$

⑬ $32 \div 16 =$

⑭ $74 \div 2 =$

⑮ $97 + 34 =$

⑯ $9 - 12 + 34 =$

⑰ $6 \times 6 - 33 =$

⑱ $93 - 60 =$

⑲ $32 \div 4 =$

⑳ $11 \times 63 =$

大腦挑戰！ 心算出 11×49 的答案。

前頁解答 1 甲4 乙4 丙25 2 乙【其中一塊是上、下、上、下移動，另一塊是從右邊往左一格一格移動。】

目標全對。	四則運算	學習日期 月 日	答對題數
303 天		目標 3分 實際花費 分	/ 20

算出下列答案。

① 50＋51＝

② 27÷9＝

③ 40×17＝

④ 53＋19＝

⑤ 4×9－22＝

⑥ 54÷9＝

⑦ 4×53＝

⑧ 90÷3＝

⑨ 91－70＝

⑩ 65－49＝

⑪ 40×43＝

⑫ 28×5－3＝

⑬ 2×6×25＝

⑭ 84÷7＝

⑮ 72－37＝

⑯ 24＋8×8＝

⑰ 56÷7＝

⑱ 56＋58＝

⑲ 40×21＝

⑳ 7＋9＋39＝

大腦挑戰！ 2980 元打 9 折是多少錢？

前頁解答 ①483 ②120 ③20 ④27 ⑤2520 ⑥52 ⑦4 ⑧432 ⑨110 ⑩89 ⑪9 ⑫242 ⑬2 ⑭37 ⑮131 ⑯31 ⑰3 ⑱33 ⑲8 ⑳693 大腦挑戰！…539

今天也因為練習感到神清氣爽。

304天

填空問題

學習日期	月 日	答對題數
目標 3分	實際花費 分	/ 20

以下□填入數字或運算符號（＋、－、×、÷）來回答。

① □ +47=133

② □ −8=45

③ 74− □ =68

④ 99÷ □ =9

⑤ □ ×22=66

⑥ □ −9=30

⑦ □ ×8=760

⑧ □ ×60=3300

⑨ 8 □ 4=32

⑩ 63÷ □ =21

⑪ □ ×11=484

⑫ 93÷ □ =31

⑬ 35+ □ =81

⑭ 38+ □ =57

⑮ □ −37=31

⑯ □ ÷47=1

⑰ □ −48=16

⑱ 72× □ =3600

⑲ □ −4=8

⑳ □ ×3=291

大腦挑戰！ 5分鐘前進了1500公尺。請問時速是幾公里？

前頁解答 ①101 ②3 ③680 ④72 ⑤14 ⑥6 ⑦212 ⑧30 ⑨21 ⑩16 ⑪1720 ⑫137 ⑬300 ⑭12 ⑮35 ⑯88 ⑰8 ⑱114 ⑲840 ⑳55 大腦挑戰！…2682元

每一題都很重要。	四則運算	學習日期　月　日	答對題數
305天		目標 3分　實際花費　分	/20

算出下列答案。

① 79×6＝

② 69＋64＝

③ 8＋6×22＝

④ 7＋35＋8＝

⑤ 94－13＝

⑥ 3×54＝

⑦ 20×65＝

⑧ 75÷15＝

⑨ 63＋64＝

⑩ 66＋50＝

⑪ 78×11＝

⑫ 64－5＝

⑬ 64－51＝

⑭ 84÷6＝

⑮ 29×5－2＝

⑯ 38＋3－5＝

⑰ 99＋33＝

⑱ 6×53＝

⑲ 64＋10＝

⑳ 83－16＝

大腦挑戰！

將 $\frac{5}{4}$ 寫成小數。

前頁解答 ①86 ②53 ③6 ④11 ⑤3 ⑥39 ⑦95 ⑧55 ⑨× ⑩3 ⑪44 ⑫3 ⑬46 ⑭19 ⑮68 ⑯47 ⑰64 ⑱50 ⑲12 ⑳97 大腦挑戰！…時速18公里

每天都要確實寫功課！

306天

四則運算

學習日期　月　日

目標 2分　實際花費　分

答對題數　/20

算出下列答案。

① 77×2＝	⑪ 24×2－5＝
② 90÷5＝	⑫ 74＋3＝
③ 8＋4＋34＝	⑬ 30×66＝
④ 30×20＝	⑭ 99－57＝
⑤ 42＋14＝	⑮ 5×4×10＝
⑥ 65÷5＝	⑯ 30－25＝
⑦ 34÷17＝	⑰ 29×2＋7＝
⑧ 78＋61＝	⑱ 79×3＝
⑨ 90＋69＝	⑲ 84÷12＝
⑩ 33－6×5＝	⑳ 83＋19＝

大腦挑戰！算出今年自己的生日是星期幾。

前頁解答　①474 ②133 ③140 ④50 ⑤81 ⑥162 ⑦1300 ⑧5 ⑨127 ⑩116 ⑪858 ⑫59 ⑬13 ⑭14 ⑮143 ⑯36 ⑰132 ⑱318 ⑲74 ⑳67　大腦挑戰！…1.25

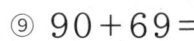

注意大腦的健康。

文字問題

307天

學習日期	月 日	答對題數
目標 2分	實際花費 分	/4

1 以下用國字表示的數字，請用阿拉伯數字寫出來。 計算

① 八十四億零四十萬零六百一十七 ①

② 三百六十億零七百萬五千 ②

③六千二百七十五億零七百二十 ③

2 如下圖，使用火柴棒組合出正六邊形。如果要組合出 6 個正六邊形，全部需要幾支火柴棒？ 圖形

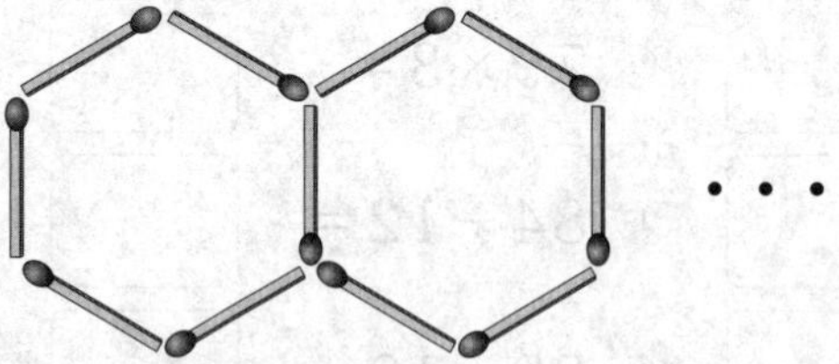

答案

前頁解答 ①154 ②18 ③46 ④600 ⑤56 ⑥13 ⑦2 ⑧139 ⑨159 ⑩3 ⑪43 ⑫77 ⑬1980 ⑭42 ⑮200 ⑯5 ⑰65 ⑱237 ⑲7 ⑳102

開心就贏了。

308天

文字問題

學習日期	月	日	答對題數
目標 2分	實際花費	分	/7

1 讀了書，總共花了幾分鐘呢？ 計算

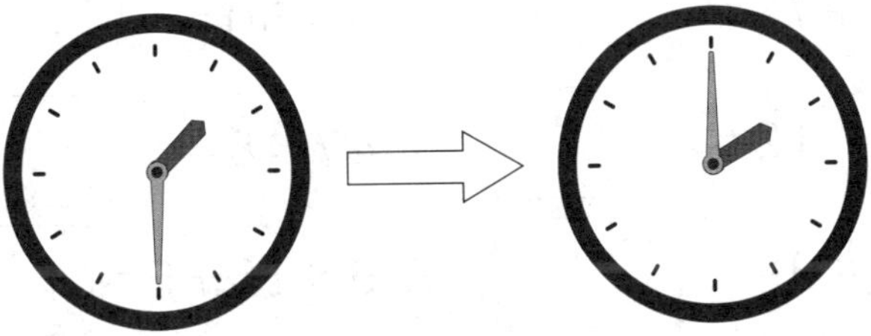

答案

2 相鄰⬡中的數字相加，會變成上方⬡中的數字。請在甲～己的位置填入相對應的數字。 解謎

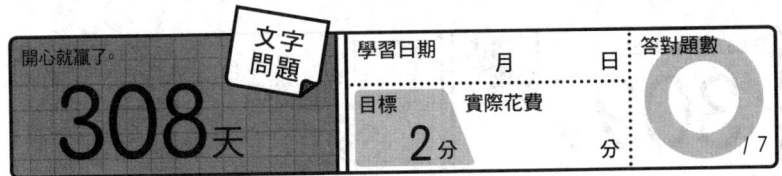

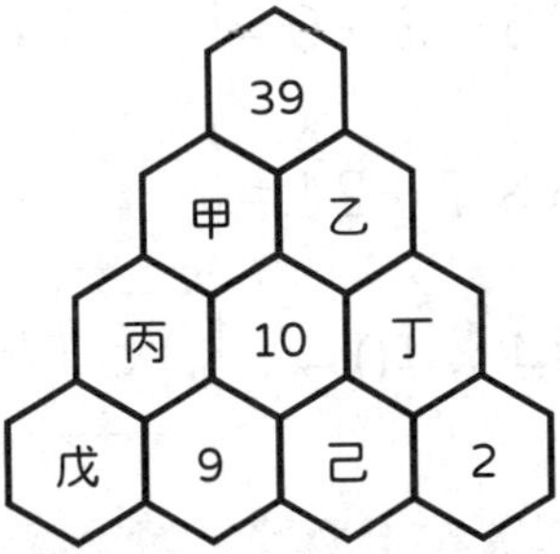

甲	乙
丙	丁
戊	己

前頁解答
1 ①8,400,400617 ②36,007,005,000 ③627,500,000,720
2 31支

努力的結晶在這裡！

309天

四則運算

學習日期	月 日	答對題數
目標 3分	實際花費 分	/20

算出下列答案。

① $30+73=$ ☐

② $60\div12=$ ☐

③ $46\times9=$ ☐

④ $38+7+4=$ ☐

⑤ $30\times21=$ ☐

⑥ $78\div6=$ ☐

⑦ $11\times73=$ ☐

⑧ $7-4+33=$ ☐

⑨ $26+50=$ ☐

⑩ $27\times2-6=$ ☐

⑪ $8\times50=$ ☐

⑫ $47\times8=$ ☐

⑬ $9\times15+5=$ ☐

⑭ $69\div3=$ ☐

⑮ $45+74=$ ☐

⑯ $35-0\times7=$ ☐

⑰ $9\times56=$ ☐

⑱ $35-3-9=$ ☐

⑲ $6\times7-21=$ ☐

⑳ $34\times40=$ ☐

大腦挑戰！ 心算出 11×51 的答案。

前頁解答 1 30分鐘 2 甲26 乙13 丙16 丁3 戊7 己1

大腦挑戰也要確實練習！

310 天

四則運算

學習日期	月 日	答對題數
目標 3分	實際花費 分	/ 20

算出下列答案。

① $4 \times 72 =$	⑪ $8 + 1 + 37 =$
② $62 + 64 =$	⑫ $92 + 27 =$
③ $45 - 10 =$	⑬ $9 \times 6 + 33 =$
④ $57 \times 2 =$	⑭ $40 \times 54 =$
⑤ $61 + 11 =$	⑮ $87 - 21 =$
⑥ $30 - 5 - 1 =$	⑯ $35 - 4 \times 7 =$
⑦ $86 + 71 =$	⑰ $97 + 66 =$
⑧ $57 \div 19 =$	⑱ $99 \div 1 =$
⑨ $69 - 14 =$	⑲ $76 + 70 =$
⑩ $59 \times 11 =$	⑳ $40 \times 62 =$

大腦挑戰！

5980 元打 8 折是多少錢？

前頁解答 ①103 ②5 ③414 ④49 ⑤630 ⑥13 ⑦803 ⑧36 ⑨76 ⑩48 ⑪400 ⑫376 ⑬140 ⑭23 ⑮119 ⑯35 ⑰504 ⑱23 ⑲21 ⑳1360 大腦挑戰！…561

大腦回春的方法。

填空問題

311 天

學習日期	月 日	答對題數
目標 3分	實際花費 分	/ 20

以下□填入數字或運算符號（＋、－、×、÷）來回答。

① 89＋□＝155	⑪ □×61＝183
② □÷7＝7	⑫ □＋64＝123
③ 99×□＝198	⑬ 84÷□＝12
④ 21□7＝3	⑭ 57＋□＝118
⑤ 74＋□＝82	⑮ 6＋□＝75
⑥ 304÷□＝8	⑯ 54÷□＝18
⑦ □＋32＝52	⑰ □×3＝57
⑧ □－0＝29	⑱ 88÷□＝2
⑨ 85＋□＝97	⑲ 70÷□＝14
⑩ □×20＝260	⑳ 70□70＝0

大腦挑戰！

45 分鐘前進了 30 公里。請問時速是幾公里？

前頁解答
①288 ②126 ③35 ④114 ⑤72 ⑥24 ⑦157 ⑧3 ⑨55 ⑩649 ⑪46 ⑫119
⑬87 ⑭2160 ⑮66 ⑯7 ⑰163 ⑱99 ⑲146 ⑳2480 大腦挑戰！…4784元

計算再也不算難事！

312 天

四則運算

學習日期	月 日	答對題數
目標 3分	實際花費 分	/20

算出下列答案。

① 88×11＝

② 87÷29＝

③ 99＋20＝

④ 25×80＝

⑤ 31×3＋5＝

⑥ 64×20＝

⑦ 84－36＝

⑧ 99÷9＝

⑨ 68－31＝

⑩ 34×7＝

⑪ 37－37＝

⑫ 24－7－4＝

⑬ 14×6＋4＝

⑭ 25＋8×2＝

⑮ 72÷4＝

⑯ 76＋9＝

⑰ 3×7＋28＝

⑱ 72－48＝

⑲ 36×40＝

⑳ 19＋6×9＝

大腦挑戰！ 將 $\frac{7}{2}$ 寫成小數。

前頁解答 ①66 ②49 ③2 ④÷ ⑤8 ⑥38 ⑦20 ⑧29 ⑨12 ⑩13 ⑪3 ⑫59 ⑬7 ⑭61 ⑮69 ⑯3 ⑰19 ⑱44 ⑲5 ⑳－ 大腦挑戰！…時速40公里

一口氣寫完吧！ 313 天	四則運算	學習日期 月 日	答對題數
		目標 2分 實際花費 分	/20

算出下列答案。

① 50×54＝

② 88÷4＝

③ 52－21＝

④ 2×9＋32＝

⑤ 48÷6＝

⑥ 54÷3＝

⑦ 75－74＝

⑧ 36＋4×4＝

⑨ 7×68＝

⑩ 30－3－9＝

⑪ 10＋65＝

⑫ 81×30＝

⑬ 72÷6＝

⑭ 97－42＝

⑮ 2＋24×8＝

⑯ 49－48＝

⑰ 85÷5＝

⑱ 73－24＝

⑲ 79×4＝

⑳ 39＋7×8＝

大腦挑戰！ 自己出5題計算。

前頁解答 ①968 ②3 ③119 ④2000 ⑤98 ⑥1280 ⑦48 ⑧11 ⑨37 ⑩238 ⑪0 ⑫13 ⑬88 ⑭41 ⑮18 ⑯85 ⑰49 ⑱24 ⑲1440 ⑳73 大腦挑戰！…3.5

認真面對這1題。

314天

圖形問題

學習日期 月 日

目標 1分 實際花費 分

答對題數 /1

最輕的是哪一個？

計算

答案

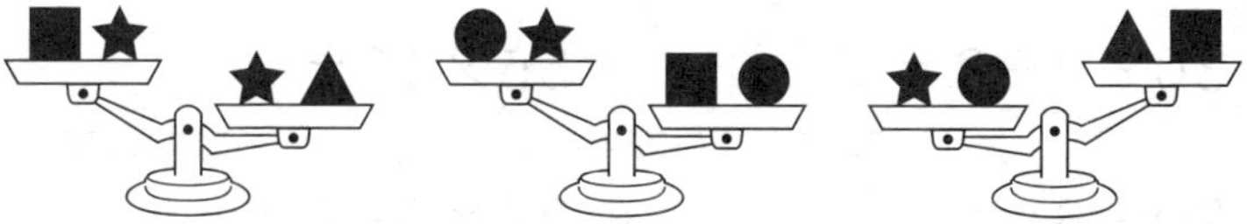

甲 ▲ 乙 ● 丙 ■ 丁 ★

今天大腦也非常活躍！

315天

圖形問題

學習日期 月 日

目標 2分 實際花費 分

答對題數 /1

重量關係如下圖，請問問號處應該要放上什麼？

計算

答案

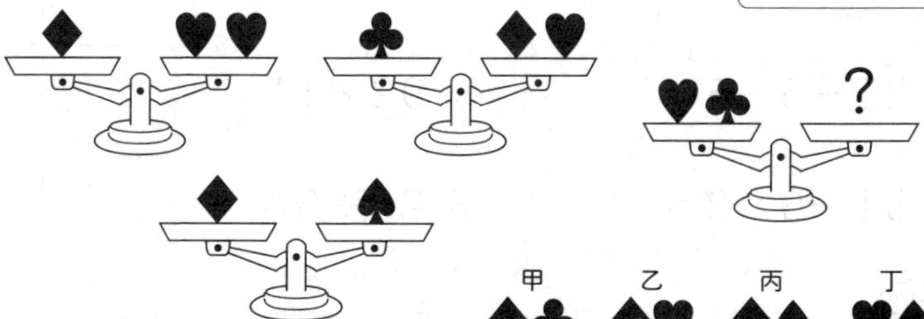

甲 ♦♣ 乙 ♦♥ 丙 ♦♠ 丁 ♥♠

前頁解答 ①2700 ②22 ③31 ④50 ⑤8 ⑥18 ⑦1 ⑧ 52 ⑨476 ⑩18 ⑪75 ⑫2430 ⑬12 ⑭55 ⑮194 ⑯1 ⑰17 ⑱49 ⑲316 ⑳95

今天、明天、大後天都要練習。 四則運算

316 天

學習日期 月 日

目標 3分 實際花費 分

答對題數 / 20

算出下列答案。

① 57÷19＝

② 30－2－3＝

③ 90÷6＝

④ 87－63＝

⑤ 51＋65＝

⑥ 34÷17＝

⑦ 83×7＝

⑧ 59－48＝

⑨ 21－5－5＝

⑩ 31－6×2＝

⑪ 81＋52＝

⑫ 55×40＝

⑬ 26×3＋8＝

⑭ 6×66＝

⑮ 4×8－5＝

⑯ 5＋25×3＝

⑰ 94＋50＝

⑱ 9×53＝

⑲ 92×11＝

⑳ 25÷5＝

大腦挑戰！ 將「計算問題」四字的筆劃全部相加。

前頁解答 第314天 丁 第315天 丙

剩下50天～！

317 天

四則運算

學習日期	月 日	答對題數
目標 3分	實際花費 分	/ 20

算出下列答案。

① $84-33=$ □

② $57\times30=$ □

③ $60\div2=$ □

④ $95\div5=$ □

⑤ $1-7+30=$ □

⑥ $55+28=$ □

⑦ $84\div7=$ □

⑧ $54+59=$ □

⑨ $8\times8-35=$ □

⑩ $60\div15=$ □

⑪ $76-5=$ □

⑫ $60\times41=$ □

⑬ $80+19=$ □

⑭ $12\div6+6=$ □

⑮ $86-66=$ □

⑯ $28\times5-7=$ □

⑰ $39\times11=$ □

⑱ $96\times7=$ □

⑲ $48\times20=$ □

⑳ $6\times9-22=$ □

大腦挑戰！ 打完5折後是1600元，請問原價多少錢？

前頁解答 ①3 ②25 ③15 ④24 ⑤116 ⑥2 ⑦581 ⑧11 ⑨11 ⑩19 ⑪133 ⑫2200 ⑬86 ⑭396 ⑮27 ⑯80 ⑰144 ⑱477 ⑲1012 ⑳5 大腦挑戰！…52劃

也可以推薦給家人和朋友。

318天

填空問題

學習日期	月 日	答對題數
目標 3分	實際花費 分	/20

以下□填入數字或運算符號（＋、－、×、÷）來回答。

① □÷60＝8

② 16＋□＝44

③ □÷25＝5

④ 63－□＝46

⑤ 34－□＝22

⑥ □＋17＝76

⑦ 3□3＝1

⑧ □＋62＝68

⑨ 74÷□＝37

⑩ □×6＝162

⑪ □＋7＝75

⑫ 74÷□＝37

⑬ 90÷□＝15

⑭ □－0＝3

⑮ □÷42＝4

⑯ 36□9＝4

⑰ □×51＝204

⑱ 33＋□＝88

⑲ 91×□＝1820

⑳ 67＋□＝118

大腦挑戰！

將21～23之間的整數全部相加。

前頁解答 ①51 ②1710 ③30 ④19 ⑤24 ⑥83 ⑦12 ⑧113 ⑨29 ⑩4 ⑪71 ⑫2460 ⑬99 ⑭8 ⑮20 ⑯133 ⑰429 ⑱672 ⑲960 ⑳21 大腦挑戰！…3200元

到最後都不可以鬆懈。

319 天

四則運算

學習日期	月 日	答對題數
目標 3分	實際花費 分	/ 20

算出下列答案。

① 57－48＝

② 31－5－8＝

③ 72－52＝

④ 84÷3＝

⑤ 2＋6×23＝

⑥ 72＋42＝

⑦ 11×73＝

⑧ 59－39＝

⑨ 64＋63＝

⑩ 7×4＋25＝

⑪ 85×5＝

⑫ 63－57＝

⑬ 75－3＝

⑭ 43＋59＝

⑮ 54÷18＝

⑯ 66＋70＝

⑰ 45÷5＝

⑱ 54＋28＝

⑲ 35＋5×9＝

⑳ 6×73＝

大腦挑戰！ 2003 年是民國幾年？

前頁解答 ①480 ②28 ③125 ④17 ⑤12 ⑥59 ⑦÷ ⑧6 ⑨2 ⑩27 ⑪68 ⑫2 ⑬6 ⑭3 ⑮168 ⑯÷ ⑰4 ⑱55 ⑲20 ⑳51 大腦挑戰！…66

應該可以寫得更快。

四則運算

320 天

學習日期	月 日	答對題數
目標 2分	實際花費 分	/20

算出下列答案。

① 51÷17＝	⑪ 31＋69＝
② 95×4＝	⑫ 78＋56＝
③ 36÷4＝	⑬ 76－10＝
④ 9×69＝	⑭ 97＋8＝
⑤ 24＋68＝	⑮ 38－5－7＝
⑥ 7×9－35＝	⑯ 18×3＋8＝
⑦ 32÷8＝	⑰ 11×67＝
⑧ 56－11＝	⑱ 54÷9＝
⑨ 72×6＝	⑲ 68÷17＝
⑩ 82×7＝	⑳ 92＋6＝

大腦挑戰！ 自己小學四年級的時候是西元幾年？

←前頁解答 ①9 ②18 ③20 ④28 ⑤140 ⑥114 ⑦803 ⑧20 ⑨127 ⑩53 ⑪425 ⑫6 ⑬72 ⑭102 ⑮3 ⑯136 ⑰9 ⑱82 ⑲80 ⑳438 大腦挑戰！…民國92年

不管是誰都可能犯錯。

321天

文字問題

學習日期	月 日	答對題數
目標 2分	實際花費 分	/2

1 從下列卡片中選出5張，組合成一個最接近「3000」的數。

解謎

6　4　3　0　8　5　3

9　2　4　1　0　8　5

答案

2 以下只有一個圖形和其他不同。找找看，使用A–1這樣的座標來表示。

找找看

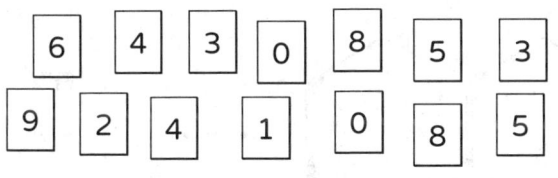

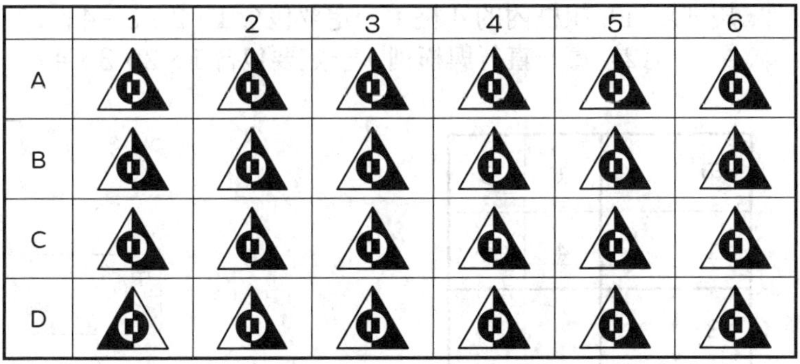

答案

◀前頁解答 ①3 ②380 ③9 ④621 ⑤92 ⑥28 ⑦4 ⑧45 ⑨432 ⑩574 ⑪100 ⑫134 ⑬66 ⑭105 ⑮26 ⑯62 ⑰737 ⑱6 ⑲4 ⑳98

出題給別人做做看。

文字問題

322 天

學習日期	月　日	答對題數
目標 2分	實際花費　分	/3

2 如下圖，使用火柴棒組合出正六邊形。如果全部使用 78 支火柴棒，最多會是組合出幾個正六邊形？

圖形

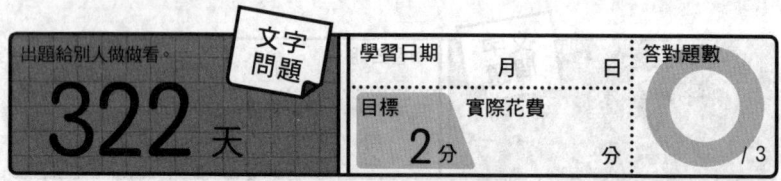

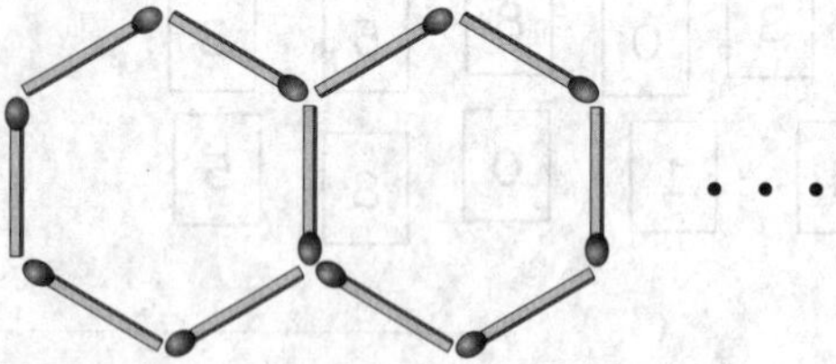

答案

2 遵照下列規則，填入符合的數字。請問空格甲和乙會是什麼數字？

解謎

《規則》（1）粗框內的 4 格，一定要包含 1、2、3、4。

（2）每一直行與橫列，一定要包含 1、2、3、4。

甲		1	3
1		4	2
3			
	4		乙

甲

乙

前頁解答 1 30012　2 D-1

在戶外寫題目也很開心。

323天

四則運算

學習日期	月	日	答對題數
目標 3分	實際花費	分	/20

算出下列答案。

① $90 \div 15 =$

② $70 - 43 =$

③ $45 - 38 =$

④ $63 \div 9 =$

⑤ $78 \div 6 =$

⑥ $39 + 6 \times 8 =$

⑦ $16 + 49 =$

⑧ $57 + 36 =$

⑨ $69 - 9 =$

⑩ $70 \times 70 =$

⑪ $4 \times 27 - 8 =$

⑫ $7 \times 32 =$

⑬ $6 \times 58 =$

⑭ $12 + 33 =$

⑮ $96 \div 8 =$

⑯ $21 \times 2 - 4 =$

⑰ $60 \div 4 =$

⑱ $99 - 15 =$

⑲ $72 + 56 =$

⑳ $34 - 4 - 3 =$

大腦挑戰！ 心算出 11×52 的答案。

前頁解答 1 15個　2 甲4　乙1

集中精神在當下！

324 天

四則運算

學習日期	答對題數
月 日	/20
目標 3分 實際花費 分	

算出下列答案。

① $66-38=$	⑪ $3\times8+34=$
② $61+15=$	⑫ $21\times40=$
③ $3+2\times29=$	⑬ $44\div22=$
④ $73\times30=$	⑭ $85\times30=$
⑤ $85\times11=$	⑮ $8+6\times29=$
⑥ $9+37+5=$	⑯ $61\times8=$
⑦ $67+58=$	⑰ $69-28=$
⑧ $62\div2=$	⑱ $12\div6=$
⑨ $4\times65=$	⑲ $4\times63=$
⑩ $48-31=$	⑳ $93-46=$

大腦挑戰！ 打完 8 折後是 800 元，請問原價多少錢？

前頁解答 ①6 ②27 ③7 ④7 ⑤13 ⑥87 ⑦65 ⑧93 ⑨60 ⑩4900 ⑪100 ⑫224 ⑬348 ⑭45 ⑮12 ⑯38 ⑰15 ⑱84 ⑲128 ⑳27 大腦挑戰！…572

3分鐘很短，卻也很重要。

325天

填空問題

學習日期	月　日	答對題數
目標 3分	實際花費　分	/20

以下□填入數字或運算符號（＋、－、×、÷）來回答。

① □－46＝48

② □×9＝531

③ 18÷□＝3

④ □＋2＝30

⑤ 41－□＝37

⑥ 40×□＝2480

⑦ □＋18＝21

⑧ 51÷□＝17

⑨ □÷2＝33

⑩ □×75＝300

⑪ 5□5＝10

⑫ 7－□＝6

⑬ 70＋□＝138

⑭ □×8＝384

⑮ 46□22＝68

⑯ 31－□＝6

⑰ 41×□＝287

⑱ □×3＝138

⑲ 58÷□＝29

⑳ □－4＝67

大腦挑戰！

將 23 ～ 25 之間的整數全部相加。

前頁解答 ①28 ②76 ③61 ④2190 ⑤935 ⑥51 ⑦125 ⑧31 ⑨260 ⑩17 ⑪58 ⑫840 ⑬2 ⑭2550 ⑮182 ⑯488 ⑰41 ⑱2 ⑲252 ⑳47　大腦挑戰！…1000元

逐漸提升難度。

326天

四則運算

學習日期	月 日	答對題數
目標 3分	實際花費 分	/20

算出下列答案。

① $9\times6-38=$

② $94+9=$

③ $93-68=$

④ $48\div8=$

⑤ $84\times4=$

⑥ $11\times66=$

⑦ $8\times5\times8=$

⑧ $54\div6=$

⑨ $4+4\times24=$

⑩ $6\times58=$

⑪ $65+37=$

⑫ $88-72=$

⑬ $21-2\times2=$

⑭ $97-33=$

⑮ $96\div6=$

⑯ $29+4\times2=$

⑰ $37-0=$

⑱ $89\times7=$

⑲ $5\times9+33=$

⑳ $90\times59=$

大腦挑戰！ 民國84年是西元幾年？

前頁解答 ①94 ②59 ③6 ④28 ⑤4 ⑥62 ⑦3 ⑧3 ⑨66 ⑩4 ⑪＋ ⑫1 ⑬68 ⑭48 ⑮＋ ⑯25 ⑰7 ⑱46 ⑲2 ⑳71 大腦挑戰！…72

給予大腦適當的負荷。

327 天

四則運算

學習日期	月 日	答對題數
目標 2分	實際花費 分	/ 20

算出下列答案。

① $99+50=$

② $7\times66=$

③ $50\times60=$

④ $49+36=$

⑤ $87\div29=$

⑥ $70-12=$

⑦ $19+38=$

⑧ $58-33=$

⑨ $26\times6+4=$

⑩ $78\div13=$

⑪ $97+60=$

⑫ $4\times6+31=$

⑬ $51\times20=$

⑭ $90\div18=$

⑮ $7\times7\times7=$

⑯ $52-19=$

⑰ $75\div5=$

⑱ $65-32=$

⑲ $35+6\times4=$

⑳ $93\div3=$

大腦挑戰！

自己高三的時候是西元幾年？

前頁解答

①16 ②103 ③25 ④6 ⑤336 ⑥726 ⑦320 ⑧9 ⑨100 ⑩348 ⑪102 ⑫16
⑬17 ⑭64 ⑮16 ⑯37 ⑰37 ⑱623 ⑲78 ⑳5310 大腦挑戰！…1995年

日益精進。
328 天

文字問題

學習日期	月 日	答對題數
目標 2分	實際花費 分	/2

1 下列國字，位置與意思相符的有幾個？

找找看

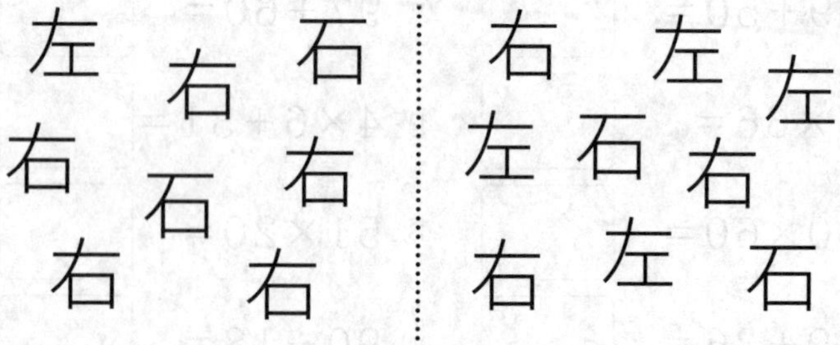

答案

2 甲～戊之中，能夠組成立方體的圖形，是哪一個？

圖形

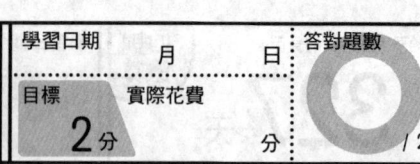

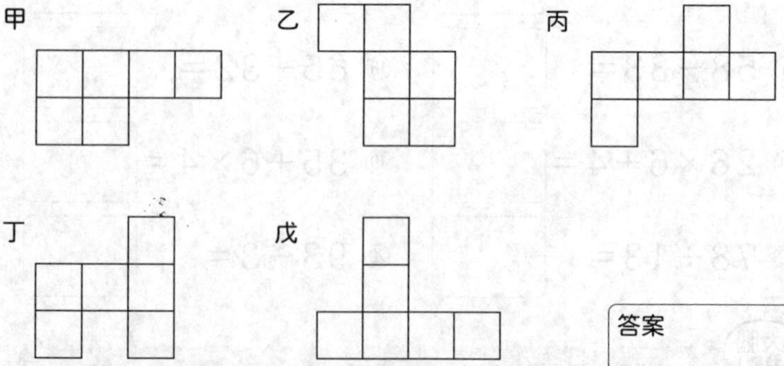

答案

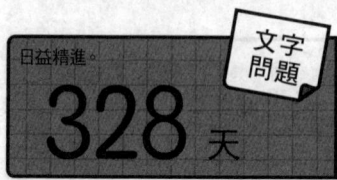

前頁解答 ①149 ②462 ③3000 ④85 ⑤3 ⑥58 ⑦57 ⑧25 ⑨160 ⑩6 ⑪157 ⑫55 ⑬1020 ⑭5 ⑮343 ⑯33 ⑰15 ⑱33 ⑲59 ⑳31

不難、不難。

329 天

| 文字問題 | 學習日期　　　　月　　　日 | 答對題數 |

| 目標 | 實際花費 |
| 2分 | 分 | /4 |

1 以下的數字，在（ ）內標明的位數進 行四捨五入。 　　　　　　　　　　　　　　　**計算**

① 15076（十位）

> ①

② 83999（千位）

> ②

③ 707000（千位）

> ③

2 使用以下現金恰好可購買甲～丁之中某 2件商品，請問是買哪2件？　　　　**計算**

現金

商品
甲　　乙　　丙　　丁
460元　220元　140元　370元

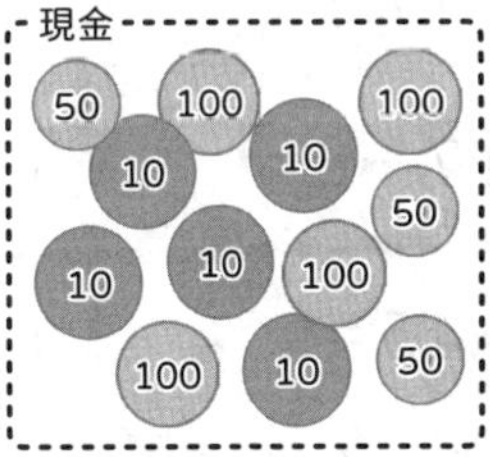

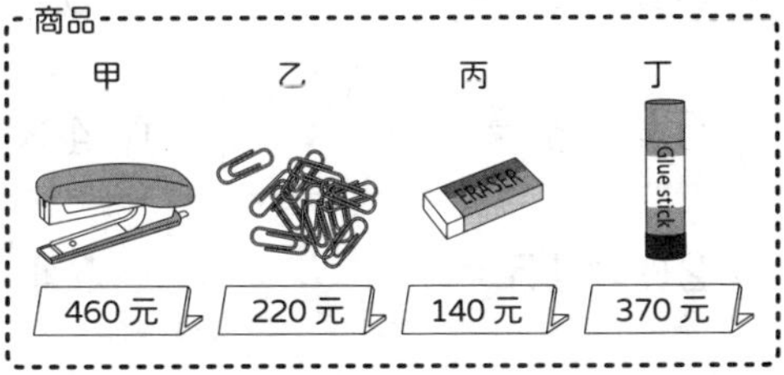

答案

> □ 和 □

◆前頁解答　　1 4個　　2 丙

已經寫完9成！ 330天	四則運算	學習日期 月 日	答對題數
		目標 3分 實際花費 分	/20

算出下列答案。

① $41-22=$

② $48\div12=$

③ $82+53=$

④ $38-2-9=$

⑤ $11\times28=$

⑥ $6+5\times27=$

⑦ $82-10=$

⑧ $54\div6=$

⑨ $20\times45=$

⑩ $4+28\div4=$

⑪ $99\div1=$

⑫ $9\times35=$

⑬ $84+3=$

⑭ $87+72=$

⑮ $48\div6=$

⑯ $41+67=$

⑰ $51\div17=$

⑱ $4\times17-6=$

⑲ $74-45=$

⑳ $61\times40=$

大腦挑戰！ 心算出 11×53 的答案。

前頁解答 1 ①15100 ②80000 ③710000 2 甲和丙

大腦清爽又健康。

331 天

四則運算

學習日期	月 日	答對題數
目標 3分	實際花費 分	/ 20

算出下列答案。

① 81÷27=

② 11×64=

③ 8×25−7=

④ 90+35=

⑤ 6+9+36=

⑥ 72÷2=

⑦ 95−32=

⑧ 7×72=

⑨ 66−51=

⑩ 3×24−6=

⑪ 7×53=

⑫ 45+41=

⑬ 90×15=

⑭ 7×5−32=

⑮ 63÷9=

⑯ 8+42=

⑰ 56÷7=

⑱ 86×7=

⑲ 56×4=

⑳ 65+45=

大腦挑戰！ 打完 7 折後是 1400 元，請問原價多少錢？

←前頁解答 ①19 ②4 ③135 ④27 ⑤308 ⑥141 ⑦72 ⑧9 ⑨900 ⑩11 ⑪99 ⑫315 ⑬87 ⑭159 ⑮8 ⑯108 ⑰3 ⑱62 ⑲29 ⑳2440 大腦挑戰！…583

不使用就會衰退。

332天

填空問題

學習日期	月 日	答對題數
目標 3分	實際花費 分	/20

以下□填入數字或運算符號（＋、－、×、÷）來回答。

① □－30＝49

② □×2＝56

③ 90＋□＝175

④ 7□2＝14

⑤ □×31＝217

⑥ 51÷□＝17

⑦ 71×□＝3550

⑧ □＋25＝99

⑨ 77÷□＝1

⑩ □＋65＝91

⑪ □÷23＝7

⑫ 6□2＝4

⑬ 54÷□＝6

⑭ □＋86＝163

⑮ 65×□＝585

⑯ □×42＝462

⑰ □＋88＝110

⑱ 79×□＝0

⑲ □－59＝33

⑳ □＋91＝101

大腦挑戰！ 將25～27之間的整數全部相加。

前頁解答 ①3 ②704 ③193 ④125 ⑤51 ⑥36 ⑦63 ⑧504 ⑨15 ⑩66 ⑪371 ⑫86 ⑬1350 ⑭3 ⑮7 ⑯50 ⑰8 ⑱602 ⑲224 ⑳110 大腦挑戰！…2000元

都是3！

四則運算

333天

學習日期	月	日	答對題數
目標	實際花費		
3分		分	/ 20

算出下列答案。

① 26×50＝ ☐

② 64÷8＋8＝ ☐

③ 7×69＝ ☐

④ 91－42＝ ☐

⑤ 84÷4＝ ☐

⑥ 88＋23＝ ☐

⑦ 65＋6＋3＝ ☐

⑧ 9×65＝ ☐

⑨ 78－35＝ ☐

⑩ 94＋63＝ ☐

⑪ 77×8＝ ☐

⑫ 51－47＝ ☐

⑬ 23＋58＝ ☐

⑭ 44÷11＝ ☐

⑮ 6＋59＋6＝ ☐

⑯ 56÷14＝ ☐

⑰ 96×50＝ ☐

⑱ 60÷3＋7＝ ☐

⑲ 95－24＝ ☐

⑳ 21×4＋6＝ ☐

大腦挑戰！

2010 年是民國幾年？

前頁解答 ①79 ②28 ③85 ④× ⑤7 ⑥3 ⑦50 ⑧74 ⑨77 ⑩26 ⑪161 ⑫－ ⑬9 ⑭77 ⑮9 ⑯11 ⑰22 ⑱0 ⑲92 ⑳10 大腦挑戰！…78

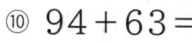

做得又快又好。

334天

四則運算

學習日期	月	日	答對題數
目標 2分	實際花費	分	/20

算出下列答案。

①	71－14＝	⑪	43－3×4＝
②	64÷2＋6＝	⑫	1＋9×26＝
③	96÷6＝	⑬	4－4＋66＝
④	39＋6＋8＝	⑭	16÷4＋4＝
⑤	5＋75÷5＝	⑮	87＋39＝
⑥	70－18＝	⑯	45×3－7＝
⑦	88×1＋9＝	⑰	86×11＝
⑧	87－37＝	⑱	25＋27＝
⑨	8×48＝	⑲	63－44＝
⑩	23＋59＝	⑳	97×9＝

大腦挑戰！ 自己初中或國中二年級的時候是西元幾年？

前頁解答 ①1300 ②16 ③483 ④49 ⑤21 ⑥111 ⑦74 ⑧585 ⑨43 ⑩157 ⑪616 ⑫4 ⑬81 ⑭4 ⑮71 ⑯4 ⑰4800 ⑱27 ⑲71 ⑳90 大腦挑戰！…民國99年

不要急躁輕率。

文字問題

335天

學習日期　　月　　日

目標　實際花費
2分　　　　分

答對題數

/ 2

1 甲～己之中的水果，哪兩種的數目一樣？

找找看

甲　乙　丙　丁　戊　己

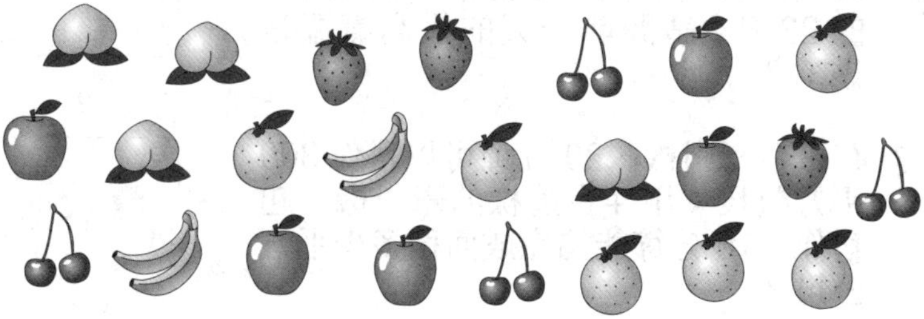

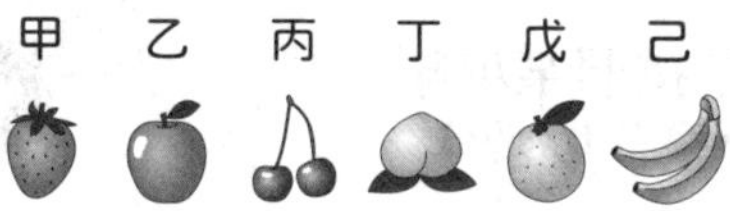

答案 ☐ 和 ☐

2 將下圖黑白顏色反過來後會變成哪一個圖？寫出代號作答。

圖形

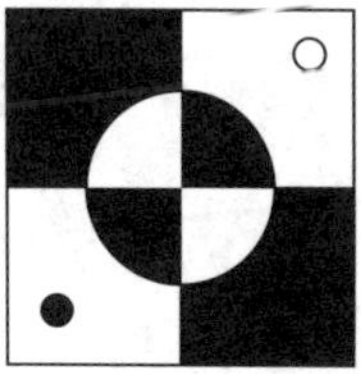

答案 ☐

甲　　乙　　丙　　丁

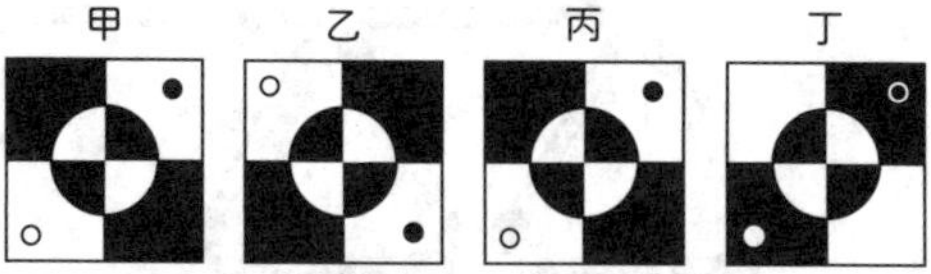

◆前頁解答
①57 ②38 ③16 ④53 ⑤20 ⑥52 ⑦97 ⑧50 ⑨384 ⑩82 ⑪31 ⑫235 ⑬66 ⑭8 ⑮126 ⑯128 ⑰946 ⑱52 ⑲19 ⑳873

創造力也提升！

文字問題

336 天

學習日期 月 日

目標 3分 實際花費 分

答對題數 /4

1 回答下列問題。 計算

① 某天的最高氣溫，是比前一天低 6℃ 的 23℃。請問前一天的最高氣溫是幾℃？

①

② 有 1 台牽引機，20 分鐘可以耕作 300 平方公尺。用 4 台這樣的牽引機一起耕作，10 分鐘能夠完成面積多少平方公尺？

②

2 下列三角形中的數字，是按照某種規則排列。請回答「？」會是什麼數字。 解謎

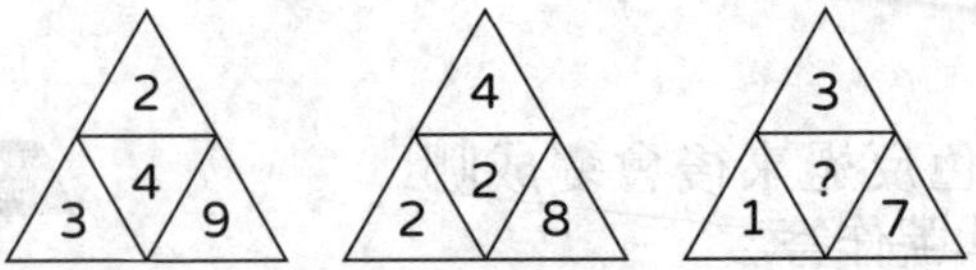

答案

3 如下圖，使用火柴棒組合出正三角形。如果全部使用 26 支火柴棒，最多會是組合出幾個正三角形？ 圖形

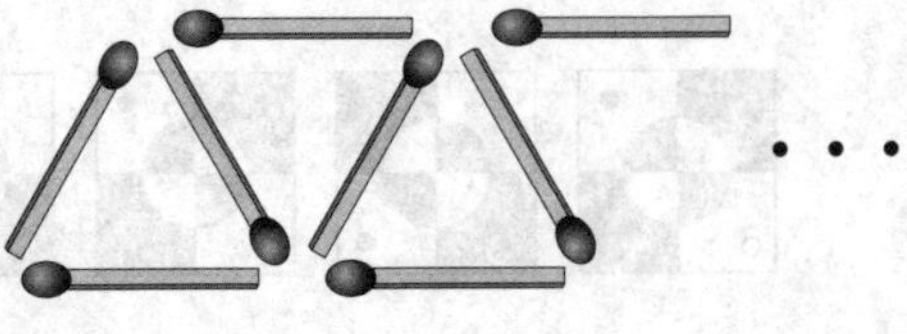

答案

前頁解答 1 丙和丁 2 D-1

離退休還早。 337 天	四則運算	學習日期 月 日	答對題數
		目標 3分　實際花費 分	/ 20

算出下列答案。

① $41\times3+7=$ ☐

② $6+44\div2=$ ☐

③ $3\times59=$ ☐

④ $2+64+6=$ ☐

⑤ $6\times20-3=$ ☐

⑥ $36\div3=$ ☐

⑦ $4+39\div3=$ ☐

⑧ $55\times4+2=$ ☐

⑨ $57-5-8=$ ☐

⑩ $90\div3-3=$ ☐

⑪ $60\times6\times2=$ ☐

⑫ $43-9=$ ☐

⑬ $56\div7+1=$ ☐

⑭ $4\times34-4=$ ☐

⑮ $87-14=$ ☐

⑯ $70\times26=$ ☐

⑰ $66-4-8=$ ☐

⑱ $5+45\times2=$ ☐

⑲ $69-33=$ ☐

⑳ $90\div5+4=$ ☐

大腦挑戰！ 心算出 11×54 的答案。

前頁解答　1 ①29℃　②600平方公尺　2 3【7 − (3 + 1) = 3】　2 12 個

漸入佳境。

338天

四則運算

學習日期　　月　　日

答對題數

目標　實際花費
3分　　　　分　／20

算出下列答案。

① 8+32÷2=☐

② 78×8=☐

③ 90+3×7=☐

④ 30÷2-1=☐

⑤ 7+70×5=☐

⑥ 2×49-9=☐

⑦ 78-72=☐

⑧ 83×11=☐

⑨ 88-32=☐

⑩ 98×60=☐

⑪ 3+57÷3=☐

⑫ 17×6-4=☐

⑬ 11×39=☐

⑭ 97+36=☐

⑮ 88-69=☐

⑯ 67×20=☐

⑰ 38×5-2=☐

⑱ 77÷7+4=☐

⑲ 2×51+9=☐

⑳ 91÷13=☐

 大腦挑戰！

打完 8 折後是 1800 元，請問原價多少錢？

◆前頁解答
①130 ②28 ③177 ④72 ⑤117 ⑥12 ⑦17 ⑧222 ⑨44 ⑩27 ⑪720 ⑫34 ⑬9 ⑭132 ⑮73 ⑯1820 ⑰54 ⑱95 ⑲36 ⑳22　大腦挑戰！…594

立志擁有更年輕的大腦。

填空問題

339天

學習日期　月　日

答對題數　/20

目標　3分　實際花費　分

以下□填入數字或運算符號（＋、－、×、÷）來回答。

① 54－□＝47

② 56÷□＝14

③ □÷12＝11

④ 22＋□＝26

⑤ □÷68＝5

⑥ □×94＝658

⑦ 98÷□＝14

⑧ 88□1＝87

⑨ □＋63＝91

⑩ 1×□＝60

⑪ 99＋□＝185

⑫ □－21＝76

⑬ 66＋□＝129

⑭ □－67＝10

⑮ 37＋□＝66

⑯ 82－□＝62

⑰ □÷4＝12

⑱ 78－□＝1

⑲ 51＋□＝97

⑳ 76－□＝58

大腦挑戰！ 將27～29之間的整數全部相加。

前頁解答 ①24 ②624 ③111 ④14 ⑤537 ⑥89 ⑦6 ⑧913 ⑨56 ⑩5880 ⑪22 ⑫98 ⑬429 ⑭133 ⑮19 ⑯1340 ⑰188 ⑱15 ⑲111 ⑳7　大腦挑戰！…2250元

無論颱風或下雨……

340天

四則運算

學習日期	月 日	答對題數
目標 3分	實際花費 分	/20

算出下列答案。

① 76－9－8＝

② 99÷3＋8＝

③ 6＋74÷2＝

④ 49＋4＋9＝

⑤ 99×4＝

⑥ 5＋44－8＝

⑦ 95－62＝

⑧ 1＋89×4＝

⑨ 65＋74＝

⑩ 83－64＝

⑪ 39－2＋7＝

⑫ 5＋95÷5＝

⑬ 60－4－8＝

⑭ 91－43＝

⑮ 59×11＝

⑯ 4＋36÷2＝

⑰ 32＋68＝

⑱ 4×65－5＝

⑲ 78÷6＝

⑳ 95×20＝

大腦挑戰！ 民國 69 年是西元幾年？

前頁解答 ①7 ②4 ③132 ④4 ⑤340 ⑥7 ⑦7 ⑧－ ⑨28 ⑩60 ⑪86 ⑫97 ⑬63 ⑭77 ⑮29 ⑯20 ⑰48 ⑱77 ⑲46 ⑳18 大腦挑戰！…84

專心致志。 **341** 天 四則運算	學習日期 月 日 / 目標 2分 實際花費 分	答對題數 / 20

算出下列答案。

① $58 \div 58 =$ ☐

② $9 + 11 \times 4 =$ ☐

③ $4 \times 37 + 3 =$ ☐

④ $55 + 1 - 8 =$ ☐

⑤ $68 \div 17 =$ ☐

⑥ $65 - 51 =$ ☐

⑦ $85 \div 1 + 4 =$ ☐

⑧ $70 - 4 \div 2 =$ ☐

⑨ $84 \div 2 + 2 =$ ☐

⑩ $48 \times 30 =$ ☐

⑪ $40 - 3 - 3 =$ ☐

⑫ $4 + 16 \times 7 =$ ☐

⑬ $46 + 55 =$ ☐

⑭ $6 + 44 \div 2 =$ ☐

⑮ $6 + 71 + 6 =$ ☐

⑯ $96 + 2 \div 2 =$ ☐

⑰ $35 - 2 + 4 =$ ☐

⑱ $27 \div 3 + 6 =$ ☐

⑲ $3 + 41 - 8 =$ ☐

⑳ $49 \times 11 =$ ☐

大腦挑戰！ 自己20歲的時候是西元幾年呢？

前頁解答 ①59 ②41 ③43 ④62 ⑤396 ⑥41 ⑦33 ⑧357 ⑨139 ⑩19 ⑪44 ⑫24 ⑬48 ⑭48 ⑮649 ⑯22 ⑰100 ⑱255 ⑲13 ⑳1900 大腦挑戰！…1980年

徹底享受！

342天

文字問題

學習日期	月	日	答對題數
目標 2分	實際花費	分	/3

1 右邊表格內的英文字母，哪一個和左邊表格不一樣。請把這個英文字母寫出來。

找找看

x	k	z	B	V
j	V	u	Z	R
V	K	Q	f	M
B	B	J	I	l
s	I	V	o	z

x	k	z	B	V
i	V	u	Z	R
V	K	Q	f	M
B	B	J	I	l
s	I	V	o	z

答案

2 填入數字1～9，讓直、橫、斜每一條線相加答案都是15。請問空格甲和乙會是什麼數字？

解謎

8		甲
乙	5	
	9	2

甲

乙

前頁解答 ①1 ②53 ③151 ④48 ⑤4 ⑥14 ⑦89 ⑧68 ⑨44 ⑩1440 ⑪34 ⑫116 ⑬101 ⑭28 ⑮83 ⑯97 ⑰37 ⑱15 ⑲36 ⑳529

一邊喝咖啡一邊寫題目。

343天

文字問題

學習日期	月	日	答對題數
目標 2分	實際花費	分	/4

1 數數看下列圖形的個數，填入與空格甲～丙相對應的數字。 計算

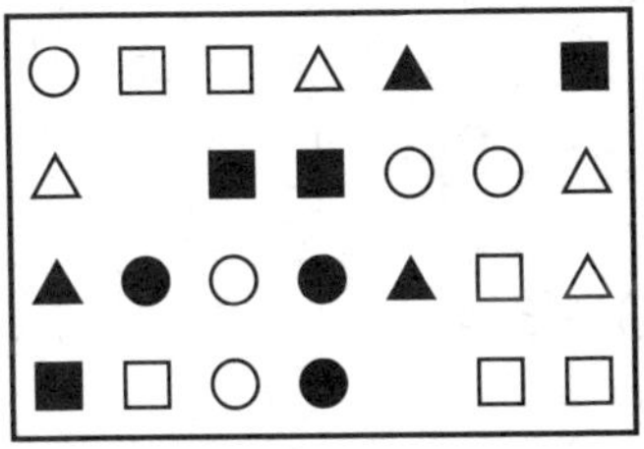

	三角形	圓形	方形	合計
黑	甲			
白		乙		
合計			丙	

甲　　乙　　丙

2 □內會是哪個圖形？從甲～丁之中選出答案。 圖形

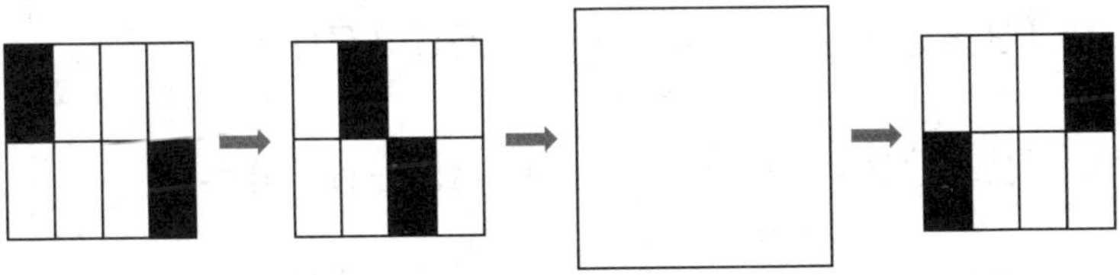

甲

乙

丙

丁

答案

前頁解答　1 i　2 甲6　乙3

有志者事竟成！

344天

四則運算

學習日期	答對題數
月　日	/20
目標 3分　實際花費 分	

算出下列答案。

① $36 \div 9 - 3 =$	⑪ $90 \times 44 =$
② $5 + 55 \times 7 =$	⑫ $51 + 33 =$
③ $60 \times 45 =$	⑬ $50 \div 5 =$
④ $11 - 6 + 5 =$	⑭ $6 + 64 \div 2 =$
⑤ $40 \times 42 =$	⑮ $84 \times 20 =$
⑥ $8 + 72 \div 8 =$	⑯ $4 + 56 \div 4 =$
⑦ $12 \times 3 + 1 =$	⑰ $56 \times 70 =$
⑧ $72 + 32 =$	⑱ $85 + 5 - 4 =$
⑨ $43 \times 9 + 1 =$	⑲ $82 - 47 =$
⑩ $5 \times 14 + 6 =$	⑳ $81 \times 2 \times 2 =$

大腦挑戰！

心算出 11×55 的答案。

前頁解答
1 甲3　乙5　丙10　2 甲

沒問題！ 345天	四則運算	學習日期 月 日	答對題數 /20
		目標 3分 實際花費 分	

算出下列答案。

① 33×40＝		⑪ 37＋56＝	
② 4＋74＋4＝		⑫ 66÷3－1＝	
③ 57＋63＝		⑬ 2＋98÷2＝	
④ 9＋21÷7＝		⑭ 18×2＋8＝	
⑤ 3＋7×24＝		⑮ 66＋72＝	
⑥ 2＋48÷4＝		⑯ 41－24＝	
⑦ 19＋42＝		⑰ 56÷2＝	
⑧ 78÷6－5＝		⑱ 42÷3＋3＝	
⑨ 48×3＋7＝		⑲ 34×50＝	
⑩ 30×52＝		⑳ 62＋51＝	

大腦挑戰！ 打完6折後是2400元，請問原價多少錢？

前頁解答 ①1 ②390 ③2700 ④10 ⑤1680 ⑥17 ⑦37 ⑧104 ⑨388 ⑩76 ⑪3960 ⑫84 ⑬10 ⑭38 ⑮1680 ⑯18 ⑰3920 ⑱86 ⑲35 ⑳324 大腦挑戰！…605

能力還有成長空間。

346 天

填空問題

學習日期	月 日	答對題數
目標 3分	實際花費 分	/20

以下□填入數字或運算符號（＋、－、×、÷）來回答。

① 60×□＝4080

② □＋80＝140

③ □×90＝4950

④ □÷9＝11

⑤ 62－□＝4

⑥ 64－□＝58

⑦ 2□2＝1

⑧ 24－□＝15

⑨ 82＋□＝159

⑩ □＋83＝141

⑪ □÷7＝18

⑫ □×11＝517

⑬ 65＋□＝112

⑭ 96－□＝63

⑮ 3＋□＝50

⑯ □＋51＝86

⑰ □÷2＝47

⑱ □÷22＝7

⑲ 8□4＝4

⑳ □－3＝38

大腦挑戰！ 將 29～31 之間的整數全部相加。

前頁解答 ①1320 ②82 ③120 ④12 ⑤171 ⑥14 ⑦61 ⑧8 ⑨151 ⑩1560 ⑪93 ⑫21 ⑬51 ⑭44 ⑮138 ⑯17 ⑰28 ⑱17 ⑲1700 ⑳113 大腦挑戰！…4000元

大約剩下20天！

347天

四則運算

學習日期	月 日	答對題數
目標 3分	實際花費 分	/ 20

算出下列答案。

① 85÷5=

② 3×37×2=

③ 32+8×9=

④ 56÷7=

⑤ 7×27+3=

⑥ 75+2−8=

⑦ 40×52=

⑧ 52÷13=

⑨ 11+63=

⑩ 9+81÷3=

⑪ 96+74=

⑫ 89+9+3=

⑬ 98÷7−5=

⑭ 63÷7=

⑮ 5×5×8=

⑯ 6×62−2=

⑰ 10×2×5=

⑱ 63−1×8=

⑲ 65×7+3=

⑳ 99−9×9=

大腦挑戰！ 1968年是民國幾年？

←前頁解答 ①68 ②60 ③55 ④99 ⑤58 ⑥6 ⑦÷ ⑧9 ⑨77 ⑩58 ⑪126 ⑫47 ⑬47 ⑭33 ⑮47 ⑯35 ⑰94 ⑱154 ⑲− ⑳41 大腦挑戰！…90

持續真的會成為一股力量。

348天

四則運算

學習日期	月 日	答對題數
目標 2分	實際花費 分	/20

算出下列答案。

① 28÷4+3=

② 1+99×2=

③ 3+30÷3=

④ 6+44×7=

⑤ 80−4−9=

⑥ 35÷7−2=

⑦ 91−10=

⑧ 54−46=

⑨ 90÷5=

⑩ 2×49×3=

⑪ 20+8×7=

⑫ 92+35=

⑬ 5+55÷5=

⑭ 30×49=

⑮ 11×58=

⑯ 70×3+7=

⑰ 5×38×4=

⑱ 60×42=

⑲ 57−2×8=

⑳ 45×9×2=

大腦挑戰！ 自己出像是第 317 頁那樣的天秤問題，每一種各出 1 題。

前頁解答 ①17 ②222 ③104 ④8 ⑤192 ⑥69 ⑦2080 ⑧4 ⑨74 ⑩36 ⑪170 ⑫101 ⑬9 ⑭9 ⑮200 ⑯370 ⑰100 ⑱55 ⑲458 ⑳18 大腦挑戰！…民國57年

試著想想看。 **349天** 圖形問題

學習日期　　月　　日 | 答對題數　　/1

目標 30秒 | 實際花費　　秒

以下立方體從「正面」看，會是哪個圖形？
從甲～丁之中選出答案。

圖形

答案

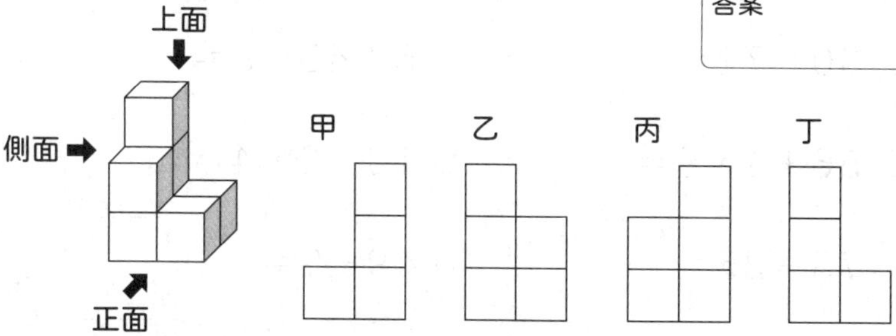

參考上方題目。 **350天** 圖形問題

學習日期　　月　　日 | 答對題數　　/1

目標 2分 | 實際花費　　分

有一個立方體，從上面、正面、側面看，
圖形如下。這個立方體會是甲～丁之中的
哪一個？

圖形

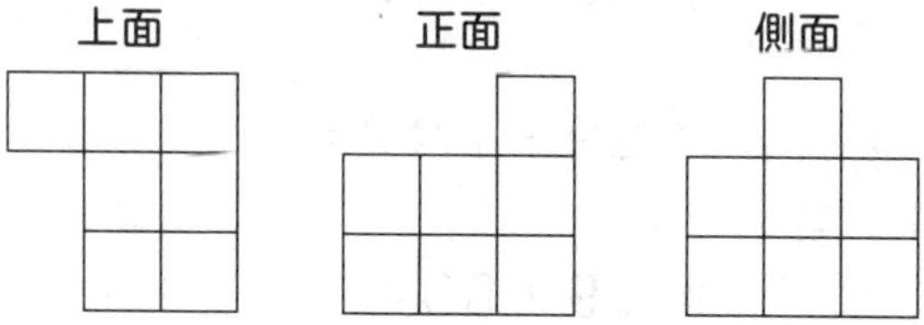

答案

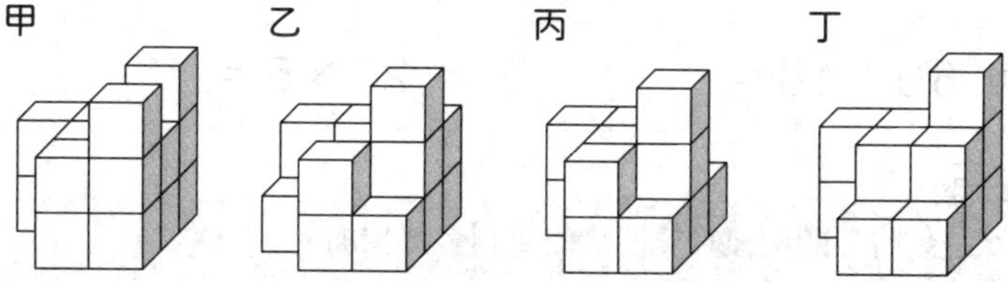

前頁解答 ①10 ②199 ③13 ④314 ⑤67 ⑥3 ⑦81 ⑧8 ⑨18 ⑩294 ⑪76 ⑫127 ⑬16 ⑭1470 ⑮638 ⑯217 ⑰760 ⑱2520 ⑲41 ⑳810

最後一部分！

351天

四則運算

學習日期	月 日	答對題數
目標 3分	實際花費 分	/20

算出下列答案。

① $30\times71=$

② $56+4\times6=$

③ $73-25=$

④ $81-1\times8=$

⑤ $35\times6=$

⑥ $63\div9-2=$

⑦ $70\div5+2=$

⑧ $6+74\times5=$

⑨ $44\times7=$

⑩ $60+48=$

⑪ $5+45-8=$

⑫ $13\times2\times4=$

⑬ $49\div7=$

⑭ $74-69=$

⑮ $6\times41+9=$

⑯ $6\times70=$

⑰ $38\times8+2=$

⑱ $29+1\times9=$

⑲ $79+59=$

⑳ $27\times5=$

大腦挑戰！ 將「四則運算」四字的筆劃全部相加。

前頁解答 第349天 丁 第350天 丙

一題一題寫出答案。

352天

四則運算

學習日期		答對題數
月 日		
目標 3分	實際花費 分	/ 20

算出下列答案。

① 58－33＝

② 2＋48×6＝

③ 2×25－5＝

④ 69＋46＝

⑤ 9×7－47＝

⑥ 98＋2×6＝

⑦ 50×68＝

⑧ 7×80×2＝

⑨ 50－41＝

⑩ 84÷21＝

⑪ 37＋46＝

⑫ 40÷4＋1＝

⑬ 7×67＋3＝

⑭ 84÷7＝

⑮ 23＋29＝

⑯ 67－26＝

⑰ 52×20＝

⑱ 96÷2＋6＝

⑲ 4×60×8＝

⑳ 87＋53＝

大腦挑戰！ 從30往下重複減去4，減到沒有正整數的答案為止。（開口唸出來）

前頁解答 ①2130 ②80 ③48 ④73 ⑤210 ⑥5 ⑦16 ⑧376 ⑨308 ⑩108 ⑪42 ⑫104 ⑬7 ⑭5 ⑮255 ⑯420 ⑰306 ⑱38 ⑲138 ⑳135 大腦挑戰！…41劃

大腦很開心！

353 天

填空問題

學習日期	月 日	答對題數
目標 3分	實際花費 分	/20

以下□填入數字或運算符號（＋、－、×、÷）來回答。

① □－73＝2
② □＋68＝72
③ □＋19＝45
④ 72÷□＝18
⑤ 24＋□＝95
⑥ □＋65＝137
⑦ 69□3＝66
⑧ □＋19＝45
⑨ 89－□＝70
⑩ 86×□＝1720
⑪ □－71＝19
⑫ □＋96＝116
⑬ 39×□＝429
⑭ 62×□＝434
⑮ □＋99＝155
⑯ □－52＝44
⑰ □－15＝63
⑱ □－26＝25
⑲ 78－□＝62
⑳ □－79＝19

大腦挑戰！

將 31 ～ 33 之間的整數全部相加。

前頁解答

①25 ②290 ③45 ④115 ⑤16 ⑥110 ⑦3400 ⑧1120 ⑨9 ⑩4 ⑪83 ⑫11 ⑬472 ⑭12 ⑮52 ⑯41 ⑰1040 ⑱54 ⑲1920 ⑳140 大腦挑戰！…26、22、18、14、10、6、2

今天也要練習計算！ 354天 四則運算	學習日期 月 日	答對題數
	目標 3分 實際花費 分	/ 20

算出下列答案。

① $6\times22+8=$ □

② $50-43=$ □

③ $82+37=$ □

④ $11\times67=$ □

⑤ $15\times70=$ □

⑥ $90\div2+7=$ □

⑦ $10+70=$ □

⑧ $40\times69=$ □

⑨ $65\div5-5=$ □

⑩ $90\times34=$ □

⑪ $3+68-2=$ □

⑫ $7\times6+24=$ □

⑬ $4+66\div2=$ □

⑭ $86-20=$ □

⑮ $3\times64-4=$ □

⑯ $3+47\times5=$ □

⑰ $42\div14=$ □

⑱ $2\times2\times80=$ □

⑲ $2+50-8=$ □

⑳ $46+61=$ □

大腦挑戰！ 民國78年是西元幾年？

前頁解答 ①75 ②4 ③26 ④4 ⑤71 ⑥72 ⑦－ ⑧26 ⑨19 ⑩20 ⑪90 ⑫20 ⑬11 ⑭7 ⑮56 ⑯96 ⑰78 ⑱51 ⑲16 ⑳98 大腦挑戰！…96

計時比賽！

四則運算

355 天

學習日期 月 日

目標 2分 實際花費 分

答對題數 / 20

算出下列答案。

① 33＋7×3＝

② 42×40＝

③ 0＋31－1＝

④ 69－9÷3＝

⑤ 80÷5－3＝

⑥ 1＋79×5＝

⑦ 97＋12＝

⑧ 40＋71＝

⑨ 52－2×8＝

⑩ 44＋72＝

⑪ 2＋68÷4＝

⑫ 91＋9÷9＝

⑬ 3＋37×3＝

⑭ 30×54＝

⑮ 7×9＋21＝

⑯ 42＋60＝

⑰ 75－5÷5＝

⑱ 6×53＝

⑲ 72＋65＝

⑳ 52÷4＋9＝

大腦挑戰！ 記得今天是幾時幾分起床的嗎？

前頁解答 ①140 ②7 ③119 ④737 ⑤1050 ⑥52 ⑦80 ⑧2760 ⑨8 ⑩3060 ⑪69 ⑫66 ⑬37 ⑭66 ⑮188 ⑯238 ⑰3 ⑱320 ⑲44 ⑳107 大腦挑戰！…1989年

努力的證明！

356天

文字問題

學習日期 月 日

目標 2分 實際花費 分

答對題數 /2

1 從下列卡片中選出 5 張，組合成一個最接近「30000」的數。

解謎

6 4 7 0 9 5 3

9 2 4 1 1 8 5

答案

2 右邊表格內的英文字母，哪一個和左邊表格不一樣。請把這個英文字母寫出來。

找找看

D	Y	t	t	M
K	S	C	O	j
C	N	G	v	R
X	A	l	d	a
T	f	C	g	J

D	Y	t	t	M
K	S	C	O	j
C	N	G	v	R
Y	A	l	d	a
T	f	C	g	J

答案

前頁解答 ①54 ②1680 ③30 ④66 ⑤13 ⑥396 ⑦109 ⑧111 ⑨36 ⑩116 ⑪19 ⑫92 ⑬114 ⑭1620 ⑮84 ⑯102 ⑰74 ⑱318 ⑲137 ⑳22

加上今天還剩10天！

357天

文字問題

學習日期 月 日	答對題數
目標 2分 / 實際花費 分	/7

2 以下只有一個圖形和其他不同。找找看，使用 A–1 這樣的座標來表示。

找找看

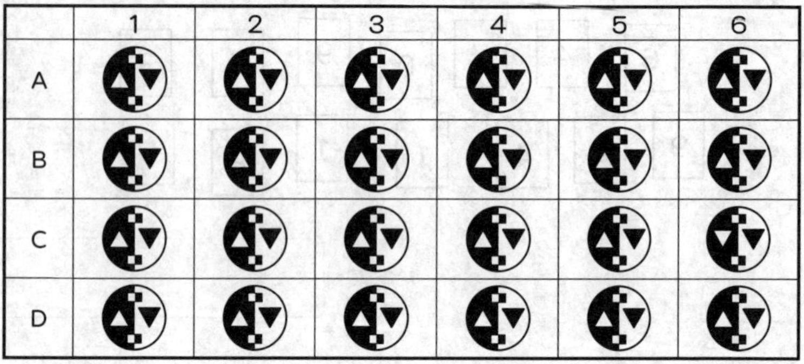

答案

2 相鄰⬡中的數字相加，會變成上方⬡中的數字。請在甲～己的位置填入相對應的數字。

解謎

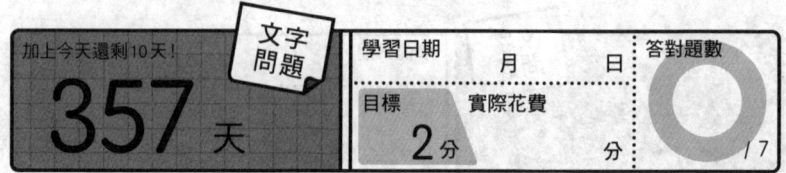

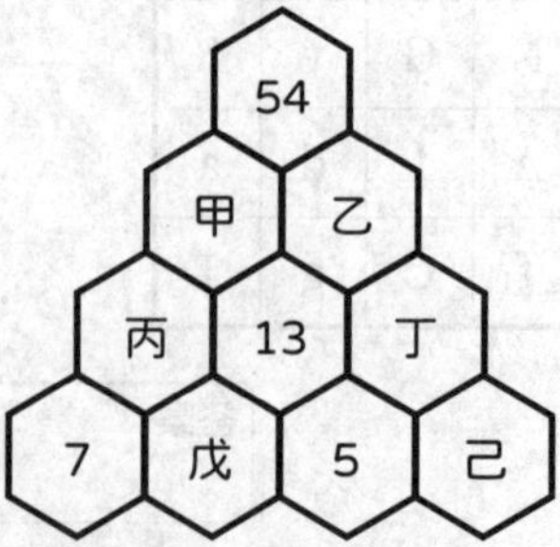

甲	乙
丙	丁
戊	己

前頁解答 1 29987 2 Y

已經成為計算的達人了。

358天

四則運算

學習日期 月 日	答對題數
目標 3分 / 實際花費 分	/20

算出下列答案。

① 53＋73＝

② 64÷8＝

③ 42－2×7＝

④ 3×41＋9＝

⑤ 72÷6＋6＝

⑥ 3＋87÷3＝

⑦ 70×13＝

⑧ 64－4÷2＝

⑨ 6＋54÷3＝

⑩ 81－57＝

⑪ 46－6×2＝

⑫ 67－35＝

⑬ 9＋46＋8＝

⑭ 86－52＝

⑮ 47＋3×5＝

⑯ 66＋66＝

⑰ 66×11＝

⑱ 95＋60＝

⑲ 46－6×3＝

⑳ 48×11＝

大腦挑戰！ 心算出 11×56 的答案。

前頁解答 1 C-6 2 甲28 乙26 丙15 丁13 戊8 己8

佩服你的韌性！

359 天

四則運算

學習日期　　月　　日

目標　　實際花費
3分　　　　分

答對題數
○
/ 20

算出下列答案。

① $85 \div 5 - 5 =$ ☐

② $60 - 6 - 6 =$ ☐

③ $62 + 8 \div 2 =$ ☐

④ $87 \times 11 =$ ☐

⑤ $3 + 87 \div 3 =$ ☐

⑥ $19 - 9 \div 3 =$ ☐

⑦ $59 - 45 =$ ☐

⑧ $90 \times 61 =$ ☐

⑨ $71 + 9 \times 3 =$ ☐

⑩ $96 \div 4 - 3 =$ ☐

⑪ $42 \times 30 =$ ☐

⑫ $3 + 64 - 9 =$ ☐

⑬ $46 + 49 =$ ☐

⑭ $95 + 40 =$ ☐

⑮ $74 + 6 \times 6 =$ ☐

⑯ $30 \times 85 =$ ☐

⑰ $72 \div 9 =$ ☐

⑱ $59 + 1 \times 9 =$ ☐

⑲ $6 + 34 \div 2 =$ ☐

⑳ $79 \times 11 =$ ☐

大腦挑戰！

從 50 往下重複減去 8，減到沒有正整數的答案為止。（開口唸出來）

◆前頁解答　①126 ②8 ③28 ④132 ⑤18 ⑥32 ⑦910 ⑧62 ⑨24 ⑩24 ⑪34 ⑫32 ⑬63 ⑭34 ⑮62 ⑯132 ⑰726 ⑱155 ⑲28 ⑳528　大腦挑戰！…616

奮鬥到最後！

360天

填空問題

學習日期	月 日	答對題數
目標 3分	實際花費 分	/ 20

以下□填入數字或運算符號（＋、－、×、÷）來回答。

① □×11＝968

② 63＋□＝104

③ 93÷□＝31

④ □＋87＝131

⑤ 86－□＝22

⑥ 50×□＝4100

⑦ □－41＝57

⑧ □＋64＝160

⑨ 36×□＝2880

⑩ □×58＝232

⑪ 62＋□＝136

⑫ □×57＝399

⑬ □＋85＝151

⑭ 58＋□＝136

⑮ 74×□＝444

⑯ □＋29＝116

⑰ □×60＝3960

⑱ 77＋□＝153

⑲ □÷16＝9

⑳ 90×□＝7200

大腦挑戰！ 將33～35之間的整數全部相加。

前頁解答 ①12 ②48 ③66 ④957 ⑤32 ⑥16 ⑦14 ⑧5490 ⑨98 ⑩21 ⑪1260 ⑫58 ⑬95 ⑭135 ⑮110 ⑯2550 ⑰8 ⑱68 ⑲23 ⑳869 大腦挑戰！…42、34、26、18、10、2

可以看到終點了。

361天

四則運算

學習日期	月 日	答對題數
目標 3分	實際花費 分	/20

算出下列答案。

① $47+37=$

② $6\times7+83=$

③ $40\times15=$

④ $81+62=$

⑤ $3\times68\times3=$

⑥ $79+1\times0=$

⑦ $3+47\times3=$

⑧ $68-8\times7=$

⑨ $53+73=$

⑩ $50\times19=$

⑪ $4+56\div4=$

⑫ $0\times62\times3=$

⑬ $88+2\times7=$

⑭ $2+48\div2=$

⑮ $90\times56=$

⑯ $63-54=$

⑰ $85+5\times7=$

⑱ $72+8\div4=$

⑲ $93\div31=$

⑳ $96+72=$

大腦挑戰！

1986 年是民國幾年？

前頁解答

①88 ②41 ③3 ④44 ⑤64 ⑥82 ⑦98 ⑧96 ⑨80 ⑩4 ⑪74 ⑫7 ⑬66 ⑭78 ⑮6 ⑯87 ⑰66 ⑱76 ⑲144 ⑳80 大腦挑戰!…102

加上今天還剩5天！

362天

四則運算

學習日期　　月　　日

目標 3分　實際花費　　分

答對題數　　/20

算出下列答案。

① $59 \times 20 =$

② $92 + 8 \times 5 =$

③ $72 \div 12 =$

④ $80 \times 61 =$

⑤ $9 \times 9 \times 9 =$

⑥ $45 - 5 \times 0 =$

⑦ $5 + 66 - 2 =$

⑧ $40 \times 28 =$

⑨ $3 \times 59 + 1 =$

⑩ $4 \times 37 - 7 =$

⑪ $84 - 49 =$

⑫ $5 + 85 \times 3 =$

⑬ $54 \div 6 + 2 =$

⑭ $20 \times 74 =$

⑮ $78 - 1 =$

⑯ $59 + 55 =$

⑰ $97 - 13 =$

⑱ $37 + 54 =$

⑲ $81 + 34 =$

⑳ $4 \times 88 + 2 =$

大腦挑戰！一個人玩詞語接龍，每個詞限定 5 個字，挑戰接龍 10 個詞。

前頁解答 ①84 ②125 ③600 ④143 ⑤612 ⑥79 ⑦144 ⑧12 ⑨126 ⑩950 ⑪18 ⑫0 ⑬102 ⑭26 ⑮5040 ⑯9 ⑰120 ⑱74 ⑲3 ⑳168　大腦挑戰！…民國75年

學習日期　月　日
目標 2分　實際花費　分
答對題數　/16

1 以下□填入數字或運算符號（＋、－、×、÷）來回答。

① 27＋37＝□

② □÷2＝6

③ 51÷3＝□

④ 5×11－9＝□

⑤ 28＋3×8＝□

⑥ 15－4－3＝□

⑦ □＋20＝117

⑧ 62＋9＝□

⑨ 17□2＝19

⑩ 37×8＝□

2 相鄰⬡中的數字相加，會變成上方⬡中的數字。請在甲～己的位置填入相對應的數字。

解謎

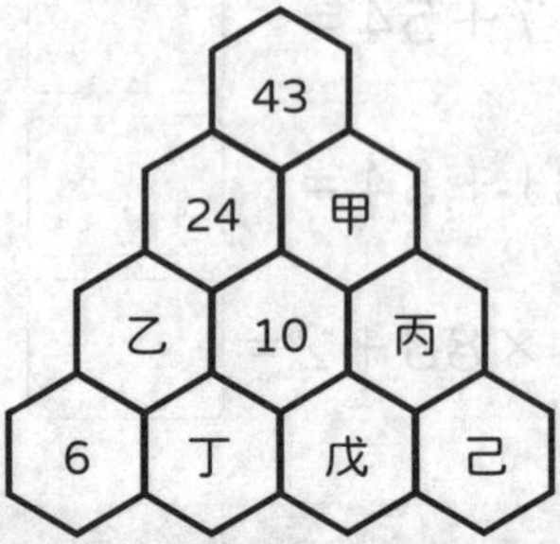

甲
乙
丙
丁
戊
己

前頁解答 ①1180 ②132 ③6 ④4880 ⑤729 ⑥45 ⑦69 ⑧1120 ⑨178 ⑩141 ⑪35 ⑫260 ⑬11 ⑭1480 ⑮77 ⑯114 ⑰84 ⑱91 ⑲115 ⑳354

總複習 還剩3天！

364天

學習日期 月 日	答對題數
目標 2分　實際花費 分	/11

1 以下□填入數字或運算符號（＋、－、×、÷）來回答。

① 45－26＝□

② 76－9－8＝□

③ 7×48＝□

④ 39－□＝13

⑤ 45÷□＝3

⑥ 90÷18＝□

⑦ 46－38＝□

⑧ 32×4＝□

⑨ 49×□＝490

⑩ 2×2×2＝□

2 甲～己之中的水果，數目最少的是哪一種？

找找看

甲　乙　丙　丁　戊　己

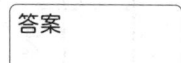

答案

←前頁解答
1 ①64 ②12 ③17 ④46 ⑤52 ⑥8 ⑦97 ⑧71 ⑨＋ ⑩296
2 甲19　乙14　丙9　丁8　戊2　己7

總複習 還剩2天!!

365天

學習日期	月 日	答對題數
目標 2分	實際花費 分	/12

1 以下□填入數字或運算符號（＋、－、×、÷）來回答。

① □ －37＝31

⑥ 67＋17＝□

② 15÷3＋6＝□

⑦ 96÷4－3＝□

③ 49＋42＝□

⑧ 63－46＝□

④ 27×□＝81

⑨ 16□8＝8

⑤ 54÷18＝□

⑩ 7×4－21＝□

2 遵照下列規則，填入符合的數字。請問空格甲和乙會是什麼數字？ 解謎

《規則》(1) 粗框內的4格，一定要包含1、2、3、4。

(2) 每一直行與橫列，一定要包含1、2、3、4。

2	1		3
3	4		
甲			1
	乙	2	

甲 □

乙 □

前頁解答 1 ①19 ②59 ③336 ④26 ⑤15 ⑥5 ⑦8 ⑧128 ⑨10 ⑩8
2 己

總複習 辛苦了，終於結束了。

366天

學習日期　月　日 ｜ 答對題數　/11

目標 2分　實際花費　分

1 以下□填入數字或運算符號（＋、－、×、÷）來回答。

① 99÷33＝□　　⑥ 48＋32＝□

② □÷13＝6　　⑦ □÷5＝19

③ 64－45＝□　　⑧ 56－19＝□

④ 15＋5×3＝□　　⑨ 54÷□＝27

⑤ 6×19＝□　　⑩ 46－34＝□

2 有一個立方體，從上面、正面、側面看，圖形如下。這個立方體會是甲～丁之中的哪一個？　圖形

上面　　正面　　側面

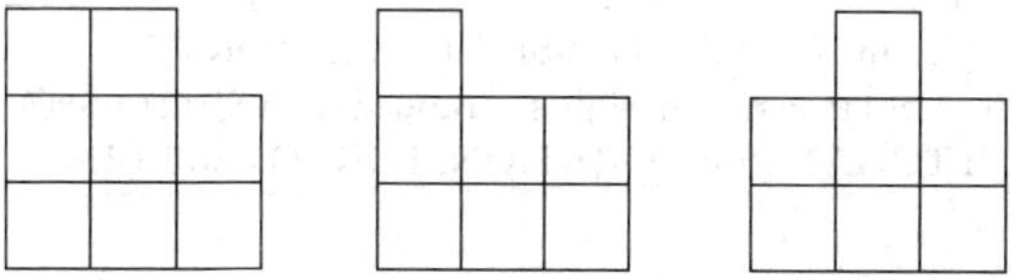

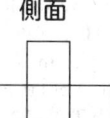

答案

甲　　乙　　丙　　丁

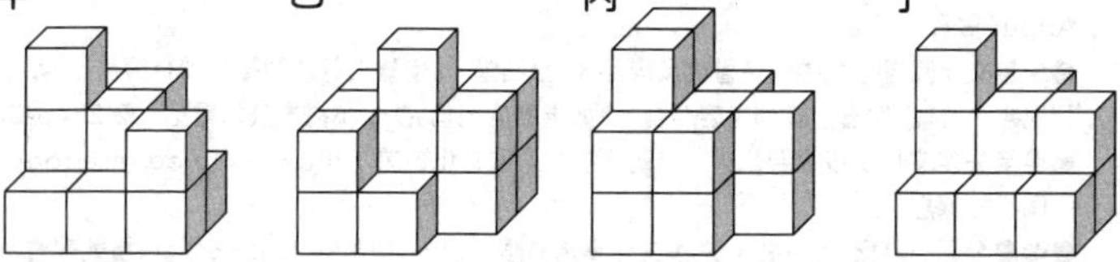

前頁解答
1 ①68 ②11 ③91 ④3 ⑤3 ⑥84 ⑦21 ⑧17 ⑨－ ⑩7
2 甲4　乙3

Magic051

50+開始！遠離失智練習題366

一天一頁，每天3分鐘，活化腦細胞

監修｜篠原 菊紀
翻譯｜徐曉珮
編輯｜劉曉甄
美術設計｜許維玲
企畫統籌｜李橘
總編輯｜莫少閒
出版者｜朱雀文化事業有限公司
地址｜台北市基隆路二段 13-1 號 3 樓
電話｜02-2345-3868
傳真｜02-2345-3828
劃撥帳號｜19234566 朱雀文化事業有限公司
e-mail｜redbook@hibox.biz
網址｜http://redbook.com.tw
總經銷｜大和書報圖書服份有限公司 (02)8990-2588
ISBN｜978-626-7064-71-9
初版｜2023.11
定價｜380 元
出版登記｜北市業字第 1403 號

國家圖書館出版品預行編目

50+開始!遠離失智練習題366：一天一頁,每天3分鐘,活化腦細胞/篠原菊紀監修；徐曉珮翻譯
-- 初版. -- 臺北市：
朱雀文化事業有限公司, 2023.10
面：公分（Magic；51）
ISBN 978-626-7064-71-9（平裝）
1.CST：健腦法

411.19　　112016130
